和果子的世界

[日]中山圭子 著

米悄 译

上海三联书店

JITEN wagashi no sekai, zoho kaiteiban
by Keiko Nakayama

Illustrations by Mayumi Abe
First edition 2006. Enlarged and revised edition 2018
Originally published in 2018 by Iwanami Shoten, Publishers, Tokyo.
This simplified Chinese edition published 2024
by Shanghai Elegant People Books Co., Ltd., Shanghai
by arrangement with Iwanami Shoten, Publishers, Tokyo

本书译自 2019 年刊行的第二版《事典 和菓子の世界 增補改訂版》

雅众文化 出品

前言

“羊羹明明属于糕点果子类，为什么要用羊字呢？”“端午节为什么要吃柏饼？”

在我所任职的株式会社虎屋的果子资料室、虎屋文库，经常会收到有关和果子的各种各样的问题。在答复这些问题的时候，我曾不止一次地想过，如果能有一本可用来查阅和果子历史由来的辞典，将会非常方便。在长年的调查研究过程中，我也曾隐隐约约地考虑过亲自编撰一本这样的辞典，没想到，约稿来得比想象的要早得多。当然，在开心之余，也不能说没有任何犹疑。

但我注意到，目前尽管有介绍全国各地的名点名果与和果子制作方面的书籍，但对于像“最中”、馒头这种我们平时常见的和果子，却没有一本书会专门介绍它们的来历，总结和讲述与它们有关的故事。当我意识到这一点的时候，仿佛找到了一个写作方向——方便随时查阅，内容更具趣味性。大致的方向确定下来之后，执笔的意愿就日益增强。我想，与对和果子的词汇定义相比，对各种故事进行解说的“事典”形式，可以让读者将其当作一本指南来使用，对熟悉深奥的和果子世界一定会有帮助。

本书由名称篇、造型图案篇、原料·用语篇三部分组成。名称篇中的果子名称，主要选自全国和果子协会的官方网站以及一般和果子书籍上常见的名称。在对各种果子的历史进行逐一解说的同时，又引用了古典文学以及史料，对于人们出于何种想法创制、品尝和享用这些果子，进行了推想和归纳。在造型图案篇里，本书又将和果子中能够见到的造型方面的创意设计分类为植物和动物等，并对其象征性和趣味性也有所触及。如今虽然可以看到各种新颖的造型图案，但本书中特别收录的是传统的和果子。另外，在有关原料与做法的用语上，选取的也是一般的果子相关书籍中常用的说法。

名称、造型图案、原料·用语等，都会因地域或店铺的不同而存在差异。既有在全国范围内寂寂无闻，但或许在特定的地域却是人尽皆知的名称与创意设计，也有使用同样的原料和做法，名称却截然不同的情况。令人遗憾的是，这次未能将全国各地的果子更为广泛地收录进来，在执笔撰写的过程中，我的这种感觉越来越强烈，真希望能出版一部以都道府县来分类的《事典　和果子的世界》。本书的诞生，如果能够起到重新审视地方果子文化，守护地域传统果子以传于后世的作用，我将深感荣幸。

在意大利，在慢食协会会员的协助和推动下，*L' Italia dei dolci*（2003）一书得以出版。该书对意大利各地的传统糕点（不一定是名点，而是被各地守护至今的朴素糕点）进行了逐一介绍，每一种都附有彩色图片。我想，这种书籍的出版也对自己的写作起到了激励的作用，故在此特记一笔。

幸运的是，我得到了包括虎屋在内的很多和果子店的协助，才得以在名称篇中登载许多和果子的彩色照片。在造型图案篇中，出自阿部真由美女士之手的可爱插画让那些很难用文字表达的和果子的形色之美，变得更容易想象。在此，也同样感谢岩波书店辞典编辑部的藤田纪子女士从书籍的设计到出版方面的鼎力支持。

美术家森村泰昌先生过去曾在拙作《和果子物语》（2000）的卷末随笔中写道："和果子，是一种话题丰富、学问深广的研究对象，同时，它也是一个不仅能够诱人食欲，也可以激发人的想象力的快乐世界。"正如森村先生所言，和果子具有无穷无尽的魅力。希望和果子的美好今后也能够继续流传下去。

最后，我也向至今为止通过各种机会，在各种场合曾经给予我建议与帮助的老师、热爱和果子的粉丝和各位业界同仁、虎屋的黑川光博社长以及各位同事表示由衷的感谢。

中山圭子

二〇〇六年一月

增补改订版前言

二〇一三年，日本料理被联合国教科文组织登录为非物质文化遗产，在这种背景的影响下，我感觉，近几年来人们对和果子的兴趣也在日益高涨。从教育方面来说，在中小学校的调查学习以及传统文化课中，和果子越来越频繁地被用作课题。这种倾向也扩展到大学教育领域，虎屋文库的顾问青木直己先生在立正大学的日本史讲座中，开始负责讲授“和果子的历史”。而为了让大家能够更加亲近地感受江户时代的烹饪书籍，国立信息学研究所以及国家文学研究资料馆还在cookpad网站上分享了食谱，其中也包括果子类的做法，积累了一定的人气。此外，介绍和公布与饮食文化相关的古典书籍、果子样品册的机构也在增加，和果子的研究调查工作变得越来越富有趣味。实际上，相关研究者的人数也在上升。

在这样的背景下，我非常高兴能够在时隔十二年之后再度推出这部事典，刊行增补改订版。希望越来越多的人能够通过本书，不只是感受美味，还可以了解到和果子的魅力和乐趣。最后，我要感谢为我提供了很多帮助的岩波书店编辑部的藤田纪子女士，以及众多给予我建议和帮助的人。

中山圭子

二〇一八年一月

凡例

一、本书由“名称篇”“造型图案篇”“原料·用语篇”三部分组成。

二、标题采用通识的名称，标注对应的日语读音。“名称篇”的标题除中文外，还附有原日文名称及读音 。

三、遇到有别称的情况，会在解说文中提及，并可以通过索引检索。

四、古典文学的引用主要依据《新日本古典文学大系》（岩波书店出版）等资料（请参照书后的参考文献）。

五、在解说文中，文献后面括号内的年号主要表示出版年份，但也有的像《贞丈杂记》（1784年前后编成）这样，表示成书或者笔记记录年份的情况。另外，《守贞谩稿》以往都用《漫稿》的字样，但遵从近年来的研究资料以及翻刻书籍，以《谩稿》记。原书于天保八年至嘉永六年（1837—1853）左右撰写，中途一度中断，后来又补写至庆应三年（1867），但是在本书中以成书年份（1853）为准。

六、在解说文中言及书中另有立项的和果子名称、造型图案等时，标注有*（星号）以便参照。另外，标志代表注释。

七、解说文中在涉及原料以及做法用语时，为避免复杂化，未加*号。请适当参考“原料·用语篇”。

八、本书所提及的人物均省略了敬称。

【名称篇】

一、选用并收录了于一般的和果子相关书籍上可见的传统果子、具代表性的果子、日常常见的果子、年节祭典时必不可少的果子名称。

二、各项以日语五十音的先后顺序进行排列。

三、对各种和果子进行了概括性说明。但根据地域以及果子店的不同，有时会出现做法、素材不同的情况。

四、每一项各配一张和果子图片举例说明。商品名以及果子店请参照“赞助店一览”部分。

【造型图案篇】

一、收录了和果子具有代表性的造型图案。

二、以“植物”“动物”“自然”“其他”进行分类，每一项里的内容按照日语五十音顺序进行排列。

三、每一项各配一张和果子的插画举例说明。

四、题目适用于某个季语（俳句中表示季节的词）时，在解说文的文末会有标示，例如“季语・夏”。但未必会与果子的销售季节一致。

【原料・用语篇】

一、收录了和果子的主要原料以及分类和做法用语。但会有因地域和果子店的不同而出现不同词语的情况。

二、原料分为“馅”“豆类”“砂糖类・甜味剂”“粉类・谷类”“香料・调味料等”，在各条目中依照内容进行适当的排列。

三、有关分类和做法用语，各条目按照日语五十音顺序进行排列。

【小栏目・附录・索引】

一、小栏目选择了“年节祭典与和果子”“有用的纹样知识”“世界的果子木模”“和果子的历史”等七个主题，适当地配置在各篇的末尾，进行说明。

二、附录收录了“和果子简略年表”“和果子相关资料馆・图书馆”“主要参考文献”。

三、本书的最后附有索引。

四、本书所收录的果子的照片、史料、绘卷、锦绘等图片或者插图类，未经许可不得复制。

五、“乌羽玉”“翁饴”“金太郎饴”“蓬嶋”等在解说说明文中介绍的果铭（果子的名称）中，亦包含注册商标。在用于商业上时须加以注意。

六、解说文中的虎屋，是指总部位于东京都港区赤坂的株式会社虎屋。于室町时代后期创立于京都，为禁里（皇室）御用之店铺，借明治二年（1869）迁都东京之际，虎屋也在东京开设了与京都店铺完全一样的果子店。代代相传的古代文书以及古器物皆收藏于虎屋文库中。

赞助店一览

本事典中所收录的和果子照片，在以下各店的协助下获得（在店名之后标注有商品名称，在〔 〕内标注各条目的标题名称），特此鸣谢。另外，以下所列店名皆为 2018 年本书初版时的信息，有的店铺如今已关闭。

东北

九重本铺 玉泽 SHIOGAMA〔盐釜〕

关东

红叶屋本店 五家宝〔五家宝〕

三引屋 葛樱〔葛樱〕· 艳袱纱〔艳袱纱〕

东京

曙 细光花林糖〔花林糖〕· 味比〔什锦干果（吹寄）〕

荣太楼总本铺　甘名纳糖〔甘纳豆〕· 荣泰楼饴〔饴〕· 切山椒〔切山椒〕· 名代金锷〔金锷（圆形）〕· 鹤子饼〔素甘〕· 大福〔大福〕

小川三智之助　新粉细工〔新粉面塑〕

木村屋总本店　樱花红豆面包〔红豆面包〕

金太郎饴本店　金太郎饴〔金太郎饴〕· KONPEITO〔金平糖〕· 千岁饴〔千岁饴〕

重盛永信堂　人形烧〔人形烧〕

竹翁堂　御手洗团子〔团子〕· 茶通〔茶通〕

月岛家　今川烧〔今川烧〕

常盘堂 雷兴本铺　风雷〔米花糖（兴米）〕

浪花家总本店　鲷烧〔鲷鱼烧〕

船桥屋　葛饼〔葛饼〕

松崎商店　糸柳·都鸟〔霰米果〕· 手烧·二折〔煎饼〕· BORO〔芳露（小）〕

北陆

大杉屋惣兵卫　翁饴〔翁饴〕

小林制果所　辻占煎饼〔签语饼（辻占）〕

浪花屋制果　柿之种〔柿种〕

中田屋　金锷〔金锷（方）〕

诸江屋　金花糖〔金花糖〕

彩霞堂　越之富贵寄〔蜜饯〕

柚饼子总本家 中浦屋　丸柚饼子〔柚饼子〕

羽二重饼总本铺　松岗轩　羽二重饼〔羽二重饼〕

东海

两口屋是清　雲羹〔雲羹〕

大泽屋制果铺　六宝烧〔六方烧〕

近畿

龟屋良长　乌羽玉〔乌羽玉〕

植村义次　SUHAMA〔州滨〕

中国·四国

翁轩　调布〔调布〕

来间屋生姜糖本铺　生姜糖〔生姜糖〕

西川屋老铺　KENPI〔坚干〕

九州

松屋利右卫门 鸡卵素面〔鸡卵素面〕

北岛 丸芳露〔芳露（大）〕

大浦金盛堂 若绿〔小栏目 令人好奇的果子〕

卡斯特拉本家 福砂屋 カステラ（KASUTERA）〔卡斯特拉〕

明石屋 轻羹〔轻羹〕

其他

制作者·下坂玉起〔寒冰〕

制作者·福留千夏〔工艺果子〕

另，书中照片得到笔者供职的虎屋、虎屋文库以及摄影师安室久光等的协助。

商品名称与标题名称不同的有

伊贺饼〔稻花饼〕·曙〔黄味时雨〕·川岛〔锦玉羹〕·松袭〔金团〕·冰之上〔粉成·炼切〕·冷白玉善哉〔白玉〕·御汁粉〔汁粉·善哉〕·菊烧残月（乱菊烙印）〔中花〕·葛切〔点心〕·心天〔石花凉粉（心太）〕·馒头（红白）·桧叶烧馒〔礼饼〕·味噌松风〔松风〕·虎屋馒头〔馒头〕·白水无月〔水无月〕·御

代之春〔最中〕· 重阳〔桃山〕· 夜之梅〔羊羹〕· 贝合〔落雁〕

商品名称与标题名称一致的有

阿古屋·安倍川饼·馅蜜·亥子饼·莺饼·萩饼·嘉祥果子·柏饼·葛烧·樱饼·粽·椿饼·土用饼·花瓣饼·水羊羹

用于展示的特制、再现之物

有平糖·粟饼·外郎·云平·鹿子饼〔鹿子〕· 求肥·母子饼〔草饼〕· 月见团子·唐果子·铜锣烧·菱饼·店头用镜饼〔麻糬饼〕· 饼花·蕨饼·麸烧〔小栏目 令人好奇的果子〕

其他

国外的金平糖以及虎屋收藏的果子相关资料等。

“乌羽玉”“翁饴”“金太郎饴”“残月”等解说文以及上述一览中介绍的果铭中也有注册商标。用于商业方面时须加以注意。

目录

第一部　名称篇 001

阿古屋 003
安倍川饼 004
甘纳豆 006
饴 007
霰米果 010
有平糖 013
粟饼 015
红豆面包 017
馅蜜 019
稻花饼 020
石衣 022
亥子饼 023
今川烧 025
外郎 027
莺饼 030
乌羽玉 032
云平 034
干支果子 035
翁饴 037
米花糖（兴米） 038
御题果子 040
萩饼 042
柿种 044
嘉祥果子 045
柏饼 047
卡斯特拉 048
鹿子 051
花林糖 052
轻羹 054
蜂窝糖・轻目烧 056

寒冰
058

黄味时雨
059

求肥
061

切山椒
063

金花糖
065

锦玉羹
066

金太郎饴
068

金锷
070

金团
072

草饼
074

葛樱
077

葛饼
078

葛烧
080

鸡卵素面
081

坚干
083

工艺果子
084

五家宝
086

粉成·炼切
087

金平糖
089

樱饼
091

蜜饯
093

盐釜
095

生姜糖
096

白玉
098

汁粉·善哉
099

新粉面塑
102

素甘
104

州滨
105

煎饼
106

大福
109

鲷鱼烧
111

杂果子
112

团子
115

千岁饴
117

粽子
119

茶通
121

中花
122

调布
123

月见团子
125

签语饼（辻占）
126

椿饼
128

艳袱纱
130

点心
131

唐果子
134

石花凉粉（心太）
137

土用饼
140

铜锣烧
141

南蛮果子
143

人形烧
145

花瓣饼
147

羽二重饼
149

礼饼
151

菱饼
154

什锦干果（吹寄）
155

芳露
156

松风
159

馒头
160

水羊羹
165

羹羹
166

水无月
167

麻糬饼
169

饼花
172

最中
174

桃山
176

烤红薯
177

柚饼子
179

羊羹
180

落雁
183

六方烧
185

蕨饼
187

第二部　造型图案篇 217

青梅 218
朝颜花 219
紫阳花 221
溪荪・杜若 223
银杏 225
卯花（溲疏） 226
梅花 228
柿子 229
桔梗 231
菊花 232
栗子 234
小芋头 235
樱花 237
箬竹・竹 238
水仙 240
芒草 241
橘 243
地锦 244
山踯躅（杜鹃花） 246
椿（山茶花） 247
铁线莲・四照花・向日葵 249
茄子 251
抚子（石竹花） 252
菜花 254
南天 255
叶 257
萩（胡枝子） 258
莲 260
葫芦 262
枇杷 263
福寿草 265
紫藤 266
牡丹 268

松
269

红叶
271

桃
272

棣棠
274

柚子
276

百合
277

若菜
278

蕨
280

鲇（香鱼）
281

兔子
282

鹌鹑
284

虾
285

贝
287

鲣・鲤
288

龟
290

雁
291

狐狸・麻雀・水鸟
293

鲸
295

鲷
296

千鸟
298

蝶
299

鹤
301

萤火虫
302

雨
304

石
305

霞・雾
307

冰
308

霜
310

月
311

露
313

山
314

雪
315

歌枕
317

团扇・折扇
320

织部烧
321

衣砧
323

源氏香图 324
光琳纹样 327
词语 328
衣 330
松竹梅 332
瑞兽 333
帘子 335
百宝汇 336
茶巾 338
蓬莱山 340

第三部 原料·用语篇 359

馅 360
豆类 362
砂糖类·甜味剂 364
粉类·谷类 366
香料·调味料等 370
和果子的分类·制法用语 372

小栏目

令人好奇的果子 189
年节祭典与和果子 199
传说中的果子 209
日常生活中的造型图案 343
有用的纹样知识 347
世界的果子木模 353
和果子的历史 381

附录 394

第一部　名称篇

阿古屋

あこや

AKOYA

阿古屋是以京都为中心，主要在关西地区广为人知的雏果子（女儿节时供在偶人架上的果子）之一。因仿阿古屋贝（珍珠贝）而得名[1]，以盛放于果坯上的馅团暗喻珍珠。又因盛上馅料之后的外形，也被称为“戴”[2]。而果坯的一头呈揪起形态的，也可名之为“千揪”或“引千切”。后者的名字生动有趣[3]，让人联想到大量而快速地制作雏果子时的景象。有的店家会把用作盛具的果坯（粉成*或者外郎*）做成红·白·绿色，或将馅料做成颗粒状，以呈现不同的外观。阿古屋色彩缤纷明艳，形状可爱，与祝福女孩子健康成长的雏祭——女儿节恰相适合。

由《守贞谩稿》(1853）中的记述可得知，江户时代后期，京都、大阪地区将名为“戴”的果子作为庆祝女儿节时发放的礼品。这种“戴”与现在的阿古屋外形相同，但是在新粉（用粳米

---

1 “阿古屋”之名在千利休（1522—1591）的晚年茶会记录《利休百会记》(关于所著年份说法不一）上亦可见到。在《日葡辞典》(1603）中，称其为“一种用米粉制成的小团子”，可以推断在当时就已经把它拟作珍珠。

2 在平安时代的官家阶层里，正月新年时会举办戴饼仪式，用麻糬饼去碰触小孩子的头部，以祝前程似锦。或许“戴”的名字中就包含有这种祝福成长的意思。

3 曾侍奉禁里（皇室）的川端道喜在《月月御常式御用控》的记录中，有明治四年（1871）三月，御用“引千切”二百一十个的字样。

为原料制成的粉）果坯做成的凹窝中盛放的是“加糖的红豆馅”，并且，它也不像现在有各种颜色区分，应该是一款非常质朴的果子。据说在江户曾供奉于涅槃会（释迦佛祖的忌日，旧历二月十五日）。现在的东京虽然已经没有这种风俗，但依然会有店铺制作，用于 4 月 8 日的花祭节（祝贺释迦佛祖诞生的灌佛会）。

从前用于释迦佛祖的忌辰，现在用于释迦佛祖的诞辰，这实在是耐人寻味。

安倍川饼

安倍川餅

ABEKAWAMOCHI

安倍川是指从静冈市西部注入南面骏河湾的河流。这条河附近的一家茶店曾经销售过一种黄豆粉麻糬，具体年份不详，但是在江户时代是远近闻名的街巷小吃，安倍川饼即起源于此。根据随笔《耳囊》（1784—1814）的记载，八代将军德川吉宗非常喜欢吃安倍川饼。御膳房采买的古郡孙大夫得知此事，于是从骏河订购糯米，用富士山的雪融水特别制作了安倍川饼以进奉，吉宗大悦。

著名的弥次喜多游记《东海道中膝栗毛》（1802—1822）中也曾写道："此地以安倍川饼为名产，两侧之茶屋皆奇丽隆盛，茶屋女'麻糬名品现吃现制'之声不绝于耳……"安倍川饼继承了往日的人气，如今依然作为静冈特产而存在，多与撒上加糖黄豆粉的麻糬和裹有豆沙馅料的麻糬配套出售。

另外，普通家庭当中也会做安倍川饼（一般以平假名表示）当点心，安倍川饼已经成为黄豆粉麻糬的代名词。但是这种情况也只限于东日本地区，在西日本，它的知名度较低。与安倍川饼相比，黄豆粉饼的名字似乎更为人所熟知。

过去，黄豆粉饼也曾作为一个谐音词语被使用，发音近似"这边请"。举例来说，歌舞伎舞俑《京鹿子娘道成寺》中，主人公花子出场时，和尚们在"那就这边请"之后，会重复说"黄豆粉饼、黄豆粉饼"，招来观众哄笑一片。

甘纳豆

甘納豆

AMANATTOU

在你身边是否也有这样的人呢？不喜欢吃黏糊糊的纳豆，却对甜丝丝的纳豆情有独钟。甘纳豆[1]是将煮豆、糖渍、熬煮的工序反复进行而制成的一种食品。有的甘纳豆还会在最后一道工序时撒上一层白砂糖。代表性原料为红豆或者豇豆粒，但也使用黑花豆、莺豆等豆类，品种多样。

甘纳豆最初是在江户时代末期，由东京日本桥荣太楼总本铺的初代创始人使用金时豇豆创制出来的一款果子“甘名纳糖”。这种果子很巧妙地利用了豇豆反复煮制也不会破皮的性质，其传统的口味一直流传至今（如图）。据说，它的名称是模仿静冈县滨松的“滨名纳豆”（也被叫作滨纳豆，是一款咸味干纳豆，与京都大德寺纳豆属于同类）而取。

明治以后，甘纳豆的名称变得普及起来，各地都开始制作。诞生于战后时期的有花园万头的“濡甘纳豆”。它是以大纳言红豆为原料煮制而成，濡润饱满，是远近闻名的一款东京特产。另外，在北海道等地，会用甘纳豆来煮红豆饭。甜口的红豆饭虽叫人意外，但当作零食来享用也别有一番风味。

1　将甘纳豆作为一种做法用语，也有使用马铃薯和栗子为原料的“芋甘纳豆”“栗甘纳豆”等商品名称。

饴

飴

AME

饴的历史久远，最早记载可见《日本书纪》中的神武天皇纪："吾今当以八十平瓮，无水造饴。"虽然它也被解释为祭拜天神地祇之时所造之饴，关于其制法却语焉不详，所以对其是否是指食物之饴今尚存疑。

无论如何，饴在过去不单纯是一种嗜好品。饴也写作"糖""饧""餹"，作为读经供养料（为表感谢，支付给僧侣朗诵经文的报酬金），在正仓院文书的正式纳税记录和《延喜式》等史料中可见其名，故可以认为，在奈良至平安时代，饴曾用于佛事供养。而且，平安京的东西市集也有销售，根据《延喜式》以及《和名类聚抄》（935年以前）等文献记载，可知其原料使用的是稻米芽或者麦芽。后来麦芽成为主流原料，大概与现在的麦芽糖一样，比较普遍的做法是将麦芽加入稻米和小米中使其发酵，然后进行熬煮、过滤。从《三十二番职人歌合绘卷》（1494年前后）的绘图中可以看出，在室町时代曾经出现过卖饴的流动商贩（卖糖粽的和卖地黄煎的。前者是将糖涂在粽子*上出售，后者售卖的是一种加了药草的饴糖）。到了江户时代，饴的种类增加，可以制作出汁饴（软饴·水饴）、固饴（将汁饴进一步搅拌加工成硬糖）、白饴（将固饴抻长制成发白的饴糖）、类似有平糖*的砂糖饴（以砂糖为主要原料制作出来的饴糖）、求肥饴（亦称求肥*，类似熊本名产朝鲜饴）等各种各样的饴糖。以原料区分，有肉桂饴、芝麻饴、粟饴、祛痰饴（顾名思义，加入了有祛痰功效的草药制成的饴糖）。从形态来看，还有吹饴（将饴糖吹制成动物等形状）等饴细工制品——糖人儿、箬竹饴（用竹叶包裹的饴糖）、切块饴（像金太郎饴*那样将长条的饴糖切成块状）、千岁饴*（用于七五三节令祝愿长寿的长条形饴糖）等很多种类。

在江户时代，有很多流动商贩身着鲜艳的和服或装扮得富有异国情调，载歌载舞售卖饴糖（如下图）。例如“买饴赠筝”（买

《名代干果子山殿》（1778，虎屋收藏）所描绘的卖饴人。①卖土平饴的；②卖念物饴的；③卖御驹饴的（和服面料上的图案为棋子——御驹）；④卖唐人饴的。

糖者可以获赠一只小风筝）、“土平饴”（名为土平屋的卖饴人唱着独特的歌曲边走边叫卖）、“阿万饴”（男扮女装，表演曲艺）、“取替米”（用火箸或者簪子等自家不用的东西交换饴糖）、“唐人饴”（展示朝鲜通信使风格的服装或舞曲）等。在古装时代剧或者小说里，将这种卖饴人打造成隐秘剑士的桥段也时时可见。

在卖饴人的各种曲艺表演里，有的也像“卖饴涡松”（唱着镰仓小调的卖饴人）那样被借用到歌舞伎的演出当中，广为流传。比较令人感兴趣的是卖饴碗的。他们叫卖着“饴碗装粿[1]四文一只——”，不知那会是多大的碗。如今有的店家会用干果子做成实物一样大小的抹茶茶碗，如果用饴糖来制作的话，又会是什么样的感觉呢？真想看看原物。

1　指爆米，是将碾磨之后的糯米或糙米通过烤制使其膨胀起来的一种食物。

▷参考文献：《和果子》（虎屋文库机关杂志）第二十三号·饴特辑（2016）。

霰米果

あられ

ARARE

霰米果在外形上与酱油煎饼非常相似，但是酱油煎饼是以粳米为原料，而霰米果则是以糯米为原料。从制作方法以及形状来看，霰米果应分为霰饼和糯米霰果。

霰饼是将切成骰子块的麻糬烘干之后煎烤而成[1]。因在锅中煎制时的膨化状态颇似冰霰落下时的情景而得名，另一种说法是因为将食材切成骰子块的刀法叫作“霰切”，故有此名。

在过去，很多人家都将吃剩下的麻糬或已完成新年供果使命的镜饼做成霰米果。“砧板因霰始留痕”（《柳多留》），正如江户时代这首川柳句子所呈现出来的那样，将坚硬的麻糬饼切小是一件很费力气的事。随着时代的发展，已经很少有人会在家里制作霰米果了，但是在某些地域，人们对“欠饼”“御欠”这样的称呼依然会感到亲切。“御欠”的称呼是由“欠（搔）饼”而来。指的是外形尺寸比霰米果大的一种果子。

另外，在京都等地，有的地方会在涅槃会上供奉名为“释迦之鼻屎（hanakuso）”或“花供曾（hanakuso）”的霰饼。想必

---

1 在《古今名物御前果子秘传抄》（1718）名为“Manyo”的条目中，可见这种制法。

应该是因“花供御（hanakugo）”（敬佛之鲜花供品）而来，但是曾字与御字差别很大，如此命名不免令人失笑。

另一种糯米霰果，是将糯米蒸熟烘干、做成干粮之后再煎制而成的果子。它的外形尺寸比霰饼还要小，因而也更加名副其实。因颗粒细小，还有“玉霰”等优雅的名字。江户时代，将这种霰米果与煎炒的豆子混合在一起，是在年末到正月新年以及三月三日雏祭（女儿节）时家中常备的果子[2]。而“雏霰”则是明治时代以后才逐渐普及起来的词语，在关东地区是指裹糖的爆米，关西地区是指用酱油或青海苔等进行调味、直径一厘米左右的糯米霰果。

现在基本上霰米果都用机器生产，也开始能制造出颗粒更加细小的霰米果了。其尺寸有很多种，有的还可以用来作茶泡饭的辅料或者加在天妇罗的裹衣中。

霰字不仅用在果子上，也被用于各种不同的物品。人们比较熟悉的有用于茶道的铁壶，壶面的底纹中浮出一粒粒小凸起，这种铁壶就叫作“霰釜”；铺设着碎石的庭园小道，被称为“霰零”，精细的颗粒状花纹被称为“霰小纹”。另外在食物中也有很多现在很少听到的用法，比如切成方丁的炸豆腐被叫作“霰豆腐”；荞麦面上放一些煮熟的干贝丁，再撒上碎海苔，被称为“霰荞麦”；断面上可以看到切得很细小的一颗颗芋头粒的羊羹*，

2　同样也使用爆米（第9页）。

叫作“霰羹”，等等。以上种种，可以让我们想象过去的人们欣赏冰霰风情的生活雅趣。

说起霰字，也会联想到以“雪花呀飘飘，冰霰呀潇潇……”为开头的文部省歌曲《雪》(词曲佚名)，从而想起幼年时看到从天而降的雪白礼物时那种兴奋的心情。令人意外的是，这句歌词从江户时代开始，就是小孩子呼唤雪霰时所使用的语句。飘飘或潇潇，形容落雪的姿态或降霰的声音，在寒冷的冬日，也许曾经有小孩子一边嘎吱嘎吱地吃着霰米果，一边哼唱着这样的歌词。

有平糖
有平糖
ARUHEITO

有平糖为南蛮果子*的一种。原型是葡萄牙一种名为阿尔菲洛（alféloa）的砂糖果子，但是据南蛮料理研究家荒尾美代的调查，这种糖果如今已不再制作。而亚速尔群岛中的特塞拉岛上至今尚存一种名为阿尔菲尼（alfenim）的糖果，莫不如将它看作有平糖的原型更为妥当。

阿尔菲尼的主要原料是砂糖和水，再加少量的醋，煮开之后倾入涂有黄油的铜锅里晾凉，经过拉伸使气泡进入，变成白色。可以将它们做成小鸟或者葫芦*形状。有趣的是，这种做法与江户时代的果子食谱《古今名物御前果子秘传抄》中“有平糖”的做法几乎一样[1]。据说在基督教的仪式活动中，阿尔菲尼现在依然被用于奉献给教会。所以，阿尔菲尼是在16世纪由传教士带入日本的说法便也不足为奇。

江户时代后期制作了很多颜色各异、形状考究的有平糖。果子样品册中常见的有平糖形状弯折，带有条纹图案，名为“曲物”或“膝”。在锦绘之中，有平糖被摆在高脚托盘中或者盛放在糖

---

1 该书中的有平糖没有使用醋。现在制作有平糖一般是将砂糖、水饴、清水在一起熬煮，略微散热之后，趁热做出形状。

果盒里。因为这种形状如今很少制作，所以乍见之下恐怕很少有人会看出那是有平糖。

这些曲物，因为条纹图案的配色而分别被冠以不同的风雅名称。比如将红黄相配比拟成红叶，取名“立田糖”（立田是被吟咏于和歌之中的红叶胜地。第319页），绿白相配的名为“青柳糖”等。另外还有的有平糖被做成梅花、问荆、蕨草等形状，如精巧的工艺品一般娇俏可爱，作为礼品相赠想必一定很受欢迎。著名的有平糖专卖店有曾经专供幕府御用的金泽丹后，但明治维新之后因失去德川家这一大主顾而停业。令人遗憾的是，该店高水准的有平糖制作技术也未能传承下来。

如今，作为茶席上所用的干果子或者雏果子，除了最具代表性的千代结（红白色蝴蝶结形状）之外，还有贝壳、问荆、花朵形状的有平糖，玲珑小巧，季节感很强。而最罕见的大概要数长崎的长约二十厘米左右的千代结。它是用于结婚典礼的吉祥物品，造型看上去很像女孩子头发上装饰的蝴蝶结。此外，在全国果子博览会的工艺果子＊展区里也曾出现过大型的流水形状或者条纹图案的有平糖，可以说，它们已经是专门供观赏用的果子了。

也许因为有平糖的色泽形状为人所熟知，在过去它还曾用于染织品或女性发式的名称，诸如有平更纱、有平卷等。而作为理发店标志的红白蓝三色旋转招牌灯饰则被称为“有平棒”，理发店则被称为“有平床”。

另外，笔者非常喜欢宫泽贤治在《郁金香的幻术》中的一段描写："由于日光的照射，撑在行李上的那把红白相间的小小洋伞，仿佛是用有平糖制成的一样……"这段文字，让人不由得想象贤治温柔有爱的目光。

▷参考文献：荒尾美代《南蛮果子有平糖的词源考证》，虎屋文库机关杂志，《和果子》第二十三期（2016）。

粟饼

粟餅

AWAMOCHI

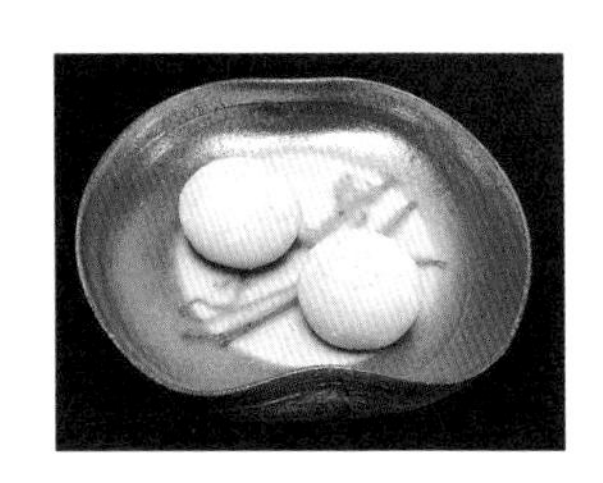

粟饼是将糯小米蒸熟，舂捣而成（亦有用粟粉或糯米制成）的一种果子。久负盛名的是京都北野天满宫附近的粟饼[1]（泽屋），分为沾裹着红豆馅的粟饼和撒黄豆粉的粟饼。虽然在某些地区，家庭中也会制作，但也变得越来越少了。提到使用粟米的食物，大概只有粟米善哉比较让人熟悉吧。

1 《毛吹草》（1638序）（指在书的序文中记录的年代，后同）中有"北野天神门前 茶屋之粟饼"，可知从那时起粟饼就已经是著名特产。

但在江户时代，粟饼却是茶店或果子店里极为常见的一种平民果子，随时可以吃到。特别是在江户时代，比较出名的是位于目黑不动尊前面的粟饼屋[2]。目黑不动尊是指现在位于目黑区下目黑的泷泉寺，因三代将军德川家光的重新兴建而成为诣谒名所，参拜之人络绎不绝。

而以这间著名的粟饼店为背景舞台，恋川春町写出了著名的《金金先生荣花梦》(1775)。与之前那些以年轻人为受众的草双纸（江户时代的通俗绘图小说）相比，此作更加面向成年人，具有谐谑、讽刺、滑稽风格，被认为是黄表纸（因封面是黄色而得名）的始祖。

这部作品堪称留存于文学史上的划时代作品，但令人意外的是，它的创作灵感竟是来自中国古代的一则故事《邯郸梦》。这个名字听起来似乎有些生疏难懂，但是如果提到那个讲述荣枯兴衰之无常的"黄粱一梦"，知道的人大概会更多一些。春町将故事中的黄粱换成了粟米，谓在粟饼一炊之间，主人公在店前做了个荣华富贵的梦。也许春町作为目黑粟饼店的老主顾，在店内消磨时间的时候，突然产生了创作灵感。在该书中，春町还详细描写了粟饼店捣麻糬的场面，但这家店如今已经不复存在。

有关粟饼，更加令人感到可惜的是，与上述店铺一样，大受

---

2 据《续江户砂子》(1735)中的记载，过去是真正的粟饼，但是后来开始将麻糬染成粟米色。其后的变迁不明，但是在《金金先生荣花梦》的插图里，可以看到写有"本粟饼"（正宗粟饼）字样的招牌。

江户人欢迎的唱捣粟饼屋也销声匿迹了。根据《守贞谩稿》(1853)的记载，这种唱捣是伴着歌声舂捣麻糬糕，用手猛力抓起捣好的麻糬，从手指缝里挤出四个团子，再顺势抛到相隔约两米的木盆之中。通过上述描述，便可以想象唱捣人娴熟的技艺博得在场观众一片喝彩声的情景。而刚刚制成的粟饼一般会撒上黄豆粉食用。唱捣技艺非常受欢迎，甚至被纳入歌舞伎的表演当中，《花竞俄曲突》于中村座，《契恋春粟饼》于市村座，分别在弘化二年（1845）和文久元年（1861）首次上演。在这些演出里，列举出各种麻糬名称的呼号声也非常有趣，在锦绘之中亦有对其画面的描绘。

红豆面包

あんぱん

ANPAN

明治时代，日本开始进入废藩置县、四民平等、文明开化的全新社会。红豆面包作为传统与新潮结合、和风与洋式兼容的划时代食品，诞生于明治七年（1874），由位于银座的木村屋总店（图片为现在的商品）率先推出。值得关注的是，虽说是面包，但它是用酒曲而不是用酵母进行发酵。红豆面包是以酒馒头这种和果子为制作基础原料的一种食物，在口味上更能为日本人所接受。据说，在面包表面的脐窝中加入盐渍八重樱，是明治八年为进贡天皇而特制的一款产品。红豆面包很快风靡全国，并开始向多样化发展，有的在表面撒上芝麻或罂粟籽，有的会在里面的馅料上做文章。

而实际上，面包是远在明治时代以前就已经传入的舶来品。与南蛮果子*一样，面包于16世纪从葡萄牙来到日本。从《古今名物御前果子秘传抄》中可以看到关于面包做法的记载，类似于酵母的东西被记录为“费尔门托”（大概是葡萄牙语的fermento）。将这种“费尔门托”与小麦粉、砂糖混合，进行发酵，用烧窑烤制成面包。根据食谱上所写的做法看来，或许因为烧窑的设置比较有难度，所以经营面包的果子店存在与否，并无资料可查，也就无法得知这种食品曾经普及到何种程度。因而，红豆面包的发明一直等到明治时代才得以出现。

昭和四十八年（1973），柳濑嵩在月刊杂志的绘本上发表了《面包超人》。可以说，红豆面包的人气如今依然长盛不衰，这位正义使者也功不可没。

馅蜜
あんみつ
ANMITSU

作为甜品店的招牌商品，馅蜜的历史始于蜜豆。所谓蜜豆一般是指用来浇在煮熟的赤豌豆和新粉麻糬上的糖蜜，原本是在杂果子店和路边摊上售卖的食品，属于明治时代后期的人气商品。明治三十八年（1905）还曾经有艺伎经常光顾的“蜜豆屋”[1]。在大正时期，东京浅草的舟和[2]茶馆专门开设了“蜜豆馆”，该馆出品的蜜豆果子是在精致的银色碗中盛有寒天、赤豌豆、水果等，颇受欢迎。而在蜜豆的基础上再加入红豆馅的馅蜜，在进入昭和时代以后，开始由银座的“若松”“月濑”等店铺推广起来。

提到馅蜜，也许有人会想起那令人怀念的《馅蜜公主》（又译《甜甜小公主》）。它是仓金章介于1949 — 1954年期间连载（1955年也有连载）的一部漫画作品。以甘辛城顽皮的馅蜜公主为主人公，漫画中的角色是各种点心果子，有粟米团子老板娘、茶馆主人馒头、卡斯特拉夫人等。而萩饼率领的侍女们的名字也朗朗上口，有团子、汁子、鹿子、馅子、黄豆粉等。在20世纪80

1 参见《明治东京逸闻史》（1969）中所记载的明治三十七年（1904）之“子守”、明治三十八年（1905）之“蜜豆”。

2 根据舟和的介绍，如今的蜜豆最早创制于明治三十六年（1903）。

年代，竹本泉将这部漫画改编成动画片，剧中人的名字都保留原样，吸引了大批和果子迷。馅蜜是和式甜品中的偶像。它可爱迷人，魅力十足，与公主之名相得益彰。

稻花饼

いが餅

IGAMOCHI

稻花饼是用米粉做饼坯，中间包入馅料，表面沾上彩色糯米粒蒸制而成的一种果子，也叫作稻花馒头。在滑稽本《浮世床》（1813—1823）里，卖糕人的叫卖声中稻花饼与莺饼*、安倍川饼*同时出现，由此可见，稻花饼在江户时代就作为一种平民点心而家喻户晓。

关于它的由来众说纷纭，有说其名有稻子开花（iga）之意，也有说因其外形像栗子的毛壳（iga）而得名。又因为有时候会写成“伊贺饼”，故也有说法称其是产自伊贺（三重县）的一种食品。

无论起源如何，它奇妙的名字、糯米粒的亮丽色彩及软糯的口感都很受人喜爱，从而流传到各地。但是在歌舞伎作品《吉祥参由缘音信（小堀政谈）》（1869）里却视其为外观丑陋之物，比如第二幕中曾有这样的台词："似见到烤糊了的金锷或伊贺饼，那是人吃的东西吗?"竭尽贬损之能事。

稻花饼现在于广岛、滋贺、秋田、山形、爱知县等各地都有制作。米粒除了黄色之外，有的也被染成红色或蓝色。

茶道宗遍流的始祖山田宗遍（1627—1708）所喜爱的宗遍馒头，是用小判[1]形状的新粉皮包裹豆沙馅，沾以染成红色或蓝色、黄色的饭粒，与稻花饼极为相似（《新版茶道大辞典》）。其素雅质朴的风格，在白底上点缀着点点彩色的精致工夫，大概正是茶人的趣味所在。

1　小判，以及后面出现的大判都是江户时代流通的一种金币，呈椭圆形，采用纯金制成，数量有一定限制。在后文小栏目"日常生活中的造型图案"中也有介绍。

石衣

石衣

ISHIGOROMO

是将红豆（小豆）馅团成小圆球，裹上擂蜜[1]之后凝固而成的一种果子。大概因为它的外形像一颗小石子披着一层白衣服，故名石衣。有的店家还以“松露”来命名，里面的馅料是黑色、茶色、绿色和红色等，综合在一起成袋销售。所谓松露并非指松枝上的露珠，而是在松树的根部位置生长的小菌菇。与石衣同样，松露也是个可爱而优雅的名字。虽然很小颗，但是含在口中时，里面的馅料与外面的擂蜜叠加在一起，会感觉相当甜，配抹茶食用最相适宜。江户时代应该就有类似的果子制作，但是以石衣之名得以传播则应该是明治时代[2]以后的事情了。

在永井龙男于一九四九年发表的短篇小说《朝雾》中，因心脏麻痹而死亡的X（故事主人公）在留下的日记里，曾有过这样的记述：“二月十三日 晴好 石衣三颗甚甜 牛奶一杯 无配给发放”（虽没有写明年代，但可据此推断是在太平洋战争中）。这部分情节是讲述已出现认知障碍症状的老年X，在自己死亡一周后的日

---

1 制果材料之一，用作糖衣等。砂糖加水煮化，冷却之后强力搅拌成白色奶油状。类似西点中的翻糖（fondant）。后面的原料用语部分也有介绍。

2 《实验和洋果子制造法》（1905）等书中写有做法。

期里写下的日记。二月十三日 X 已经不在人世，为什么会有这样一篇日记，在小说中并未明确交代。他是否想起了留在自己记忆角落里的果子？虽然与小说的主线没有关联，但是对于果子爱好者来说，这段描写颇引人注意。

亥子饼

亥の子餅

INOKOMOCHI

亥子饼是指在旧历十月亥日为去除百病而食用的一款麻糬饼，也称为“玄猪”“严重”或“能势饼”[1]，借野猪多产之名，寓意家族人丁兴旺、子孙繁荣。亥子饼历史悠久，在《源氏物语》的“葵”帖之中亦有登场。当时的制作方法不甚明了，但根据宫廷释义，可以了解到是使用“大豆、小豆、大角豆（豇豆）、栗子、

1 因摄津国（大阪府）能势郡曾向宫中进献糯米而得名。在《摄津名所图会》卷九（1796）以及随笔《耳囊》（1784—1814）中皆有详细记载。

▷参考文献：菅原嘉孝《关于十月亥子饼》，《风俗史学》第二十一期（2002）。

柿子、芝麻、糖”（编写于镰仓时代的《二中历》）等原料，做成亥子（野猪仔）形状的糕饼。

庆祝亥日的习俗在江户时代非常盛行，幕府中，将军会在江户城赐亥子饼给大名、旗本，在宫中则由天皇赐给臣下。而在民间，该节日也与庆祝丰收联系在一起，盛极一时。野猪作为伏火之神，也是著名的爱宕神社的使者，所以在亥日当天有烧热暖桌或者烤火盆的习俗，因此，亥子饼也开始被用来作为开炉仪式上的果子。如今在十一月的茶道开炉仪式上多备有亥子饼。糕饼的形状以及用料根据时代与地域以及阶层的不同而种类繁多，有红白糕饼、红・白・黑糕饼，还有用芋头或番薯制作的糕饼，但是在开炉仪式上，则多用最简单原始的亥子饼，像萩饼那样外裹红豆馅（或加芝麻等），撒上黄豆粉。

如今，京都的护王神社每年十一月一日都会举行亥子节祭祀活动，备有亥子饼。

今川烧

今川焼

IMAGAWAYAKI

将加了鸡蛋、砂糖的小麦粉调成面糊，注入模具中加入馅料之后,今川烧便烤制而成。在缘日[1]庙会的小吃摊上经常可以见到，但是对今川烧之名感到亲切的，大概是在关东以及东北地区出生长大的人。在关西，这种果子被称为大判烧或者太鼓烧，而在九州则以回转烧之名家喻户晓，近年来在关东地区也越来越多地可以见到今川烧以外的名称。

今川烧最早因在今川桥的桥头销售而得名。今川桥位于日本桥通的北面，横跨神田堀。具体店名以及销售年代不详，但是从《富贵地座位》(1777)中的记录可知，位于本所(现在的东京都墨田区)、名为那须屋弥平的果子店曾经销售过今川烧[2]。根据川柳名句“今川烧乃中秋之月形”(《插柳》)，可以推测出江户时代今川烧的形状是圆形，但是用料及做法却不得而知。无法断定当时是否与现在一样，在面粉中加了鸡蛋，或许是像金锷＊那样，

---

1 缘日指与神佛的降临、现身、誓愿等相关的日子，与众生有缘，即有缘之日。神社佛阁在这些特定日子里，会举行祭典或供养活动。

2 再版增补《江户惣鹿子名所大全》(1751)第七卷《浮麸新粉》的说明中提到今川烧，是至今可查的最早记录。

用小麦粉做原料，里面包上馅料。

进入明治时代以后，今川烧更加受到欢迎，与红梅烧[3]一起，被收录进流行小调[4]当中传唱。在夏目漱石的《野分》中，神乐坂一带的露天摊位里就有一家卖今川烧的小摊，由一位老婆婆烤制，一钱三只。或许，它就与现在的今川烧是同样的东西（图片上是印有寿字的今川烧，一般都以无字为多）。

放眼海外，你会很惊奇地发现，韩国和中国台湾地区也有类似于今川烧的烧果子路边摊。在台湾地区叫作“日式轮饼”“车轮饼”，据说是从日本传过去的。今川烧之所以受到欢迎，其秘密大概就在于它可以当作小吃而且食用方便。

---

3 浅草的烧果子名点。利用各种形状的模具将薄薄的小麦粉面皮做成梅花形或者其他形状，烤制而成。

4 在《明治世相编年辞典》（1965）中，明治五年（1872）的条目里，可见“义经袴配毛毯，身着外褂，嚯咿嚯咿吟诗唱曲（中略）呈上今川烧和红梅烧，手制煮花茶”的字样。

外郎

外郎

UIRO

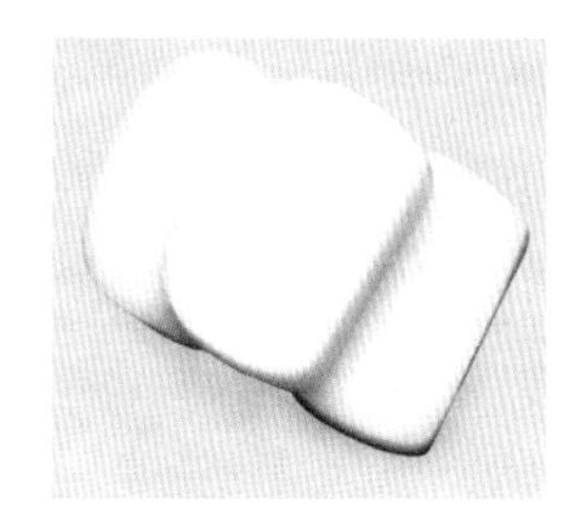

外郎原本是药材的名字。喜欢歌舞伎的人大概马上会联想到"外郎卖"。第二代市川团十郎（市川宗家的歌舞伎演员）因外郎治好了自己的顽疾，于享保三年（1718）在江户森田座扮成一名卖外郎的小贩（戏剧化表现，实际上外郎并无流动商贩的售卖形式），对其效果和服用方法进行了一番滔滔不绝的说明，这一大段台词获得的好评不断,使得该曲目后来成为歌舞伎十八番[1]之一。从"在场各位有所不知，吾乃……"开始，直到"喀拉喀拉风车转风车转转喀啦啦不倒翁不倒翁快快起来不倒翁昨天晚上画地图现在又画啦……"（がらぴいがらぴい風車おきゃがれこぼしおきゃがれこぼしゆうべもこぼしてまたこぼした……），这段绕口令般的台词语速颇快，极富节奏感，现在也被用于播音员的发音练习。

名为外郎的药品，最早是由一位名叫大年宗奇的人制作销售并推广起来。宗奇之父陈延祐是中国（元朝）的一位朝廷官员，

1　歌舞伎十八番是天保年间第七代市川团十郎（当时的第五代市川海老藏）作为市川宗家的御家艺而选定的十八种武戏歌舞伎曲目。

官拜礼部员外郎，于元朝灭亡之后移民日本并归化，居住在博多。宗奇在室町幕府第三代将军足利义满的召请之下移居京都，开始制作中国传统的药物，并受到好评。这种药物（亦称透顶香）的别名由其父的官职名称而来，叫作外郎。外郎作为行军打仗时的军中救急药品驰名四方。后来，陈氏的后代子孙被北条早云招至幕下，于永正元年（1504）举家搬迁到小田原。获封的宅地位于小田原城的正对面，占地广阔，其宅邸被称为“外郎府五丁宅邸”。在江户时代，外郎家族受到丰臣秀吉等历代小田原藩主的保护，外郎也成为小田原的名产。

另一方面，在江户时代，小田原也是东海道五十三次驿道上的重要驿站宿场之一，为参勤交代的大名和旅行者的往来停留之所。因此，外郎的功效也得以传播，成为人们旅行中的常备药物或赠礼佳品。其制作方法流传至今，依然有很多远道而来的人特来求购。

而果子中的外郎（亦称外良、外郎饼），是将融化的砂糖混入上新粉中蒸制而成，据传是宗奇为接待国宾而创制出来的一款果子。图文版百科事典《和汉三才图会》（1712 序）中的外郎饼，因为在原料中加入了红糖，据说在色泽上与药品外郎非常相似，故被冠以此名。但是从外郎店的商品来看，药品外郎只是带有银箔的药丸，并无史料显示当时它是黑色的。

说起外郎，除歌舞伎表演之外，《东海道中膝栗毛》（1802—

1822）中也曾提及。书中有一个情节是描写刚刚来到小田原的弥次和喜多误将威严气派的八栋造[2]外郎药房当作了卖外郎果子的店铺。喜多说："喔唷，以为是糕饼，结果是个药店啊！"弥次的台词则令人印象深刻："把外郎当糕饼吃，可解良药之苦也。"由此可知，在江户时代后期，外郎不仅是大名鼎鼎的药品，也是一种老幼皆知的果子，倒也有趣。

如今除了小田原，名古屋、山口、三重、德岛等很多地方都将外郎果子作为当地名产。这些外郎使用红豆、紫苏、红糖等原料制作，风味不一，因为口感细腻和方便食用而受到人们的喜爱。

2　八栋造，在江户初期富商宅邸经常采用的一种建筑形式。并非指八栋建筑，只是屋顶形状复杂，装有很多博风板。

莺饼

鶯餅

UGUISUMOCHI

莺饼正如其名称所展现的那样，是极具代表性的春季和果子之一。提到莺饼，人们自然会想到一种撒了青黄豆粉（青大豆粉）的带馅麻糬饼，但恐怕很多人并不知道，在江户时代，莺饼上撒的曾经是抹茶。因为在《果子话船桥》（1841）中所记载的“远山饼”的制法中，有“冰沙加入茶末以呈青色，如莺饼般裹其粉而成”的字样，意即在当时已经有这样一种麻糬饼，它的表面上撒的是抹茶与磨细的冰糖混合在一起的粉末。此外，在该书中还记载了以抹茶着色的莺羹的制法（但没有最令人关心的莺饼的制法）。

实际上，在有关日本传统颜色的事典等资料上可以查到，莺色是近似于树莺羽毛颜色的绿茶色，与略带浅白的青黄豆粉比起来，应该更近似于抹茶色。与现代人相比，江户人对树莺显然更为熟悉，或许对于他们来说，抹茶才更加接近于树莺羽毛的颜色。但是青黄豆粉那种洋溢着春日感觉的色调与可口的风味，也许逐渐为大众所接受和认可。

江户时代的随笔集《蜘蛛丝卷》（1846）中，关于莺饼有如下记述："有识之士曾誉为美物，今已成粗点心店所售之物，顽童只需向母亲讨来四文钱便可入手也。"可见，莺饼在过去曾经是高级果子，后来等级逐渐下降，变成了小孩子也可以买得起的廉价糕饼。由抹茶变为青黄豆粉的大众化演变，是否也是其原因之一呢？这种猜测和推理也令人感到其乐无穷。

莺饼如今在全国各地都是一种非常受欢迎的果子。它两头略尖的形状，会让人想到小鸟独有的可爱感觉[1]，看在眼里，心情也会跟着变得柔软起来。

1　歌川广重的锦绘《净琉璃町繁花图》（1852）中出现的路边摊上的莺饼也是这种形状。

乌羽玉

うば玉

UBATAMA

一般而言，这是一种将红糖口味的馅料搓圆，用艳寒天包裹，上面撒上少许罂粟籽的果子。据说它是因为外形像一种名为射干的鸢尾科多年生草本植物的黑色种子（乌羽玉）而得名，但关于其名称的由来，也与下面这个来自中国的传说有关。

传说在周穆王时期，有一天，突然飞来一只约一点五米长的大鸟，世间突然漆黑一片。捕而观之，忽见它的羽毛中掉下一颗黑色的珠玉。把珠玉装入盒子里，天下大亮，从盒子里取出，则又复昏暗。因为这则传说，后来就用乌羽玉来形容黑色的事物（《杂和集》）。

而在和歌当中，亦有这样的句子：

乌羽玉今宵

天明叹晨早

君行将远苦难熬

（《拾遗和歌集》恋二 · 柿本人麻吕）

乌羽玉与黑色直接相关，用来修饰“夜”或“宵”，曾是人们耳熟能详的的枕词（和歌中冠于特定词语前，用于修饰或调整语句的词）。

作为果子的“乌羽玉”从江户时代起便已出现，据国学者喜多村信节（1783—1856）的随笔《嬉游笑览》（1830 序）中的记载，“红粉屋志津磨”（红谷志津摩）自宽政（1789—1801）年间便开始制作乌羽玉。但是对于当时是否将其做成黑色的圆球状，今尚存疑。因为除了在虎屋的果子样品册中有名为“乌羽玉”、断面可见黑色圆形物的棹物（做成长条形的果子）绘图之外，在《果子话船桥》（1841）中，还有将带馅的“求肥饴”（同求肥*）外层沾满冰沙（磨碎的冰糖）的制作方法。后者分红和白两种，红色的是将冰沙染红粘在红色果坯上（《果子话船桥》中的“远山饼”条目）。这是否是模仿带有红色斑点的红橙色射干花的外形而制呢？也有说法是将里面的馅料拟作乌羽玉。如今，新潟县的果子店（松月堂等）依然承袭着红白两种传统来制作，果铭为“乌羽玉”和“千岁”。

云平
雲平
UNPEI

寒梅粉与白砂糖混合均匀，摊薄摊平用模具拓出各种形状，这样做出的果子就是云平。云平也叫云平糖，在关西地区以生砂糖之名而为人所知。如果制成植物形状，可以使用雕有叶脉与花筋的带刻线的专用木模，达到更为写实逼真的效果。以银杏*、红叶*、菊*、松*叶形状等为代表造型，多用于干果子组合中的花样点缀。云平的外形尺寸不仅限于小片，在制作工艺果子*时，用于背景衬托的牡丹*花以及流水形状等大型云平也不可或缺。

而云平之名又是从何而来呢？虽然并无固定说法，但是可以联想到其与“云片香”[1]之间的关联。所谓“云片香”，是指加了砂糖的寒梅粉固化之后放入盒中压实蒸熟，翌日将其切成薄片（《果子事典》）的一种果子。而云片之名，顾名思义，应该是形容碎朵云、一片云的形态。在洒落本（江户中后期流行的花柳文学）《赞极史》（1789—1801年前后）中有这样的台词：“好过云片香蜂窝糖甚矣。”可见在江户时代后期，云片香已经在一定程度上为人知晓[2]。在记载有中国料理的《卓子式》（也叫《卓袱

1 被认为与现在中国制作的云片糕是同类产品。

2 兰方（荷兰医疗法）医生柴田方庵于嘉永三年（1850）访问名古屋植物学者以及江户的医生时，曾分赠给对方云片糕（《日录》），大概是作为长崎的伴手礼而赠。

式》，1784）中亦可见其名，所以可据此推测，云片香是传自中国的一种干果子。或许是由云片一词逐渐演变为云平。因为彼时已经出现有平（糖）、金平（糖），也许是为了与它们达成用字上的统一而这样命名。

青森县和秋田县较为著名的云平，是将专用的“云平粉”（上南粉与糯米粉的混合物）与砂糖混合之后，做成分层状。有的云平也与鸣户卷和鱼糕的形色相似。

干支果子

干支菓子

ETOGASHI

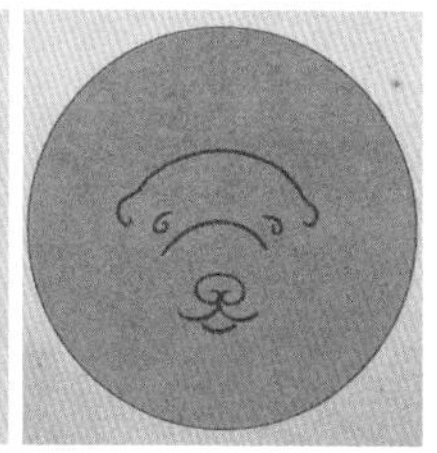

新年贺卡上，该年份的干支属相必不可少。果子界也同样会在十二月下旬到一月期间销售相应的“干支果子”。

“干支果子”的名称虽然在江户时代的文献和果子样品册上未曾出现，但是在新粉面塑＊和糖人儿中，有很多模仿动物形状的果子，所以可以认为它们皆为模仿十二地支而制。但是与御题果子＊一样，干支果子作为新年果子固定下来，是明治时代后期以后才开始的。

十二地支是子丑寅卯辰巳午未申酉戌亥，按照顺序分别对应鼠、牛、虎、兔、龙、蛇、马、羊、猴、鸡、狗、猪。在果子中，鼠或兔、猴或狗很容易就能做出可爱的造型，蛇和龙则困难一些。太过逼真便会让人失去食欲，所以就尽量偏重于有关联的设计,尽量使之看起来美味。比如用旋涡来表现蛇的盘卷状，或者使用三角形的鳞纹（第 350 页）。龙的话则用螺旋状寓意其升天之姿，或者制成飞龙口中含着的宝珠形。马是借用辔头纹样或者绘马来进行暗示，此外还有用粮草袋代表鼠（鼠是大黑天神摩诃伽罗的侍使）、用蛇笼暗喻蛇等做法。

除了以上例子，还有用颜色或者图案来表现的方式，比如用黑黄条纹代表老虎，用黑白花图案代表牛，用红白两色让人联想到鸡冠和羽毛，借以代表鸡……诸如此类。每一种都会让人感受到店家的创意巧思，让新年期间的和果子店充满乐趣。

照片是大正十一年（1922）的干支果子“戌”。出自其前一年刊行的《敕题干支新年果帖》卷之二（1921）。

翁饴

翁飴

OKINAAME

翁字很容易使人联想起民间故事里出现的慈眉善目的白发老人，或者新年伊始及庆祝活动时上演的能乐开场中必会出现的“翁”角。翁字如今已经甚少使用，但是在烹饪料理和糕点果子行业当中，这个颇具古风的词语依然偶有所闻。

比如在料理当中，使用白丝昆布和白味噌的菜肴会以翁命名。翁扬（白肉鱼裹蛋清，沾上白丝昆布或者昆布须之后炸制而成）和翁渍（用白味噌腌制的鱼肉）便为其中两例，这种不太常见的名称，为菜肴更增添一层格调。

在果子中，翁饴或可算是代表。在水饴中加入煮过的寒天，凝固之后轻轻撒上一层味甚粉（将糯米炒熟使之膨胀，再研磨成的粉末）即成。多做成扁薄的正方块，外观看上去像是蒙了一层薄薄的面纱，显得高贵而有品味，非常符合象征长寿的翁叟形象。翁饴的口感接近啫喱，也许称之为和式啫喱比较合适，它的口味微甜，回味绵长。翁饴在江户时代后期开始制作，新潟县上越市的大杉屋惣兵卫（如图）以及高桥孙左卫门商店等果子店继承了其传统的风味。

另外，《东京风俗志》（1898 序）中，有“如翁饴·千岁饴等饴，似瓦煎饼·盐煎饼等煎饼类亦多见”的字样，可见，在明治时代后期，翁饴也是东京常见的一种果子。

米花糖（兴米）

おこし

OKOSHI

兴米的原型据传是遣唐使带回来的唐果子＊之一——“粔籹”（也称“兴米”），在平安时代的辞典《和名类聚抄》（公元 935 年以前）中释其义为“以蜜和米煎作也（用蜜糖和米混合之后煎焙而成）”。因加热煎炒而发生膨胀，故以兴字命名，经常用汉字“兴米”来表示。

兴米在平安时代还有“稃流”之名，从《延喜式》中可以看出，“稃流”为神前供奉之物。另外，在《古今著闻集》第十八卷的饮食部分中，也描写了平安时代的公卿藤原忠通在正月新年时吃“兴米”的画面。谓之送到嘴边捏碎食用，虽然会有星星点点的碎渣掉在衣服上，但是扑落碎渣的动作沉静优雅云云。或许高贵之人的行为举止也同样高贵，让碎掉的兴米粒看起来竟如珠玉一般。

江户时代[1]各地都有兴米，即米花糖制作的痕迹。将糯米等谷物粮食蒸熟之后进行煎制，再利用水饴和砂糖使之凝固，形状有圆球形或者板条形。

江户著名的雷兴，是浅草雷门重建那年（1795）出售的商

---

1 《料理物语》（1643）中，记载有使用薏仁的“兴米”的做法。

品，作为参拜浅草寺的伴手礼而闻名。在仲见世商店街曾经开过数家雷兴店，也出现过流动商贩沿街叫卖的销售形式。不知这些小贩是否穿着漂亮的外出服，打着乌云闪电图案的绑腿，身着半缠褂衫，撑着同样图案的阳伞，将米花糖装在一个大鼓形状的箱子里呢？据说在浅草观音开龛之前，小贩们曾经边走边叫卖：“三国第一观世音，日本第一大开龛，浅草名产雷兴米，买来可避雷哦。”[2] 此外，根据《江户买物独案内》（1824）的记载，江户售卖的兴米有“末广兴”“幕之内兴”“五色兴”“御所兴”等种类。其中“末广”呈扇形，而“幕之内”不知是否会像幕之内便当的造型。看到名字，总是会想象出各种各样的色彩及形状。

另外，根据《守贞谩稿》的记载，在大阪道顿堀二井户附近，津之国屋清兵卫制作的“粟之岩于古志[3]”（粟之岩兴米。粟字取其形）非常有名。这种米花糖坚如石块，是在干粮中加入饴糖和红糖等原料制成。长约 12 厘米，直径大概 1.5—1.8 厘米，一只卖四文钱，售价低廉，应该很轻松就可以品尝得到。京都和大阪的兴米，就是仿该店的商品所制。但或许江户地区的口味习惯不同，这种口感偏硬的米花糖并没有流行起来。

随着时代的发展，米花糖的口味也愈来愈丰富，有的会加入花生、海苔、紫苏等配料，变化多端。比较特殊的当属《实验和

2 《藤冈屋日记》弘化四年（1847）“二月中旬时起”的条目中，开龛之后的叫卖词有变化。

3 “于古志”音同“兴米（okoshi）”。

洋果子制造法》(1905)中“屠苏于古志”的制法，在其中加入了用于屠苏酒的山椒和肉桂粉。在当时，屠苏兴米喜闻乐见，甚至在双六（传统桌上游戏，棋盘上常见各种主题的绘画）之中亦有描述，其中以芝口（现在东京都港区）蟹屋的出品最为著名。近年来，米花糖的制作多在口感更酥松和外形更小巧方面下功夫。

御题果子

お題菓子

ODAIGASHI

御题果子是根据宫廷里举办的新年歌会上所出的题目制成的果子。虽然也有别称叫作敕题果子，但如今御题果子之名较为普遍，在每年的十二月中下旬到一月期间售卖。

天皇举办的歌会，过去叫作“歌御会”，而新年伊始的首场歌御会习俗，最早也可以追溯至镰仓时代的龟山天皇年间。到了江户时代，每年都会召开新年首场歌御会，一直持续到明治时期。

到了明治七年（1874）发生了新的转变，不只是皇族亲信，平民百姓的歌赋投稿也获得承认，于是国民也开始参与到宫廷歌会中，到了明治十二年，则开始公布其中的优秀作品。

歌御会的歌赋题目变得更加贴近百姓也是御题果子出现的一个重要因素。明治二十一年（1888），京都的上果子店同仁们聚集在一起，举办了体现歌题含义的果子展示会。虽然战争期间曾经一度中断，但制作御题果子的店铺渐渐增多，并一直持续至今。

明治二十年的和歌御题为“池水浪静”“雪埋松”。从大正年间到昭和时期也同样以三字题目为多，例如“海边松”“朝晴雪”“连峰云”等。到了平成时期，多为“道”“青”“时”“草”“春”等单个汉字，而果子的制作也多从题目展开联想，“时”做成年轮，“草”就是草原，“春”则配以花朵等造型。御题果子要求制作者知性、灵活并具备有丰富的感性，所以在创作上也具有一定的难度。

图片是为大正八年（1919）的题目《朝晴雪》而制作的果子。选自此前一年的《敕题干支新年果帖》卷十八（1918）。

▷参考文献：果匠会编《明治百年御题果子》，制果实验社（1968）。

《京果子〔《淡交》别册二十五〕》，淡交社（1998）。

萩饼

おはぎ

OHAGI

萩饼是将糯米和粳米混合在一起煮熟，半捣成米糕，团成团子，在外层裹上豆馅或黄豆粉、芝麻等而制成的果子。有的果子店常年销售，而在彼岸节[1]期间，作为节日果子，在超市以及便利店也可以见到它的身影。

说到萩饼，自然会提到其与牡丹饼的区别。有一种说法是，在秋天用萩饼象征萩花（胡枝子花），而春天则以牡丹饼寓意春天的牡丹花。也有以用料来区别，粳米比例较多的为萩饼，以糯米为主的则是牡丹饼。萩饼和牡丹饼根据所在地区和年代的不同而说法各异，但实际上两者是同一种果子。在《本朝食鉴》（1697）中有“母多饼一名萩之花”的字样，可知在当时，牡丹曾用“母多”二字，并也可称为“萩之花”。但是因为牡丹饼有时也用来比喻圆盘大脸的丑陋女子，而萩饼源自宫中女官的委婉用语“萩之花”，所以听起来更显得优雅有品。

现在萩饼是最为常见的称呼，但在过去除了牡丹饼之外，还有各种其他叫法。由于何时舂碾了糯米邻家并不知晓（因为半捣

1 彼岸节，一种源自佛教的习俗，指以春分或秋分日为中，前后加起来为期一周的时期。人们会在彼岸期间扫墓祭祖。

状态即可），所以又叫作“夜舟”（不知何时抵达，抵达谐音舂捣 [tsuki]）、“北窗”（不见月亮，月亮谐音舂捣 [tsuki]）、“邻不知”。另外还有“半杀”（也因半捣状态即可）的别名，并流传着这样的笑话，讲的是住客在夜里无意中听到旅馆主人说“来个半杀吧”，误会其意，惊慌失措地逃出旅馆的故事。为数众多的别名异称也可以证明，萩饼是一种在各地都有制作、老幼皆知、受人喜爱的果子。江户时代，除了彼岸节期间，在七七忌日过后以及十月亥日之时也会制作萩饼（也称为亥子牡丹饼）。市面上销售的萩饼中，文政年间（1818—1830）在麴町三丁目（现东京都千代田区）松坂屋御铁销售的红豆馅、黄豆粉、芝麻馅的三色牡丹饼作为江户名产而大受欢迎。[2]

另外，在《随闻》安政元年（1854）的条目中，曾有这样的描写：“分与家内亲族奴仆等，食之可不中炎暑之说一时街谈巷议。故各家皆制此果而食，以致捣米店中糯米白米出空，粉店中豆粉售罄。而牡丹饼之商家亦门庭若市，甚为混杂。”可知牡丹饼曾经在传闻的影响下一时达到人气爆棚的程度。

江户时代后期，在彼岸节馈赠萩饼的风俗开始在江户形成并固定下来，在曲亭马琴的《马琴日记》（1826—1848 记）中，记录有彼岸节时相互授受亲手制作的牡丹饼的情景。除此之外，在《守贞谩稿》中也可见到这样的记述：“今于江户，彼岸时节市民

2　冈本绮堂随笔《从二楼》中有关于御铁牡丹饼的回忆。

各自制此物，为近邻之进物者也。”在民间信仰当中，红豆可以消病去灾，所以可以推测，这种信仰也是萩饼与供奉先祖和祝福子孙繁荣之意相关的理由之一。

柿种

柿の種

KAKINOTANE

柿种名称之古怪，难免会让人猜测它是不是由江户人的幽默诞生出来的东西，实际上并非如此。柿种的历史出乎意外的短，是大正时期由新潟县长冈市的浪花屋制果最早开始售卖（图片为现今的产品）。关于柿种的诞生还有一段趣话。据说浪花屋制果当时制作一种小判形状的霰米果*，岂料某日金属模具被踩变了形。因为没有可以替换的模具，便不得不继续使用它，结果做出来的米果形似柿子的种子，索性取名“柿种”，没想到居然大受欢迎。辣椒的刺激口味让它适合用作下酒小食，于是各店开始竞相仿其而制。

至于从何时起，柿种开始与花生仁混在一起销售，虽然说法不一，但是甘香与辛辣的搭配组合，酥脆的口感，更让它成为啤酒的良伴而人气大增。

柿种不禁让人联想起老故事《猿蟹大战》。培育柿子树的螃蟹依猴子所言，用柿种来换取饭团。后来却被猴子以柿种当子弹攻击，送了性命。对于小孩子来说，那是比后面猴子被驱逐还要令人难忘的场面。如今想来，那个时候吃的柿种是微辣的成年人口味，而现在也出现了裹着巧克力外衣的柿种。

嘉祥果子

嘉祥菓子

KAJOGASHI

是为旧历六月十六日嘉祥（嘉定）节制作的果子。旧历六月，暑热渐强，是一段容易患病的时期。嘉祥有避此灾祸之意，渐渐地作为一个吃果子庆祝的节日固定下来。关于它最初出现的年代众说纷纭，但传播最广的说法是在室町时代到江户时代期间。例如，在室町时代，武士之间进行射箭比赛，败者要用十六枚宋代铜钱嘉定通宝[1]买食物请胜者吃。而在江户时代，幕府会在嘉祥这一天举办盛大仪式，于大殿中摆上各种果子，分发给登殿拜会的大名以及旗本。担任果子制作的是幕府御用果子师大久保主水，羊羹*、馒头*、鹑烧（大福*的前身）、阿古屋*、金团*、寄水（拧成螺旋状的新粉麻糬）、平麸、熨斗鲍[2]等各种食物分门别类地摆放在白木托盘中。果子的数量加在一起可达两万个。在当天，宫廷也会赐给各官员每人一升六合嘉祥米，这种米可以用来在御用果子店虎屋和二口屋兑换果子。同时，虎屋也会向宫中进献嘉祥果子。

明治时代以后，嘉祥节日活动曾一度废止，但在 1979 年，根据全国和果子协会达成的协议，嘉祥作为“和果子节”重新复苏。其后，每年的 6 月 16 日这天，都会有和果子推广和献果祭活动，销售嘉祥馒头以及嘉祥果子（图片以虎屋为例）。嘉祥果子，是可以让人体验古老风俗，品尝美味，战胜炎暑的特色糕点。

---

1 嘉定通宝之嘉通（音 katsu）二字谐音“胜利”（音 katsu），故用之。

2 熨斗鲍，鲍鱼切成薄片，擀平抻长并晒干，寓意延年益寿，是传统供品之一。后简称熨斗，以纸代之，演变为贺礼包装或礼金袋上的一种礼签装饰。

▷参考文献：铃木晋一《嘉定与果子》，《和果子》第一期（1994）。

柏饼

柏餅

KASHIWAMOCHI

柏饼是用槲栎（在日语中使用汉字“柏”来表示）叶包裹的带馅新粉麻糬。是儿童节（公历五月五日，在日本与端午节同日）食用的传统节日果子之一。

儿童节这天虽然也吃粽子*，但在通常情况下，对于关东人来说，柏饼比粽子更令人感到亲切。而在关西，特别是京都地区，粽子比较受欢迎，因此，两者在东部和西部的销售状况也有差别。

柏饼自江户时代起就以江户为中心开始盛行并普及。槲栎这种树木，在长出新芽之前旧树叶不会凋落，所以用来寓意子孙繁荣。在武家掌政的江户，端午节吃柏饼的习俗就此固定下来。

锦绘上也描绘了制作柏饼的情景，可见在从前，柏饼多是在家中制作，分赠给街坊近邻。从“叽叽喳喳话音停新鲜柏饼即做成”（《柳多留》）的川柳句中，就可以想象出制作柏饼时的热闹场面。根据《守贞谩稿》的记载，在江户，有红豆馅和白豆味噌馅的柏饼，以槲栎叶的表里包装来区分不同口味。

除作为节庆果子而为人熟知之外，柏饼也经常会在街上的茶店有售，特别是东海道猿马场（现静冈县湖西市）的柏饼非常有名。但是根据《东行话说》（1760）的记载，这款柏饼相当难吃，与旅行的享受相去甚远。

另外，由于九州等西日本的部分地区槲栎叶比较稀有，所以会使用土茯苓的叶片来包裹糕饼，但依然会以“柏饼”之名进行销售。土茯苓叶比槲栎叶略小，还有一个别称叫作“龟叶”。可见，柏饼给人的印象也会因地域的不同而发生变化。

卡斯特拉

カステラ

KASUTERA

如果说“卡斯特拉是和果子”，大概很多人都不会同意。因为它的外形和口感首先会让人联想起西式糕点。确实，从南蛮果子＊的特征上来看，卡斯特拉起源于西方也是不争的事实。但是经过漫长的历史演变，它已经完全成为日本独有的东西。如今，日本的卡斯特拉与其原型西班牙的 bizcocho（biscocho）和葡萄牙的 pão-de-ló 比起来，在口味和形状上已经截然不同。因为到了明治时期以后，日本的卡斯特拉在原料中增添了水饴和蜂蜜，开始拥有异国所不具备的丰润口感。在形状上，西班牙、葡萄牙常见的那种圆形在日本没有得到普及，而长方体最后成为卡斯特拉最基本的造型。

卡斯特拉的日文汉字写作“加须底罗”“粕庭罗”等，不知究竟代表什么含义。刚才提到的原型，在词语的发音上与卡斯特拉并无共同点，所以有人或许会抱有疑问。关于卡斯特拉的名称由来，有各种不同的说法，其中最有说服力的大概就是葡萄牙文 Bolo de Castela（卡斯蒂利亚的糕点）的名字在日本流传得比较广泛，后来就干脆省去了 Bolo 一字。而卡斯蒂利亚则是指如今的西班牙。在意大利也有与卡斯特拉的原型极为相似的糕点（类似海绵蛋糕），叫作 Pan di Spagna（Spagna 在意大利语中亦指西班牙），更为这种说法做了背书。除此之外，也有一种说法认为，搅拌蛋清直至堆叠出城堡一样的泡沫的烹饪法，在葡萄牙语里被称为 Bater (as) claras em castelo，因而得名。

卡斯特拉作为一种南蛮果子，于 16 世纪传入日本，在长崎还流传有担任代官的村山等安进献卡斯特拉给丰臣秀吉、德川家康的逸史。虽然没有发现确凿史料以证明该传说，但是根据记录，在宽永三年（1626）后水尾院巡幸时的菜单以及宽永十二年（1635）虎屋的御用记录里都有卡斯特拉出现，因此可以推断，在那时日本的果子店就已经在制作卡斯特拉了。

在《古今名物御前果子秘传抄》中可以见到其做法：一、将鸡蛋五十枚、白砂糖 600 钱（2.25 千克）、小麦粉 500 钱（1.88 千克）混合，在铜制平锅中铺上一层纸，将面糊倒入；二、将平锅放入一只更大的锅中，盖上金属锅盖，上下点火，将饼坯烤成焦黄色；三、将饼坯切成各种形状。由此可看出，上下双面烤制即为烤箱形式，下面比上面的火力要强一些。但是这种做法很容易出现不均匀的现象，大概不会烤出膨松状。恐怕当时的卡斯特拉比现在的要薄，更偏松散。后来，出现了专用的卡斯特拉锅，使用膨松剂，并且像前文所述的那样加入水饴和蜂蜜等，进行了各种创意改良，最后终于诞生了今天的卡斯特拉。

酷爱卡斯特拉的作家北原白秋曾留下这样的诗句（《泡桐花》）：

卡斯特拉
浅黄的温柔
清新
好味
在春天的
暮色里

在悠闲适意的春日黄昏，也想像白秋一样，慢慢地品尝一块卡斯特拉。

鹿子
鹿の子
KANOKO

鹿子的原型鹿子饼在宝历年间（1751—1764）由歌舞伎演员岚音八在日本桥人形町开始出售，很快便受到民众的欢迎（《明和志》）。据传在第二代音八时期，店头还摆放着一个高约1.2米、由发条控制的和尚偶人，偶人手里拿着装有鹿子饼的竹皮包裹（《宽天见闻记》）。或许它就类似于端茶送水的机关娃娃。因为形象可爱，在当时广受好评。

鹿子饼因粘在果坯外层的红豆会让人想起小鹿背上的花纹（鹿斑）而得名，像鹿子绞[1]一样别具风情。而“释迦头后鹿子饼”（《柳多留》）之句却将鹿子饼比作释迦的佛螺髻发，幽默谐趣，怕也只有川柳才可以做到。

如今一般都将其叫作鹿子而非鹿子饼。通常的做法是在馅团的四周粘上蜜渍红豆，也被称为小仓野。但是山东京传在《捷径太平记》（1804）中曾这样写道：“小仓野乱入鹿子饼（省略），外似而里非也。”可见在过去，小仓野与鹿子饼是外形相似内容

1　鹿子绞，直译则为鹿斑扎染。日本传统染布工艺之一。利用扎染手法将织物染出状如小鹿背上花纹一样的图案，过去多用于宫廷服饰。

却不同的东西。还有一种说法是[2]，鹿子饼是用新粉的果坯包裹馅料，小仓野则是将求肥*等包入豆馅里，让人不禁想做进一步的考察。

鹿子种类繁多，外层的粘粒五花八门，有板栗仁、花豆、甜豌豆等。最漂亮的要属"京鹿子"。在京都，京鹿子之名不仅代表鹿子绞的扎染布艺，也作为一种开紫红色小花的植物名称而为人所熟知，而在做成果子时，会用白芸豆粒粘在红色的果坯外层，雅趣盎然。

2　参考《近世果子制法书集成》（2003）中对《果子话船桥》（1841）"小仓野"条目的解说。

花林糖

かりんとう

KARINTO

花林糖是在小麦粉中加入水饴揉碾均匀，油炸之后裹上蜜糖的果子（原料中多会加入酵母或膨胀剂）。小麦粉、油炸，这样的原料和烹饪方法很容易让人联想起唐果子*，但是在唐果子中

却未发现同样名称。花林糖似乎可以看作是金平糖 * 的同类，然而也没有作为南蛮果子 * 的记录。“林”字是否通“轮”字，即“轮挂”，以示裹糖浆之意（第 216 页）呢？花林糖的名称由来至今依然是个谜。

花林糖受到欢迎是在江户时代后期，位于深川六间崛（现东京都江东区）的山口屋果子店，店小二每天晚上都会提着大红灯笼在街上叫卖，灯笼上写有“深川名物山口屋 花林糖”的字样，一时成为街头巷尾人们津津乐道的话题。其画面还曾被搬到歌舞伎的舞台上，甚至锦绘当中。但在同一时期，描绘花林糖的画作却不得而见，制作方法也不甚清楚。

在江户时代后期的锦绘《夕凉市中之赈》（国立历史民俗博物馆藏）中，山口屋的店小二提着写有“花林糖”字样的灯笼，脖子上还挂着一只写有“辻占”的箱子。大概是把辻占 * 作为购买花林糖的赠品。后来，在正冈子规的《卜筮十句集评述》（1898）中出现了这样的画面：（作者）不知从哪家店铺花二钱买了一袋“花林糖”，一边咯嘣咯嘣地吃着，一边打开袋中的小纸片（辻占）。占签上写着的是“等待则有甘露日和”，而第二张签上却写着“但愿哦”。读罢“不由失笑，甚以为有趣……”，子规的幽默令人快乐。如今的花林糖，除了条状、草履状、旋涡状等不同形状之外，还有荞麦粉、红糖、芝士等各种不同的口味，种类多样。

在关西地区和九州地区还有一种名为“奉天”的杂果子*，是用饴糖包裹花林糖的果坯制成。村井弦斋的《食道乐续篇》（1904）中曾出现过“奉天汁”。而在九州，因为奉天果子的截面与菅原道真的梅花家纹图案极为相像，通常被称为梅钵。

轻羹

かるかん

KARUKAN

轻羹是将山药擦成泥，加入上新粉和砂糖等原料混合并蒸熟的一种果子。轻羹二字，与它本身雪一般轻盈的质地、蓬松的口感十分契合。轻羹从江户时代起就是鹿儿岛地区的名果。根据藩主岛津家的菜单记录《御贺之次第》（尚古集成馆藏）的记载，元禄十二年（1699）四月十四日，岛津家族第二十代岛津纲贵五十岁寿辰时，轻羹与羊羹*、馒头*、卡斯特拉*等同时在册。此外，岛津家在婚礼、新年、节日庆典等重要的日子里都会制备轻羹果子。

由此可以推断，轻羹的名称是从九州传到江户和京都的。在江户时代出版的果子食谱中虽然没有发现其踪影，但是在江户幕府御用果子师大久保主水以及虎屋织江的食谱《干蒸果子扣》（1747年誊抄）中，可以找到“轻羹”的做法[1]，由此可推断，在那时，江户已经在制作轻羹这种果子了。另外，看起来与轻羹的做法相似的还有《古今名物御前果子图式》（1761）中的“浮波饼”。使用的不是上新粉，而是直接将擦好的山药泥与白砂糖混合在一起蒸熟。

根据史料可知，弘化三年（1846）十一月，在鹿儿岛，岛津家族第二十八代岛津齐彬举办了当时盛行的骑射猎犬活动，游戏结束后，在茶点时间里出现了带馅的轻羹馒头。

▷参考文献：江后迪子、岩田泰一《轻羹的历史》，明石屋果子店（1999）。

1 参照虎屋文库机关杂志《和果子》第十九期（2012）中的吉田史料收藏翻刻。

蜂窝糖 · 轻目烧

カルメラ・カルメ焼

KARUMERA · KARUMEYAKI

这是一种由葡萄牙语 caramelo（烤砂糖、饴糖之意）演化而来的南蛮果子 *。也叫作卡鲁梅罗、卡鲁梅拉，分为工艺果子和平民杂果子 *。前者蜂窝糖的制法可以参见江户时代《古今名物御前果子秘传抄》中的“卡鲁梅拉”条目。一、白砂糖中加水和蛋清进行熬煮；二、撤火，搅拌至起泡，将一块真丝盖在锅上，直至坯料形成浮石状；三、切成各种形状。蜂窝糖又写作浮石糖或者泡糖，大概是因为它表面多孔，状若浮石。

现在的制法也大致相同。因其外形上的特点，在工艺果子 * 中它经常会用来表现山岩和石 * 块（第 305 页），而将其碾碎之后也可以点缀和装饰生鲜果子，用来表现雪 * 或花。整块的蜂窝糖看上去粗犷豪迈，碾碎之后则变身为小巧可爱的季节风物，丰俭随意，变幻自如。

具有平民风格的轻目烧（图片仅为其中一例），可在杂果子的卖场里找到。轻目烧一般使用粗糖，很少加蛋清，而是加入小苏打，在微火上用棒搅拌，使之膨胀。明治时代以后，轻目烧是在路边摊上出售并逐渐普及起来的一种食品，看到它在眼前膨胀变大时的惊奇体验大概留存在很多人的童年记忆中。

市面上有家庭用轻目烧工具套装（铜制捞勺、黄糖〔粗糖〕、小苏打）出售，看上去似乎很简单，但实际操作起来却颇有难度。要么是膨胀不起来，要么就是膨胀起来之后又马上缩了回去。膨胀的原理是小苏打加热之后会产生二氧化碳，导致体积增加。有本名为《轻目烧为何会膨胀》（1990）的书解答了这个谜题，听说有的学校还会把轻目烧用在理科实验上。

喜欢看漫画的人，大概会记得《小麻烦千惠》（1978—1997）这部作品。在个性鲜明的出场人物当中，有一个令人难忘的存在，那就是酷爱果子的蜂窝糖小哥（昵称）。他实现了多年的愿望，开了一家轻目烧专卖店——蜂窝糖屋。结果生意失败，最后转营拉面，变成了一家拉面馆，这个情节也从侧面说明，单凭轻目烧维持生计是比较困难的。

借蜂窝糖小哥的故事，我想介绍一下江户时代的滑稽本《虚南留别志》（1834）中出现的特拉和梅拉兄弟的滑稽故事。以红毛国（荷兰）为背景舞台，兄弟二人开始了“果子家业”，分别担负起放贷和借贷的任务。这样一来，哥俩儿的名字就都变成了果子名，哥哥是卡斯特拉，弟弟则是卡鲁梅拉——蜂窝糖[1]。这个故事除了让我们能够体会到谐音游戏的乐趣，童话般的情节展开也让人感觉温馨无比。

---

1 日语中贷出为“貸す”，音卡斯；借入为“借る”，音卡鲁。

寒冰

寒氷

KANGORI

寒冰很容易让人误以为是刨冰的同类，但其实它是一种半生果子。寒冰的做法如下：一、将寒天煮化,加入白糖继续熬煮；二、趁热用面棍碾磨🍃[1]，颜色呈乳白之后进行上色，注入模具；三、用金属模具拓出梅、松、千鸟等造型即成。看似简单，实际操作起来，碾磨那道工序就非常费功夫。

寒冰身量虽小却格外甘甜，就像石衣*。特点是口感偏润。因为可以像饼干一样，利用模具做出各种造型，所以它常被用来表现四时不同的风物。

有关“寒冰”一词，在《日本国语大辞典》中有两种释义，一是源自寒垢离🍃[2]修行，意为冷却身体；另一个是指冬天让孩子裸身，以锻炼耐寒力。但就果子而言，无论哪种解释都搭不上边。如果从外形来看，本应透明的冰*块在极寒的条件下会凝聚得非常紧实，变得不透明起来，大概就是寒冰所呈现出来的感觉吧。这或许也是在强调其原料当中起到凝固作用的寒天。有关寒冰的制法和名称在江户时代的文献当中遍寻不得，因此可以考虑

🍃1 由于这道程序，寒冰也叫作“磨琥珀”。

🍃2 寒垢离，冬季用冷水浇身或冲瀑布，洁身净心，向神佛祈愿的一种行为。

是明治时期以后才发展起来的一种果子[3]。

好玩的是，也有一种寒冰是名副其实地被用来隐喻冰。夏天制作带有冰裂纹理的寒冰，装在曲木容器中，视觉上就给人一种清凉沁爽的感觉。能够品尝到不会融化的甜冰，也是令人愉快的一种体验。

3 《改良果子五百品制造法》(1893)等资料中可以见到其做法。

黄味时雨

黄味時雨

KIMISHIGURE

新粉与红豆馅混合，细筛成碎粒状，嵌入模具，上屉蒸熟，制成的棹物即为时雨[1]（也叫村雨），将这种时雨切成小块作为

1 在鹿儿岛县和宫崎县，同样的果子叫作高丽饼，读音变化为“Koremotsu”“Koremochi”。朝鲜高丽王朝(918—1392)结束后，日本依然称朝鲜半岛为高丽，由朝鲜传入的舶来品都会冠以“高丽”之名，高丽饼也是其中之一。根据《鹿儿岛之味》(1969)的记载，庆长三年(1598)丰臣秀吉出兵朝鲜之际，岛津义弘从朝鲜带回一批陶工，高丽饼最早由这些陶工开始制作，后逐渐传播。

馅料，用面皮一只只包好放进模具里，这样制作出来的果子叫作时雨馒头（第 304 页）。

黄味时雨（亦称黄身时雨[2]）可谓是这种时雨馒头的改良版。通常外层是蛋黄馅的果泥，里面裹上白馅（白豆、白小豆等制成的馅料）。鲜黄的色调让人想起雨后的阳光。蛋黄的味道与色泽，让它带有西式糕点的华丽感觉。

听到黄味时雨这个名字，也许有人会想到用蛋黄加新粉的果坯包裹红豆馅蒸制而成的一种果子（图片）。这种果子的特征是表面带有裂纹，像是在雨的间歇中洒下来的光线，也让人联想到雷电，蓬松的口感是其魅力所在。在蛋黄馅果坯之间加入红豆馅，就像是从龟裂缝中隐隐泄出的太阳光，有的还可以看见红色[3]，足见制作者的高超技艺。

在明治至昭和的果子食谱里，可以见到“君时雨”的字样。似乎是将心上人暗喻为时雨，充满诗情歌意，但现在其名字多使用与外观更为接近的“黄味”或者“黄身”了。偶尔看见“君时雨”的表记方式，依然会引发人的怀旧之情。

---

2 《改良果子五百品制造法》（1893）中可以见到“黄身时雨”的制法。

3 《日本果子制造独案内》（1904）中可见“君时雨 一名玉牡丹”的制法。而虎屋曾以“曙”之名销售。

求肥

求肥

GYUHI

如果被人问起“什么是求肥”，拿馅蜜＊来举例即可。只需要说“馅蜜上面不是有一种像麻糬一样的长方块吗”，提问者瞬间即可领悟。

求肥是白玉粉（糯米粉）加水，再加砂糖、水饴，一边加热一边搅拌而成。它特有的黏度中带着柔软，多是因为糯米原料的白玉粉和水饴的功劳。大福等果子有时也会使用求肥果坯，与麻糬本身相比，具有放置一段时间也不会变硬的优点。

求肥据说源自中国的一种叫作牛皮糖的食物。根据《三养杂记》（1840）等资料记载，因为该果坯看上去像牛皮，故以牛皮二字表记，但是使用牲畜的名字难免遭人嫌恶，所以就改成了求肥二字[1]。在江户时代也叫作求肥饼、求肥饴。

据考证，求肥发祥于京都。根据《本朝世事谈绮》（1734）一书的记载，江户开始制作求肥是在宽永年间（1624—1644）。或许在京都品尝过求肥的大名非常喜欢其风味，但在江户却找不

1　虽然解释为像牛皮一样白，但最初是使用红糖，或许更加接近黑牛的皮色。另外在侍奉宫廷的女官所写的《御汤殿上日记》中有“御牛”的字样，某些资料也将此“牛”解释为求肥，但或许它是指用于神灵祭祀时的“牛舌饼”（草鞋一般大而平的麻糬饼），这个可能性也许更高一些。

到会做的人，于是就从京都请来一位名叫中岛净云的果子师，承其制作。后来，净云的后人成为果子司丸屋播磨[2]，开始在神田锻冶町（今东京都千代田区）售卖求肥，受到好评，仿制的店铺开始增加。

在做法上，《合类日用料理抄》（1689）中的记述比较古老，其中使用的原料不是白玉粉，而是小麦粉或葛粉。而在图文版的百科事典《和汉三才图会》（1712 序）中所介绍的制法，是将清水浸泡过的糯米碾碎，在其汁液中添加葛粉・蕨粉・砂糖熬制，中途再加入水饴，进一步搅拌熬制即成。将做好的果坯切成“墨块形”，表面撒上小麦粉，装在容器里。根据书中的记录，这种果子品味高级、口感柔软、味道甘甜。大概是外面撒上的那层小麦粉使其变得雪白，所以川柳当中有云：“戏剧女面具 宛如求肥饼”、“羊羹乃素颜 牛皮皆浓妆”（皆出自《柳多留》），让人读之莞尔。

如今像熊本名产“朝鲜饴”一样，制作求肥多使用片栗粉而非小麦粉。求肥的口味也多种多样，加了昆布、紫苏、芝麻、柿子的求肥不乏可见。在此推荐一款求肥果子，是香鱼*形状的烧果子（第 281 页）。这种求肥口感甚佳，让人误以为其中包着什么馅料。它口味清淡，甘甜适中，非常适合夏季食用。

2　江户时代工匠在得到许可之后，可以使用守国领主之头衔作为自己的称号。这是一种名誉也是一种宣传，丸屋播磨即是其中之一。

切山椒

切山椒

KIRIZANSHO

在上新粉中加入白砂糖和山椒粉（或者山椒的蘸汁），蒸熟，碾碎，擀开，做成长度五至六厘米的果子，形似响木[1]，这就是切山椒。除白色之外还有茶色（加入红糖或肉桂）以及浅淡的红绿等色，山椒的风味以及美妙的口感是它最大的卖点。

切山椒一般以东京地区为主，多在冬季制作，特别是在十一月，切山椒是酉市庙会[2]（酉节）上的名产。沿神道两侧设置的路边摊上，装有切山椒的袋子成排摆放，袋子上的御多福图案看上去充满喜庆之感。在民间信仰当中，山椒有益健康且趋吉避祸，所以非常受参拜者的欢迎。另外，切山椒的用料中包含有叶、花、果实乃至树皮，不仅营养丰富，寓意也吉祥。江户时代在正月大集上常有售卖，川柳中也有“食之不愚 蘘荷店的切山椒”[3]（《柳多留》）这样的句子，由此可见，有的果子店也像蘘荷店长门那样，

---

1 大概以山椒饼为坯料制作而成。山椒饼除见于《合类日用料理抄》（1689）之外，亦散见于江户时代的烹饪食谱。

2 十一月酉日当天举办的节日庙会，以东京浅草的鹫神社最为著名。酉市上售卖熊手耙等幸运吉祥物，以祝生意兴隆。在江户时代，色泽金黄寓意黄金的粟饼*是酉市名物，在锦绘上也有描画。而切山椒成为酉市必备之物大概是在明治时代以后。

3 过去曾讹传吃了蘘荷会变笨，容易忘东忘西。

将切山椒当作特产来销售。

山形县鹤冈市的切山椒是从酉市获得灵感，创制于明治时代，除了传统的山椒口味，还有红糖口味和味噌口味。每年的十二月，作为新年正月的吉祥食品，在当地的果子店以及七日町观音堂的达摩集市上销售。

而江户时代的烹饪食谱《料理物语》（1643）中的切山椒，是山椒加柴鱼花以及味噌等调味料，搅拌均匀之后再压平切细、晾晒，最后用烘焙炉烘干而成。这种像是小酒肴一样的切山椒，如今也一定还留存在某些地方。

金花糖

金花糖

KINKATO

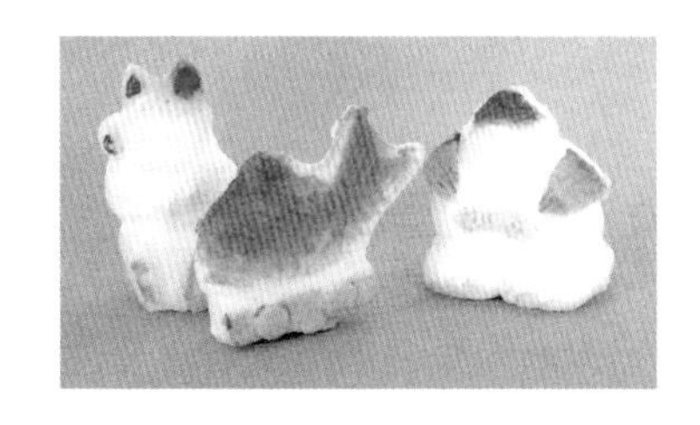

金花糖是将糖液注入木模，待其凝固之后进行上色的一种果子。[1]也叫作金华糖、砂糖果子。在木模上专门设有糖液注入口。还可以将数个木模组合摆好，一次性集中制作相同造型的金花糖。可以想象将模具同向摆放，一个接一个地向注入口倾入糖液时的画面。当多余的糖液流掉之后，小心地将木模撤下，此时，外表雪白里面中空的砂糖果子已经成形，但还要待其干燥之后，再用毛笔一个一个进行着色。所以，金花糖从开始制作到最后完工，需要的是时间和精力。[2]

根据《守贞谩稿》的记载，金花糖是江户时代嘉永年间（1848—1855）从京都大阪传入江户地区的[3]一种果子。在昭和年代中期，以金泽为代表，形体较大的鲷＊鱼形金花糖经常出现在庆典仪式上，但因电冰箱逐渐普及，将金花糖用作鲷鱼代用品的习俗也逐渐消失了。如今的金花糖，以外形小巧为主流，做成蔬菜、水果、贝壳、鲷鱼形状，可以装在女儿节用的小篮子中。除

1　佐贺县和新潟县使用陶制模具。另外，还有实心金花糖、扁平金花糖等。

2　与中国传统的做成各种动物形状的脆糖食品——“响糖”做法相同。

3　《料理秘事记》（1808 年誊抄）中详细记载了金花糖的做法。参照虎屋文库机关杂志《和果子》第 19 期（2012 年）的吉田史料收藏翻刻。

金泽之外，仅有部分地区还在制作。其中有一种叫作“福德”（诸江屋出品）的缘起果子 * 非常惹人喜爱，它是将福态可掬的招财猫或不倒翁形状的小巧金花糖（如图）装在粮草袋或者宝槌形的“最中” * 里面，福气满满，一般在正月新年出售。

另外，在新潟县，天神祭或者雏祭（女儿节）时，有的店铺会制作天神和鲷鱼形状的金花糖。在佐贺县，婚礼上会准备“贺寿台”（什锦果子），里面就包括老翁老媪造型的金花糖，但如今这种风俗已经渐渐绝迹。

锦玉羹

錦玉羹

KINGYOKUKAN

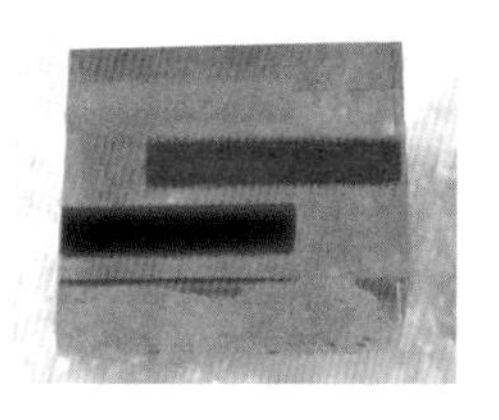

锦玉羹是将寒天煮化，加入砂糖和水饴，熬制之后注入模具，凝固定型后得到的果子。也叫锦玉糖、锦玉，在江户时代多写作“金玉糖（羹）”[1]。大概借其具有透明感的闪亮外形，来比喻黄金或玉石等财宝。在过去，曾经以“金玉之声”形容美妙的声音，

1 《果子话船桥》（1841）等果子食谱中可见。

在今天是很少使用的词汇，而“金玉之饰”则是指华丽闪耀的装饰品。一个有着奢侈华美之意的词语，逐渐以“锦”字代替“金”字，流传了下来。

因为有时会用栀子果将原料染成琥珀色，所以同样制法的果子也叫作琥珀羹（糖）。这个称呼极为贴切，将果子外观如矿物般的坚硬质地非常巧妙地表达了出来。

锦玉羹非常适合用来表现水和天空的辽阔之感，如果放入用炼切*制作的香鱼*或金鱼、小鹅卵石，会让人联想到河流和金鱼缸；使红豆粒漂浮其上会让人想起萤火虫河；饰以星形则是夜空；如果像墨流工艺一般注入黑色的材料，则会让人联想到风起时的景象。此外，切成骰子块的锦玉羹也可以用来隐喻露珠*和萤火虫*的光芒，诸如此类，用法灵活多变。锦玉羹入口清凉舒适，夏天食用最为适宜。不仅是外观，其口感也会让人忘记酷暑燠热。

将锦玉羹用模具拓出花朵等形状，放入烘焙炉或烤箱中烘干，就是艳干锦玉（干锦玉），也称为干琥珀，经常被用于半生果子的拼装组合中。

金太郎饴

金太郎飴

KINTAROAME

一截又一截，无论怎么切，金太郎的调皮面孔都会源源不断地出现。很多人都会好奇这张脸是怎样做出来的。如能去参观制作现场，会得到最为直观的感受，而对于没有机会亲临现场的人，在此先用文字加以介绍。

首先要制作饴糖的坯料。将上白糖、粗黄糖、水饴放入一口大号铜锅中煮化，倾入冷却盘，用手晃动盘子使其冷却。接下来将做好的饴糖放入抻糖机，一边拉伸一边上色。再按照金太郎的样貌，将不同颜色的饴糖组装在一起。黑色作头发、眼睛、眉毛，桃色做脸颊，红色安排在嘴唇的位置，层层摞起（在这个环节，你一定会为那张古怪变形的巨人脸而感到震惊）。最后再用另外的饴糖坯料包裹在最外面一层，揉圆调整形状。如果想到寿司太卷的制作过程大概就会很容易明白。

最后，将已经形成圆棒的饴糖（直径 10 厘米，长 20 厘米左右）从一端开始拉细，在板子上滚搓，使之成为细棒形状（直径 2 厘米，长 1 米左右），再用刀切成小段。眼看着那张又大又塌的脸变成一个英气可爱的少年面孔，它的制作工序确实值得一看（尺寸只是一例。根据制作量的不同而有差别）。

根据词典上的解释，金太郎饴的含义是“比喻整齐划一之物”，但如果你仔细观察，就会发现每一张面孔的表情都有一些微妙的差别，个性极为丰富。有的像在笑，有的又好像在生气，让人百看不厌。

金太郎饴是技术与创意结合的产物。从《天言笔记》中弘化三年（1846）十一月的记录里面就可以推断，实际上在江户时代后期，金太郎饴就已经是广受平民喜爱的一种果子。“此节专流行，御多福金太郎面形其外，饴出其中。”想来御多福、金太郎等各种面孔的饴糖一定也曾为江户时代的人们带来很多快乐。特别是金太郎饴，在庶民当中赚来很多人气。这个与足柄山的山姥住在一起的超能力少年，也经常出现在民谣歌曲以及净琉璃的表演中。其原型是平安时代的故事集《今昔物语集》里面的坂田公时，也是制伏大江山酒吞童子的源赖光手下的随从。一定是渴望孩子像金太郎一样强健的拳拳父母心，最终才创制出金太郎饴这种果子。

在关西地区，御多福饴（亦称福饴、御多。制法相同）比金太郎饴更为常见。在每年新年吉日的一月十日，会举办祈愿生意兴隆的十日戎（十日惠比寿）缘日庙会，在那里常有售卖。切口上笑意盈盈的美人面孔似可招福进财。

如今，有的店铺还可以接受订制，按照客户提供的照片制作漫画肖像版金太郎饴，或是用来作为婚礼的喜糖或者海外旅行的伴手礼，颇受消费者欢迎。将印着自己面孔的饴糖代替名片递出去，也别有一番乐趣。

金锷

金つば

KINTSUBA

歌川广重《太平喜饼酒多多买》（1843—1846，虎屋藏品）中可见到的①金锷②见目超。金锷的脸上是手指压出来的痕迹。

金锷也叫金锷烧。如今主要以方形为主，但是最早正如其名所示，是像刀锷一般的圆形果子，在制作时用手指按出轧痕，使其在外形上更接近于刀锷。

原本在金锷之前还曾有过名为银锷的果子。它是一种带馅的烤制糕饼，用米粉做原料，在京都的清水坂有售（《雍州府志》1684 序）。不知是否因为上方地区多使用银币而江户多使用金币的缘故，这种果子传到江户以后，变成了以小麦粉为原料的果子，并开始以金锷之名销售起来。

当时的金锷是用小麦粉做成面皮，薄薄地包裹在圆形的馅料外面，烤制而成。在《浪华百事谈》中，曾对创立于天保年间（1830—1844）的大阪浅田屋的金锷，有过这样的描述："以小豆粒混馅，塞入木制模具，由孔中出形，沾取小麦粉溶水之粉浆，置于煎锅中，表里煎烤……"或可供参考。

在江户，比金锷的馅料还要高级的四方形"见目超"也开始出现，借"心超目见"一词，表示味道比外形要好之意。从左图的锦绘之中可以看出，曾有一段时期两者共存，并同样受到欢迎，但是随着金锷开始越来越多地被做成四方形，"见目超"就自然而然地消失了。金锷的制法如今也发生了变化，现在多用寒天等物凝固馅料，表面沾上水溶小麦粉面浆进行烤制。另外还增加了红薯金锷、板栗金锷等种类，但是希望过去的那种圆形金锷的存在也不要被人忘却。

金团

きんとん

KINTON

说到金团，人们大概首先会想到新年年菜中的栗金团、豆金团[1]。但如果说到茶席果子里的金团，大家比较熟悉的则是一种形似毛线球的果子，它是用筷子将碎粒状的果泥粘在内馅的外层而制成的。茶席金团用不同的配色代表不同的季节，全年都有制作。春天做成樱花色，名曰“花吹雪”；夏季做成青草色，谓之“草原”；秋天以红黄相配比喻“红叶”；冬天用白色来象征“雪”之景致。四时风物各具风情。

但是最初的金团并没有做得如此色彩缤纷。追溯其历史，“金团”之名最早见于《北野社家日记》（长享二年〔1488〕四月晦日），在《日葡辞典》（1603）中，有“Qinton 金团　里面加入砂糖的某种圆形糕饼（mochis）”的词条。另外在16世纪中期的宴会酒席礼法书籍《酌并记》中曾有记载，称食用金团时若不小心，里面的砂糖馅会溢出来沾到脸上。另外，江户时代的有职故实[2]

1　新年年菜中的金团未见于江户时代的文献，故推断为明治时代以后才开始传播普及。

2　有职故实，又称有识故实。是在儒学明经道、纪传道的影响下出现的对日本历史、文学、官职、朝廷礼仪、装束传统进行考证的学问。

学者伊势贞丈也在《贞丈杂记》(1784年前后)中对金团有过记述，谓之为将粟米粉原料做成团子*形、里面加入砂糖的一种果子。

另外在《料理物语》(1643)中还有另外一种“金团”的制法，是用冷却之后的味噌汁搅拌葛粉，再加入罂粟籽和磨碎的山椒混合揉匀，做成丸子形，可以用作味噌汤的配料。这也许跟战争时期用来作为粮食的水团比较接近。

在果子食谱里面,《古今名物御前果子秘传抄》中的“金团饼”条目里，揭示了其制法是以糯米为原料包裹白砂糖做成丸子状，煮熟之后粘上黄豆粉或者磨碎的熟芝麻。而在《古今名物御前果子图式》中，记载有一种名为“大德寺金团”的果子，它的里面是白豆馅，在黄色的新粉糕饼外层粘上滤好的豇豆粉。将这种滤粉换成碎粒状的果泥，就是现在的金团，在虎屋文政七年(1824)样品册中描画有分别染成红白两色的金团(果铭为“木之花”)。另外在《果子话船桥》(1841)中还曾出现“紫金团”之名，并附做法。这种金团里面是求肥，虽然名为“紫金团”，但是粘在外面的果泥却有红馅、白馅等，不一而足。金团大概就是这样逐渐演变，最后以今日的形式固定下来。或许因为过去经常做成黄色，所以汉字表记为金团、金饨、橘饨，等等，但是现在多使用平假名或者汉字的金团来表示。

金团是茶席上的常备果子，但是在果子店里，也可以见到果泥的粗细长短各不相同的金团。有的外表做成毛茸茸的形态，有的略显平滑，在形状上富于变化。作为馅心，红豆沙或小仓馅皆相宜。此外还有用求肥*包裹馅料，或者加入水羊羹*等不同的做法，不妨都试着品尝一下，对比口味之间的差异。

岐阜县中津川的栗金团人气很高。它是将煮或蒸熟的栗子捣碎，加入砂糖之后用茶巾挤榨而成，是秋季的代表性果子。

草饼

草餅

KUSAMOCHI

草饼是与煮熟的魁蒿等艾草叶子一起舂捣而成的麻糬饼（也包括用新粉原料所制之物）。作为春季的代表性糕点而广为人知，但它所拥有的深厚内涵远不止此。首先，它名字里面的“草”现在虽然以魁蒿为主流，但在过去用的是母子草（春七草之一，也叫鼠鞠草）。回顾历史，母子饼（图片为母子饼的再现之物）是比魁蒿饼更为古老的称呼。如果再进一步调查，它又与中国的风俗联系在了一起。据说古时在中国，青草的香气有祓恶除邪之功效，所以在上巳节，人们会食用混有“黍鞠草”（鼠鞠草、母子草）的麻糬饼。这种风俗后来传到日本，在《日本文德天皇实录》嘉祥三年（850）的记录中，有“俗名母子草（中略）每属三月三日，妇女采之，蒸捣以为餻[1]，传为岁事”的字样，可见，在平安时代前期，制作草饼已经成为宫廷的节令活动之一。

平安时代中期的《和泉式部集》中，也有这样的记述：“石藏送来一箱野老（芋头的一种），置草饼于箱内回赠之。”

并有歌云：

春野不解花之情
摘草但做母子饼

可以由此想象当时人们采摘母子草做草饼的情景。

到了江户时代，上巳节开始变成女儿节并逐渐普及起来，每年的三月三日，人们装饰偶人娃娃来庆祝，祈愿女孩子健康成长。而其中食用草饼的风俗被原封不动地继承了下来，以取祓秽除厄之意。后来，原料中的母子草渐渐被魁蒿所代替。有种说法是用母子草做糕饼，从字面上看母子要混在一起捣碎，显得不吉利，但是在鸟取和冈山等地，如今仍然用魁蒿和母子草混合在一起做草饼，所以这种说法究竟扩散到何种程度不得而知。笔者曾经品

1　同糕，指米粉蒸固，或者压固而做出的食物。

尝过母子草做的草饼，感觉香气和味道都较魁蒿略弱一些。或许，从魁蒿的美味和易得性等其他理由来考虑更为妥当。有的草饼以糯米为原料，也有的草饼用新粉制成，母子草因为本身就带有黏性，所以与新粉搭配比较适合。

另外，女儿节的菱饼*，现在一般都是红白绿的配色，但是如果参考《守贞谩稿》和女儿节锦绘便可发现，在江户时代，女儿节果子多为草饼，以绿和白的配色来制作。可见当时草饼已经非常受到重视。令人遗憾的是，如今都使用西历，到了女儿节时已经很难采到魁蒿，所以草饼渐渐退出了雏果子行列。与此同时，草饼辟邪除厄的含义也渐渐被人忘却了。

虽然使用干燥或冷冻的魁蒿可以随时制作草饼，但还是正当季的清香值得珍惜。在江户时代，草饼在宫中的女房词（侍奉宫廷的女官们使用的语言）里被称为“草摘摘”，或许品尝亲自采摘并制作出来的草饼，才是最理想的方式。

▷参考文献：中村乔《中国的年节祭典》，平凡社（1988）。

葛樱
葛桜
KUZUZAKURA

用樱树叶包裹葛馒头（用葛粉制作的馒头）即为葛樱。具有如同露＊降于叶片的晶莹外观和清凉的口感，故多在夏季食用。如果按照樱饼＊的叫法来描述，或可称之为樱葛馒头，但是葛樱之名，看上去像是某个樱花的品种，更显风雅。

在江户时代几部主要的果子食谱当中不见其名，但是《浪华百事谈》中描述了天保年间（1830—1844）位于大阪北崛江高台桥东附近的土佐屋的樱饼，文中写道：“冬春时节以片栗粉溶水薄烧，包入白小豆馅，其上以樱叶夹之，夏秋时节则用吉野葛，今诸方谨制应时而售。”[1] 由此可推测，当时在夏季和秋季，会制作与今日的葛樱相类似的果子。大概是作为樱饼系列的变异品种，在设计上也颇下了一番功夫。葛樱之名从何时开始广泛传播，年代不详，但是如今，它已经是我们熟知的、足可载入岁时记之夏季部分里的一种果子。

全国用于樱饼和葛樱的樱树叶（大岛樱），百分之七十都在

1　该资料还显示，关西地区使用的原料不是道明寺粉而是片栗粉，用片栗粉烤制出来的果坯包裹白馅，甚是有趣（第 91 页）。

静冈县伊豆半岛的松崎町加工制作。每年五至八月期间是樱叶的收获期，费时半年到一年的时间进行腌制。

有的店铺的葛樱使用的是未经腌制的青叶，在色泽上与一般的葛樱不同，却也十分惹眼。

葛饼

くず餅

KUZUMOCHI

提到葛饼，关西人大概会觉得是使用葛粉为原料的麻糬饼。[1] 但是这里我想介绍的，主要是出现在关东地区的葛饼。它是在甜品店、寺院神社门前经常可以见到的一种果子。

这种葛饼，一般都是用小麦淀粉发酵精制并蒸熟。著名的有船桥屋的葛饼（如图）。该店位于东京龟户天神附近。龟户一带

---

1 《料理物语》（1643）中，有用葛粉制作葛饼的做法。撒上青黄豆粉、食盐、砂糖食用。

因为是小麦产地，所以原料易得，于是船桥屋就在小麦淀粉的利用上下功夫。虽说是淀粉，却也不同一般，它是使用地下天然水，耗时十五个月的时间将淀粉质进行乳酸发酵，精心熟成。其独特的风味以及富有弹性的口感，是历经多年磨练出来的技术的结晶。

此外，在关东地区，川崎大师以及池上本门寺周边的葛饼也比较著名。因原料的比例和制法的不同，每间店都具有独特的质感和口味，但搭配黄豆粉或者红糖浆的食用方法却无二致。

令人不可思议的是，在西日本几乎见不到葛饼。我有一位朋友是个土生土长的京都人，在东京第一次见到葛饼的时候觉得稀奇，便买来品尝，怎料鱼糕一样的配色和口感，却让她好生失望。或许是因为没有吃惯的缘故吧。对于东京出生的笔者来说，葛饼不仅具有独特的口感，而且营养美味，希望读者有机会一定也要品尝一下。

葛烧

葛焼

KUZUYAKI

从葛根提取出来的葛粉，自古以来就作为一种极富滋养效用的食材，在日本人的饮食生活中起着非常重要的作用。葛汤、葛饼、葛糕等食物驰名已久,而葛烧也是一种有历史的果子。在《料理物语》(果子部)的“葛烧饼”条目中，介绍了它的做法：将葛一升、水一升、砂糖一升混合，做成一颗颗橘子大小的圆球，码入涂了油的锅中，烤制而成(当时的橘子较小)。

并且，在《古今名物御前果子秘传抄》中也有使用同样原料的做法。在文末有“附山椒味噌而烧”的字样，说明可以制成酱香口味，闻之亦觉美味。

葛烧作为一种富有野趣的质朴果子，经常出现在茶会上，如今已经延续下来。其中武者小路千家的官休庵七世(第四代)直斋宗守(1725—1782)喜欢一种带有茶香的葛烧，是用锅铲随意斩开，用铁板夹压，两面烤出焦色(《角川茶道大事典》)。因其形状不拘，粗朴无华，更添一份侘然之趣。另外，还有一种夏令果子是将葛粉用清水溶开，加入砂糖和红豆馅蒸熟，切成方块，撒上小麦粉再进行烤制(如图)。根据馅料的不同也有不同的风味。如果对它的口味和名称比较讲究，那么应该使用久负盛名的奈良县吉野产的葛粉来制作。

鸡卵素面

鶏卵素麺

KEIRANSOMEN

第一次见到鸡卵素面的情景令我终生难忘。用鸡蛋做成的黄色素面，看起来一点都不像果子。但是一经入口备感意外，那种落差让甜度变得十分强烈，令人印象深刻。

鸡卵素面是将蛋黄呈丝线状流入沸腾的糖液中制成。其原型为葡萄牙的 Fios de Ovos（鸡蛋丝），是 16 世纪传入日本的南蛮果子 * 之一。

鸡卵素面最初被称为玉子素面，《料理物语》中介绍它是使用全蛋液来制作，但最后还是如《南蛮料理书》（或许出自江户时代中期）中所说的那样，只使用蛋黄的做法成为主流。另外，在后者的记述中，最后还会加金平糖 *（大概是为点缀），这显然不是如今的这种组合。像素面一样摆放装盒的鸡卵素面，以九州福冈为代表，在大阪、京都的部分果子店都有制作。有的宴会菜肴中，鸡卵素面作为一道甜品，为方便取用，会被分成一人份，用昆布捆扎，体现了只有日本人才会有的创意功夫。鸡卵素面是一种比较稀有的果子，即使在茶席上也不常见。

这种果子虽然在日本很难见到，在葡萄牙却经常会在各种果子店里看到与之相类的甜点。有的加了很多蜜糖，称重销售，也有的是凝固之后烤制成一口大小的尺寸。用量多到令人震惊的要数用在蛋糕上面的装饰。看到将蛋糕表面覆盖得密不透风的甜蛋丝，你就会明白葡萄牙人有多么喜欢 Fios de Ovos。在那里，家庭里也会制作这种甜点，在甜品工具店中也有专用工具出售。外形看起来像是倒酒器，金属材质，构造简单，如果是商业专用的工具，则是一只大型的带把手的容器，与挤奶油的花嘴一样，有着带孔的凸起。使用这种浇花壶一样的长嘴工具在糖液上面转圈画圆，让里面的蛋黄流出。将做出来的网状物捞出晾干，形状与日本的比起来，不够均匀，有点像妈妈在家中亲手做出来的感觉。

鸡卵素面也传入了中国澳门、泰国、柬埔寨。在泰国属于宫廷果子之一，地位很高。葡萄牙或者中国的商人在所到之地制作这种传统果子，使之得以广泛传播。其黄金般的色泽，也吸引了不同国度的人们。看到它，不禁渴望像探寻丝绸之路那样，去探寻“蛋丝”曾经走过的路。

▷参考文献：荒尾美代《南蛮西班牙·葡萄牙料理的神奇探险》，日本电视放送网。

坚干

けんぴ

KENPI

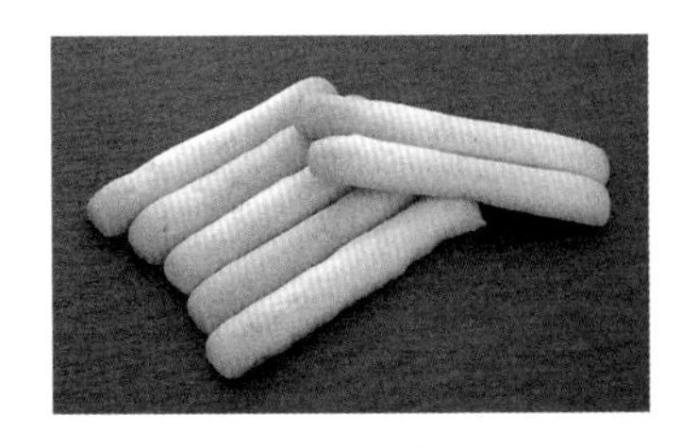

《尺素往来》《庭训往来》等室町时代的往来资料（类似于教科书）中，作为点心＊之一与羹类以及馒头＊一起出现的“卷饼”，可以视作坚干的原型。当时的做法不详，不知是否为卷制而成的一种果子。

后来的史料中可以看到多种做法，《日葡辞典》中介绍说：“Qenbin（卷饼），是用小麦粉制作的芳露果子、或者炼粉果子之一，层层叠卷起来焙烤，像厚厚的圣餐饼。”而在《古今名物御前果子秘传抄》中，也记录了一种名为“卷饼”的果子，其做法是小麦粉加白砂糖，再加入切碎的核桃粒、熟黑芝麻，与头抽（或译溜酱油，酱油制作最初阶段提取的原液）、水混合均匀之后，在铜质平锅中两面煎烤，冷却之后切成各种形状。

不知后来是否忘记了卷饼这种表记方式，《善庵随笔》（1850）中称：“似牛之皮者谓之牛皮，似犬之皮者谓之犬皮，似羊之肝者谓之羊肝。”或许因烤制出来的果子呈焦茶色而冠以犬皮之字样。说起来比较残忍，不过在江户时代，鞣制好的犬皮可以用于普通三味线的琴身上。因而犬皮应该是比较常见的东西，从发音联想到犬皮一词也没有什么不自然。

作为旅游特产而著名的是高知市的坚干。据说是作为藩主山内侯的进贡果子流传至今。高知的坚干是将和好的小麦粉擀薄切细，在大锅中烤制而成（如图）。也有因果质坚硬故称坚干或者干饼一说，如此一来，坚干与卷饼之间的联系变得愈发不明朗起来。另外，用红薯条炸出来的山芋坚干也是高知县的著名特产。想必是从上述的面制坚干中衍生出来的产品。

工艺果子

工芸菓子

KOGEIGASHI

工艺果子也叫装饰果子、糖艺果子。用制作果子的原料，打造出逼真的植物等其他与四季相呼应的风物，具有丰富的艺术创造性。食用并不是其存在的目的，其存在的目的主要是用于观赏。自江户时代后期起，就已经开始制作华丽精美的工艺果子，用以进献给大名，而到了明治时代以后，在工艺云平*和工艺有平*制作技术的推动下，以京都为中心更是出现了各种各样的工艺果子作品。特别是在明治二十三年（1890）东京举办的第三届内国劝业博览会上展出了大型装饰果子“笼盛牡丹”之后，京都的工艺果子更加名扬四方。而在明治三十三年（1900）的巴黎万国博览会上，还展出了大型的牡丹*花装饰果子，使工艺果子在异国他乡也颇受瞩目。

虽然有观点认为不能吃的果子可谓是邪道，但在果子博览会和展示会等观众云集的场合，工艺果子却是不可或缺之物。其中很多是用牡丹花和紫藤*花装饰的豪华花车、仙鹤*苍鹰、古城和富士山、枝垂樱和红枫树等日本具有代表性的题材，但也不仅限于大型作品，一些盆栽的款冬、福寿草*、朝颜花*等小制作也别具情趣（图为齿瓣虎耳草）。

山梨县的桔梗屋有一座“果子美术馆”，常年展出绚烂豪华的工艺果子。

▷参考文献：藤本如泉《日本的果子》，河原书店（1968）。
《花橘》第一期，大日本果子协会（1900）。
赤井达郎《果子文化志》，河原书店（2005）。

五家宝

五家宝

GOKABO

五家宝是以糯米和黄豆粉为主要原料的一种素朴之果。大致做法如下：一、糯米粉蒸熟捣烂，摊薄烘干之后敲碎成霰粒状，做种料[1]（兴米种）；二、种料加蜜糖搅拌在一起；三、用加了蜜糖的黄豆粉做果坯，卷裹步骤二的种料，抻长切段。看起来做法很简单，但是抻长果坯包裹种料的作业非常需要技术。

关于它的名称，有一种说法是江户时代享保年间（1716—1736），由上野国五箇村（今群马县邑乐郡）的村民最初制作，因此而得名。[2]后来五家宝、五箇棒（棒大概指其形状）、五荷棒等各种表记形式，逐渐普及起来。

著名狂歌师大田南亩在他的随笔《奴凧》（1821）中，曾有这样一段描述：今年（1820）友人赠送的秩父“五家宝”，比我在安永六年（1777）参拜日光神社时路上所见到的杂果子“五荷棒”更大只，而且是用兴米做成（即品质更为上乘）。可见，即使是同样名称的果子，表记汉字以及品质、口味都会因时代和地

---

1 在和果子领域里，用糯米制作的果子材料叫作种料。

2 当时的果子具体外形不详。关于它的由来也诸说纷纭，有说是仿水户第九代藩主德川齐昭时代创制的“吉原殿中”而制。

域的不同而产生差异。文中虽指名秩父，但在当时，日光周边相当广阔的一片区域想必都有制作五家宝。后来它成为埼玉县的代表果子之一。物理学家寺田寅彦（1878—1935）在《写生纪行》（1922）中写道，见到五家宝之名，“埼玉县的地图就会随时在我的脑海中展开，并且似乎可以闻到浓郁的大豆清香。”

现如今，五家宝作为埼玉县熊谷市和加须市的著名果子而声名远播，拥有数间专卖店。黄豆粉的焦香度、兴米*种料的酥松度等，都会因店铺的不同而在口味上各有千秋。

▷参考文献：埼玉县立民俗文化中心《埼玉的和果子》(1999)。

粉成 · 炼切

こなし · 煉り切り

KONASHI · NERIKIRI

粉成、炼切都以生果子的制法制成，但如果能说出二者在用料上的区别，就应该算是和果子通了。

豆沙馅与小麦粉混合在一起，蒸熟后揉碎成粉，以此为原料制作出来的果子叫作粉成。粉成的原型可以考虑为蒸羊羹，虎屋从前不叫它粉成而称之为“羊羹制”。此外，还有“揉”“揉羊羹”等叫法。粉成的做法以京都为中心向各地传播，经常用作茶席果子。使用以白小豆或白芸豆为原料的白馅制作果坯，进行上色，多用来表现四时各季的不同风物。用料丰厚，口感绵润。

而炼切是豆沙馅中加入求肥*、寒梅粉等有黏合效果的原料，充分揉匀制成（求肥炼切等）。另外还有用薯蓣（捏芋山药）与馅料混合揉制的薯蓣炼切。与粉成一样，使用白馅做果坯，制出四季不同的风物形状,用于茶席。炼切与粉成相比,质地略微柔软，更易加工造型。

粉成和炼切，单从外表上很难区分它们的差别。只有在品尝过多次之后，渐渐用舌尖感受它们各自的特点。关东与关西地区，生鲜果子的色泽和表现存在着一些差异。一般来说，关西地区更喜欢彩度鲜明的原色系，在造型表现上，对写意的重视大过写实。图片为粉成。

金平糖

金平糖

KONPEITO

小时候，看到这个名字就会联想起柴可夫斯基《胡桃夹子》中的糖果仙子舞曲——《金平糖的精灵之舞》。那时不知它是用什么乐器演奏的，那纤细的音色和梦幻世界般的奇妙旋律引人入胜，让人想象可爱的金平糖从夜空中纷纷落下的情景，红白黄绿，五彩缤纷。

长大之后我才了解到，这段音乐是用一种名为钢片琴的键盘乐器演奏的。而当有人告诉我乐曲题目中的金平糖，在国外是糖豆时，我还一时无法相信。《胡桃夹子》芭蕾舞剧的剧本，由法国文豪小仲马编写，其中的《糖果仙子舞曲》原名为 Danse de la Fée-Dragée。Dragée 就是裹着糖衣的巴旦木果子，与金平糖不同，它没有角，不带刺，外壳是光滑的。原来，即使听的是同一支乐曲，西方人和日本人想象的也可能是不同的果子。

金平糖是南蛮果子＊之一，是从葡萄牙文中的 confeito 而来（有时也写作金米糖），confeito 意为砂糖果子。现在，在葡萄牙如果想寻找 confeito，大多是像糖豆那样裹着糖衣的糖果。像日本这样浑身长角的糖果，只有在古都科英布拉以及特塞拉岛才有制作。尽管如此，形状上也有差别。它们的制作过程虽然相同，都是使用可以旋转的大锅，将糖蜜一层层淋在罂粟籽[1]上结晶而成，但是葡萄牙的制作工时大概为五天，而日本则需要十天到两个星期。所以，日本的金平糖，表面上的那些凸起看上去更加精致漂亮。

恐怕金平糖最初传入日本时，周身的角刺并不明显，比如永禄十二年（1569）传教士路易斯・弗洛伊斯进献给织田信长的那种装在长颈瓶里的金平糖。后来，日本的技术以及创意思维，造出了今日所见的可爱造型。关于金平糖制作的艰辛历程，可以参考井原西鹤的《日本永代藏》（1688）。书中讲述了长崎的町人花费两年多的时间，悉心钻研金平糖角刺的制造方法，最后终于取得成功的经历。

另外在《古今名物御前果子秘传抄》中，还有将熬煮过的糖浆淋在罂粟籽上面的做法，记录了用青花（露草的栽培品种）汁、山栀子、形红、墨灰等染料，将砂糖染成青色、黄色、红色、黑色，做出不同颜色的过程。可见，在江户时代中期就已经出现了五色金平糖（加上未染色的白），但如今的金平糖不仅有色彩上的区别，还有味道上的变化，不仅有草莓、葡萄等水果口味，日本清酒和苏打水等饮料口味，还有肉桂、生姜口味等，种类多样，是非常受欢迎的馈赠佳品。

1　在原料使用上，现在在葡萄牙多用茴香、小茴香，日本则用粗糖或以糯米为原料的新引粉作为糖芯。

▷参考文献：中田友一《喂！金平糖～》，Akane 书房（1990）。

樱饼

桜餅

SAKURAMOCHI

樱饼是具有代表性的春季果子，带着盐渍樱叶的幽雅芳香。相传早在江户时代，位于江户向岛的隅田川堤附近的长命寺里，寺院的守门人就开始利用周边的樱花树树叶制作樱饼出售。因地处赏樱名所，樱饼在文化至文政年间（1804—1830 年前后）大受欢迎，也经常出现在锦绘上。恬淡素雅的美人画中，美女手里拿着装有樱饼的竹篮，如果放在今天，或许就相当于在凹版印刷的精美图片中，一位浅笑嫣然的女子手里拿着时下最受欢迎的巧克力。根据《兔园小说》（1825）的记载，文政七年（1824）用于樱饼的樱树叶达到了七十七万五千枚。当时一只樱饼要用到两片樱叶，也就是说，当年制作了三十八万七千五百只樱饼。平均一天制作一千零七十六只以上，可知当时樱饼生意的繁盛景况。

被视为樱叶樱饼始祖的山本屋，是将小麦粉果坯擀薄烤制之后夹入馅料，如今一只樱饼要使用三枚樱叶。锦绘上曾经出现过的竹笼如今也可以订购。以小麦粉为原料的果坯的制法是从何时开始的具体不详，根据江户时代后期的随笔《嬉游笑览》（1830 序）的记载，起初使用粳米，后来开始使用葛粉制作。或许最早做的是柏饼*，然后开始制作类似于葛樱*般的果子。而在同时代的《古今要览稿》(1821—1842）中，也曾经提到售卖樱饼的店铺在增多，其后还有这样的描述，“樱树叶采自隅田川堤岸 置之备用 其制法为 小麦粉揉和蒸制 馅团呈包袱状 形似柏饼”。根据这段文字，可知当时的樱饼使用的是蒸熟的小麦粉果坯，与如今的樱饼有所不同。也许不同的店铺都有不同的樱饼做法（第77页）。

樱饼在江户流行起来之后，各地都开始竞相仿制。即使如此，也各有不同。渐渐地，东京用小麦粉果坯（如图），京阪地区用道明寺果坯[1]成为各自的主流做法。与简练的东京风格相比，京阪地区的道明寺果坯中隐约可见米粒，带着一种华美的风情。在樱花季节，到著名的京都岚山去赏樱，再到附近的茶馆里品尝樱饼，自然值得推荐。而根据地域和店铺的不同，有的樱饼使用两枚樱叶上下夹裹，有的只用一片樱叶包裹，形式各异。

但是，说到樱饼，也有一个总是在讨论的话题，那就是要不要吃樱叶。

若食果三只

当余叶三片

樱饼

高滨虚子

---

1 根据《京之华》(1926）的记载，明治三十年（1897）前后，一个名叫奥村又兵卫的人以“嵯峨名物樱饼”为名，开始销售道明寺果坯的樱饼。

有人以此为据，来证明樱叶不是用来吃的，但另外也有说法称，江户人爱好风雅，所以樱饼与樱叶同吃，而京都人却独爱沾染了叶香的糕饼，所以将叶片留了下来。虽然有些让人无所适从，但其实吃与不吃完全凭个人喜好。如果不喜欢叶脉入口，不吃便是。

蜜饯

砂糖渍

SATODUKE

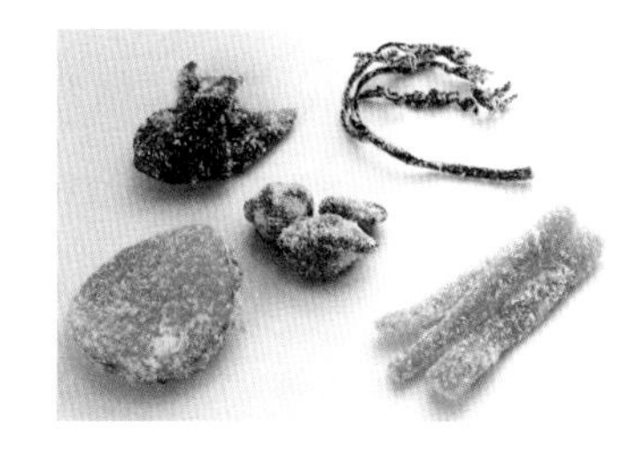

蜜饯的制作方法为将水果和蔬菜用糖液熬煮，最后撒上一层白砂糖。或许因为南蛮果子＊会使用大量的砂糖，所以蜜饯过去也被叫作南蛮渍物、南蛮渍。南蛮渍是指用醋腌渍的炸鱼，如今在家庭料理中得以传承，可见影响颇深。

将《鼎左秘录》（1852）一书称为蜜饯的秘传书籍亦不为过。书中虽然也有一些羊羹＊、馒头＊类果子的制法，但是蜜饯却占据了相当的篇幅。其中介绍了生姜、天门冬、松之翠、佛手柑、金橘、茄子、莲藕、竹笋、黄瓜、白瓜、冬瓜、西瓜、牛蒡、胡萝卜、百合根、蚕豆、麦门冬、独活、蘘荷、豆腐、香菇等共计二十一种蜜饯的做法。除了麦门冬和豆腐这种奇怪的材料之外，比较引人注意的是天门冬和佛手柑。[1]天门冬使用的是草本天门冬的块根部分（也是汉方药材的原料之一），连川柳中也有提及“雪之蚰蜒 天门冬蜜饯”（《柳多留》），可见这种植物经常会被制成蜜饯果子。而佛手柑，是原产于印度的一种柑橘类果物，因形状酷似佛祖的手而得名。在书中亦可见到“取若橙之物切片 号称佛手柑 用以腌渍”的字句。佛手柑在当时似乎是一种很难获得的水果。

如今，已经见不到天门冬蜜饯，但是佛手柑蜜饯在和歌山县高野山的“笠国”等处依然有制作。并且,在全国各地,利用核桃、蕨菜、款冬、文旦、金橘等当地原料制作的蜜饯依然可见。

---

1 《和汉三才图会》（1712序）里“蜜饯果子”条目的材料中,亦可见到佛手柑、天门冬之名。

盐釜

塩釜

SHIOGAMA

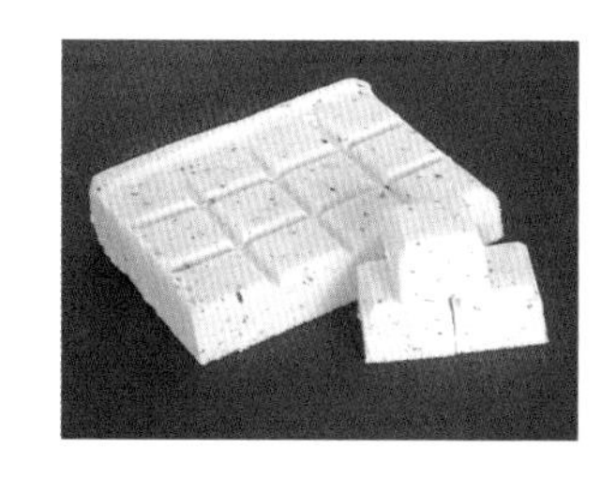

盐釜是一种干果子，在味甚粉即熟糯米粉中加入砂糖、食盐、紫苏等材料，置入模具中压实而成，适度潮润的口感和微微的咸味让它显得品味高雅。有切口呈半圆的棹物和巧克力板状等各种形状，也有使用新粉，里面加入馅料的盐釜。

在江户时代的果子食谱中也可以见到盐釜之名，例如《果子话船桥》的盐釜是长签形。书中配图介绍了做法。在“极上微尘粉”中加入少量清水，再加入“唐三盆砂糖”和烤盐，混合均匀，压实成两枚宽约六厘米、长约十八厘米、厚约三厘米的长方块，每一枚切成四十八个小块。

所谓盐釜，是不是指过去熬煮海水用来制盐的大锅呢?

随雪花消逝的

是炊藻的轻烟

隐在寂寞中

盐釜之浦

（《新古今和歌集》冬歌 · 藤原兼实）

如歌所赋，当时的陆奥盐釜（现宫城县盐灶市）作为制盐之所而广为人知。盐釜之浦，包括风光明媚的松岛湾的景色经常会在歌赋中出现。

盐釜果子据说最早是在陆奥盐釜的附近开始制作而得名。如今在盐灶神社的神道边上作为当地特产而售卖。

生姜糖

生姜糖

SHOGATO

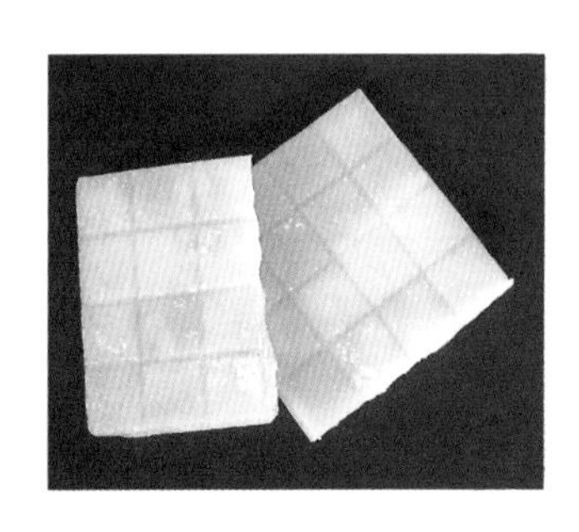

生姜糖是由加了生姜汁的糖浆凝固而成的一种果子。其原料天然的刺激口感与砂糖的甘甜混合在一起，风味独特。

或许有人对果子与生姜的组合持有异议，但是浇上生姜蜜的煎饼*和焙烤糕点以及生姜口味的饴糖*等物是自古就有的食品。国外也有制成人形或者动物形状的生姜口味的姜饼、生姜面包等人们熟悉并喜爱的糕点，生姜非常适合用来搭配甜味。

生姜糖的制法在《果子话船桥》中有记载，大概在江户时代后期开始普及，但是近年来制作生姜糖的店铺却越来越少了。如今比较有名的是岛根县出云市来间屋生姜糖本铺出品的生姜糖（如图）。它是用岛根县特产的出西生姜的汁液与砂糖混合，用炭火熬煮，注入模具凝固成型，是曾经进奉给藩主的贡品。此外，伊势神宫神道边上售卖的生姜糖也很有名，形状模仿神宫的剑祓符纸，尺寸较大，有的还带有日出等吉祥图案。在奄美大岛等地，还有使用红糖制作的一口大小的生姜糖。

生姜具有健胃和增进食欲之功效，是一种有益健康的食物。所以，生姜糖也因具有除病祛恙的含义而受到人们的喜爱。

将生姜切成薄片做成蜜饯*的姜脯，有时也被称为生姜糖。

白玉

白玉

SHIRATAMA

白玉粉加水和匀，揉成耳垂的软硬度之后，团成丸子，放入沸腾的水中煮熟而成。白玉的软糯口感非常适合与红豆馅搭配在一起，经常被用于汁粉*、刨冰、馅蜜*等甜品中。江户时代曾经专门有“卖冷水的”（亦称为卖水人），汲取井水和涌泉水，加入白玉和砂糖来卖，一碗四文钱。可见白玉在当时已经是一种很常见的甜品。据说还有的白玉被染成红色，鲜艳诱人。

白玉因其是白色的圆球状而得名[1]，但是查字典可知，白玉也有珍珠或美玉之意。例如在《伊势物语》第六段的“芥川”中有这样的句子：

若问白玉竟为何
清露凝珠一颗颗
随君共消落

该段讲的是坠入情网的一对情侣私奔的故事，出身高贵的女子伏在男子背上，指着路边草叶上凝结的露*珠问道：“那是什

1 玉在日语当中也有圆球状、丸珠状之意。

么?”也许闪闪发光的露珠看起来就像是珍珠一样。后来，可怜的女子被仓屋里的恶鬼吃掉了。男子悲伤地咏出前面这首和歌，哀叹当时应该回答是露珠，表达出想随之一道消失的心境。“白玉”一词音律优美，自成一歌，但因为又变成了食品的名字，所以在江户时代的川柳中有“若问白玉竟为何 寒晒粉是也（寒晒粉为白玉粉的别称）”（《柳多留》）的句子，虽有恶搞之嫌，两者之间的落差倒也可引人一笑。

汁粉 · 善哉

汁粉 ・ぜんざい

SHIRUKO · ZENZAI

所谓汁粉就是红豆汤。热爱红豆（赤豆）的日本人不只是喜欢红豆馒头 * 和羊羹 *，对甘甜的红豆汤也无法抗拒，甚至连包在“最中” * 里面的怀中汁粉和罐装的汁粉饮料都有得卖。江户时代汁粉就比较受欢迎，与荞麦面和乌冬面一样，在路边摊上都可以见到。想必就像如今吃拉面用来醒酒一样，在过去，有的男人在酒后喜欢喝上几口汁粉。路边摊比小吃店里要便宜，江户时代后期，一碗汁粉卖十六文。团子＊通常四文钱一串，所以差不多是四根团子串的价钱。

汁粉店一般被称为正月屋，行灯上也多写着正月屋的字样。进店时的招呼声也很讨喜："欢迎光临正月屋!"对于其理由说法不一，有说因为店里原来还卖新年杂煮，也有说是因为新年正月曾经有吃麻糬汁粉的风俗。

汁粉令人感到烦恼的是称呼上的混乱。根据《守贞谩稿》的记载可以看出，汁粉自江户时代起就存在着东西地域在称呼上的差异。如今在关东地区，以豆沙馅为原料的叫御膳汁粉，以豆粒馅为原料的叫田舍汁粉或小仓汁粉[1]，汤汁较少的叫作善哉。但是在关西，豆沙馅的叫汁粉，豆粒馅的则叫善哉，而汤汁少的却被称为龟山[2]，看来，不同的地域对于汁粉的称呼似乎各不相同。

汁粉由汁和粉两个字组成，可以望文生义，倒也通俗易懂，但是你知道善哉是什么意思吗？其实，善哉本是一个佛教用语，重复两次用来表达极致喜悦，以示"极好"之意。

1　亦有一种说法是用豆粒馅做的叫作田舍汁粉，而为了让豆粒看起来漂亮，后加入煮好的蜜豆者，则为小仓汁粉。

2　根据京都三条若狭屋第二代传人藤本如泉的《日本的果子》(1968)的记述，是因京都小仓山附近的龟山而得名。

关于善哉之名的由来，最常举的例子就是一休禅师的一段逸事。有一次，有人给一休送来放了麻糬在里面的红豆汤。一休甚喜道："善哉此汁。"欣然品尝。善哉因此而得名。一休的顿悟故事在江户时代初期出现很多，所以对这段逸事的真伪也无从分辨，但室町时代中期编撰而成的《尺素往来》中，有"新年之善哉者是修正之祝著也"的字样，所以可以认为，在一休的有生之年里，新年确实有吃善哉庆祝的风俗。

此外，在出云地区，还将煮麻糬与红豆拌和在一起，用来供神，称为神在饼，有一种说法认为，神在二字是从善哉的发音演化而成。

说起善哉，自然会提到织田作之助发表于一九四〇年的小说《夫妇善哉》。这部甚至被拍成电影的口碑甚佳的作品，讲述了一个自甘堕落的无能丈夫柳吉和强势而忠贞的妻子蝶子，经历种种挫折，努力克服夫妻危机和家庭困境的故事。让人印象深刻的一个画面，是最后在大阪法善寺境内一个名为"夫妇善哉"的小店里，"哒哒溜溜地发出很大的声响喝着"善哉的情景。红豆汤善哉，一语双关，机智风趣。在书中作为重要配角的善哉，一份两碗起售，如今也作为大阪名产而为人所喜爱。如果有机会去大阪观光，不妨去品尝一下。

新粉面塑

新粉細工

SHINKOZAIKU

是以新粉为原料制成的工艺果子，也叫作团子花糕。近年来渐趋罕见，但在昭和三十年代（1955—1964）之前，与糖人儿一样，是很受孩子们欢迎的人气商品。用上了色的新粉果坯做成花鸟形状，置于木托盘之上，可以蘸取黑蜜食用，缘日庙会上的小吃摊和路边都可以买到。用小剪刀剪出小鸟的翅膀，用竹签赋予小鸟表情，各种精巧手艺非常吸引人的眼球。大概很多人的儿时记忆当中，都曾有过这样的画面：买回来的面塑花糕不舍得吃，而是精心珍藏起来。[1]

新粉面塑在江户时代后期开始为人所熟悉，连川柳中都有关于新粉面塑的句子，曰“新粉蜜柑半剥皮”。句子描述的是用新粉果坯做成剥开一点外皮的橘子形状的面塑，表达了作者对其巧妙的工艺造型能力的欣赏之情。

令人遗憾的是，如今继承这种技术的面塑师日益减少，似乎

---

1 举一个较为罕见的例子，奇术研究家阿部德藏所著的《美术曲艺新粉细工》（1936）中，曾经出现过一棵盆栽，几根枝条上缀着的花与叶都是用新粉制成的面塑花糕。

正在变成一种传说中的职业。另外，有的地区也会在传统活动中准备新粉面塑。比如新潟县十日町在每年一月份举办的节季市（狆儿市）上，就有很多用新粉制成的狆儿[2]。此外，在福冈县芦屋町，每逢八朔节（旧历八月一日，现今于九月一日举办）会装饰草扎马，并供奉动物或水果形状的团子雏以祈愿孩子们健康成长。相信在今后，新粉面塑依然会承载着人们的祝愿和希望，继续流传下去。

2　狆为原产于日本的一种小型犬，狆儿是指做成小狗等小动物形状的面塑吉祥果子。

▷ 参考文献：沟口正子、中山圭子《招福 果子护身符——从北海道到冲绳》，讲谈社（2012）。

素甘

すあま

SUAMA

素甘是一种将蒸熟的新粉果坯加入砂糖混合之后而制成的麻糬状的果子。其中做成红白蛋形的扁平素甘名为“鹤子饼（鸟仔饼）”（如图。朝向因店而异），用于祝贺添丁、入学等喜庆之事。此外，将果坯做成条状，用竹帘卷裹出压痕，再切成小块的素甘也偶有可见。因为素甘的做法简单，所以应该是从很久以前就有的果子，但是江户时代的主要果子食谱中不见其名，只在烹饪书籍《渍物秘传集》[1]中，可以见到“素甘饼”的字样，其做法是上新粉加红糖、酱油混合，做成海参的形状之后再进行蒸制。

在江户时代，用黄豆粉做成的洲滨*也叫作素甘，有些混乱，令人迷惑。在词典上也时而可以看到混同之例，需加以注意。

因为使用素甘、寿甘等汉字，所以可以推断素甘的果坯是甜的，或者有在庆贺时多用甘甜之物的意思。明治时代的果子食谱《实验和洋果子制造法》（1905）中，有“木贼素甘”和“木目素甘”的做法，前者是将染成青色的面团用竹帘卷起，后者是将红白双色面团合在一起，使果子的断面带有木纹图案。但最终确定下来的似乎只有我们今日所见到的红白双色的朴素之物。

▷ 1　参考文献：《日本料理秘传集成》第十四卷，同朋舍出版（1985）。

州滨

すはま

SUHAMA

州滨是指用黄豆粉加砂糖、水饴混合而成的原料做成的果子。在茶席果子中，可以看到蕨菜*或者蚕豆形的州滨，还有京都车站周边的特产店中常见的红黄绿团子串的形状，但最早，州滨是因为制作成沙洲形状而得名。

即便说是沙洲形状，恐怕很多人也并不很熟悉。它是将海边沙滩深深浅浅探进海水里的样子进行意象化设计，也写作洲滨。过去，经常会有沙洲形状的岛台（蓬莱山形的盆景）被摆在婚礼以及宴会上作为装饰。岛台上装点着松竹梅或者鹤龟等装饰，气质奢华，从一些绘画资料上也可见到它们的身影。

大概由于这个缘故，州滨给人的印象吉祥喜庆，从而大受欢迎，所以开始做起了沙洲形状的果子。在江户时代，州滨果子已经家喻户晓，在图文版百科事典《和汉三才图会》（1712序）中也有沙洲形状的州滨果子附图出现。在该书中，还有用相同材料制作成螺旋棒形的名为“豆饴”的果子图片，让人不禁联想到一种叫作黄豆粉棒的杂果子。

另外在随笔集《嬉游笑览》（1830序）中也有“洲滨乃仿沙洲之形并因此而名”的字样，指其原型是将麦芽和大豆磨成粉状揉和在一起，并用竹皮包裹的“饴粽”，也写作“豆饴”。

位于京都丸太町通、创立于明历三年（1657）的植村义次，一直坚持制作沙洲形状的州滨，却最终在2016年惜然闭店。图片上是该店出品的州滨，浓郁醇厚的黄豆粉风味至今仍令人记忆犹新[1]。

[1] 不过令人感到欣慰的是，继承了其制法的“州滨店”又于2018年开业。浓郁醇厚的黄豆粉风味终于得以复活。

煎饼

煎餅

SENBEI

在关东地区，说到煎饼，很多人会想到以草加煎饼为代表的用米粉（粳米）制成的酱油煎饼。但是在西日本，很多人想到的恐怕是用小麦粉为原料的瓦煎饼[1]。那么，哪一种历史更为久远呢？答案是小麦粉原料的煎饼。在平安时代的辞典《和名类聚

[1] 作为以小麦粉为原料的煎饼，岩手县的南部煎饼以及使用温泉涌出的天然碳酸水制作的碳酸煎饼等也名声在外。

抄》(公元935年以前)中，煎饼条目里有“以油熬小麦面之名也”的字样，可见，煎饼最初是使用小麦粉为原料，用油煎烤出来的一种食品。同样是平安时代的《今昔物语集》中，在第三卷第二十三章的内容里，还讲述了这样一则故事，故事中有一位吝啬而贪婪，爱吃煎饼的女性登场。她面对化缘的长老，一片煎饼都不肯施舍，最终受到了惩罚。可见在当时，煎饼已经作为一种副食而备受重视。

进入江户时代以后，煎饼因越来越受到人们的喜爱而普及，以至于各地都出现了煎饼名产。在《毛吹草》(1638序)中，还出现了京都六条、加贺、近江坚田等煎饼名产品。在该书中，虽然没有记载材料和制法，但是在《日葡辞典》中，指其为“以大米为原料制作的一种松饼，像圣餐面包”，在图文版百科事典《和汉三才图会》(1712序)中，可见其制法是小麦粉与糖蜜一起搅拌和匀，上笼屉蒸熟，做出形状并烘干之后再进行烤制。另外《古今名物御前果子秘传抄》也对煎饼的制法加以说明，介绍了以砂糖和小麦粉为原料的砂糖煎饼以及将饼坯夹在两只带手柄的模具中烤制而成的煎饼。后者大概是与现在的“最中”*的外皮或麸烧煎饼，即种煎饼[2]相通之物。查看制法上的技巧，却发现本文开头提到的酱油煎饼在主要的果子食谱中并没有介绍。想来大概是早年间农家用碎米制成的、近似于现在的味噌或酱油口味的

2 一般将最中的外皮和麸烧煎饼总括在一起称为种物、种煎饼。

煎饼，而作为商品大量生产则是后来的事情。草加煎饼在明治时代叫作盐煎饼，改名字并在全国推广起来是进入到昭和时期以后的事情了。

煎饼的形状因为使用的烤模不同而呈现多样化。不只限于方形或圆形，对瓦片形、龟甲形的煎饼人们也很熟悉。而在江户时代后期，还曾经在煎饼上绘制艺人的脸孔[3]。此外，在歌舞伎十八番中的《助六》里，一大段报菜名式的煎饼台词中也出现了砂糖煎饼、薄雪煎饼、木叶煎饼、朝颜煎饼等各种名称。而在江户名产中，有日本桥照降町翁屋制的翁煎饼（砂糖口味高级，用作贡品）、吉原的竹村伊势的卷煎饼和最中之月、浅草茗荷屋的轻烧煎饼等，但是如今这些店铺都已经不复存在了。里面藏有占卜纸签的辻占煎饼*、装有玩具和吉利小玩意的煎饼等，自江户时代起，至今仍在制作。

3 根据《浪华百事谈》，天保年间（1830—1844），曾经售卖过反串女角的中村哥六“姿见煎饼”。

▷参考文献：草加市史编撰委员会编《草加煎饼——味道与历史》，草加市（2002）。

大福

大福

DAIFUKU

看到大福，心情会自然而然地变得柔软起来。也许是因为它毫不矫饰的单纯外形给人带来一种安心感。软糯的果坯加上甜度适中的豆馅，似乎有治愈效果，可口可心。

查阅大福的历史，御多福饼的存在引起了我的注意。如引用《宝历现来集》(1831)的原文,则有“御多福饼、明和八年(1771)冬，由小石川御箪笥町一位至贫寡妇名御多与者起业营商，白糕饼中加入盐豆馅为其所售之物也，一两年后，饼中加入砂糖，在外以腹太饼之名叫卖，自宽政中期起，将同样的糕饼加热，以大福饼为名而售,一时风行”。也就是说,大福经历了“御多福饼(盐馅)→腹太饼(砂糖馅)→大福饼(热糕饼)”的变迁。腹太饼这个名字在现今让人感觉陌生，但是如果翻看江户时代的川柳或者黄表纸，经常会看到它的名字，可见也是一款知名度很高的果子。特别值得注意的是黄表纸《五人斩西瓜立割》(1804)。书中描述了对主人的宝物被盗负有责任的腹太饼(拟人化描写，头上顶着一块腹太饼)用一根杉木牙签切腹的画面,根据文中记述,当时腹太饼的馅料是红糖，让人感觉非常有趣。甚至想问问作者山东京传,是否因为腹太饼的名字特意安排了让它切腹这一情节。

另外，在《嬉游笑览》中，却未曾提及前文所提到的御多与，根据书中的记录，外形饱满的鹑烧也曾经被称为腹太饼或大福饼，后来形状变小，以加糖的豆沙为馅料的糕饼作为大福饼逐渐固定下来，或许表示“大有福气”之意的“大福”之名更加受到庶民的喜爱。也许有人会从“大福”联想到有钱的“大富翁”“大富大贵者”，感觉食之可招福。大福饼在各地都有售卖，在《江户名所图会》(1834—1836）卷一的日本桥绘图之中，也可以看到经营汁粉麻糬和大福的路边摊。此外，根据《宽政纪闻》(1789—1799）的记载，还曾经有售卖大福的流动商贩，将火炉放在筐中，上面架上烤锅，蒸烤大福饼现制现卖，让人不得不对这个绝妙的点子表示佩服。

大福饼因“大福”之名，人气历久不衰。是无论何处的便利店中都可以买到的常见食品。另外还有在果坯中加入红豆粒的豆大福，用魁蒿果坯做的魁蒿大福（草大福）等一些衍生品种，缘日的庙会上还会看见销售烤大福的路边摊。

说到大福，大概人们都不会忘记1985年左右横空出世、超级热卖的草莓大福。这是一种令人意外的组合，将草莓的酸与红豆馅的甜巧妙地融合在一起，如今已经成为固定下来的常销产品。现在的大福日益多样化起来，有的加入香蕉、青梅、猕猴桃等水果，也有的馅料做成咖啡、奶酪、奶油等口味，古已有之的大福虽然最为拙朴，却依然是最受欢迎的产品。

鲷鱼烧

鯛焼

TAIYAKI

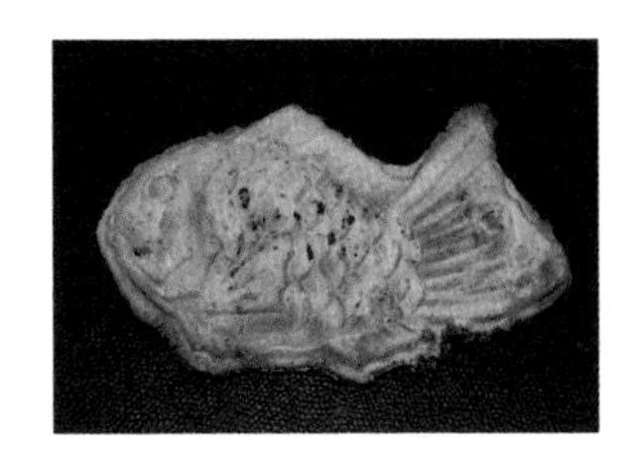

鲷鱼烧是以小麦粉为原料制成的豆馅鲷＊鱼形烧果子。如今，适合用于庆贺的鲷形落雁＊已经越来越难见到，但是鲷鱼烧依然活跃在全国各地。明治四十二年（1909）由东京麻布的浪花家总本店创制（图片为现在的产品），如今已经变成常销产品。根据店主对鲷鱼烧诞生秘闻[1]的描述，当时已经有各种形状的烧果子，而高级并有喜庆之意的鲷鱼形烧果子一经推出便获得好评。鲷鱼在当时是普通百姓很难吃到的高级鱼类，而制成鲷鱼形状的果子则味美价廉，其可爱的造型也是受人欢迎的原因之一。

鲷鱼烧也给人们提供了各种可以讨论的话题：是从鱼头开始吃还是从鱼尾开始吃？鱼尾当中也要填入馅料吗？引人注目的是1976年的童谣《游起来吧！鲷鱼烧君》的流行。它虽然是一首儿歌，但是很多人似乎从每天在铁板上经受烙烤的鲷鱼烧身上感受到了上班族的悲哀，产生共鸣，让媒体很是热闹了一阵，鲷鱼烧的销售额也得以一路挺进。

近年来，更是出现了一些鲷鱼烧迷，他们品尝和比较各店的鲷鱼烧，测其“体重”，取鲷鱼形状的鱼拓等，充满热情。而像

---

1 《章鱼烧》（1993）中记录有对第三代传人神户守一的采访报道。

迷你卡斯特拉一样做成小号的鲷鱼烧，或者里面加芝士奶油等鲷鱼烧的出现，也足以说明，鲷鱼烧产品非常具有继续探究的价值。在韩国，也有以日本的鲷鱼烧为原型的鲫鱼形状的烧果子。

杂果子

駄菓子

DAGASHI

一种价格实惠的平民零食，也叫作一文果子、駄果子、駄物果子。因为时代的不同，不同年龄段的人对杂果子的印象一定也是各不相同的。现在提到杂果子，很多人想到的大概是已经成为连锁的杂果子店中售卖的汽水糖、带赠品的巧克力或者泡泡糖。

但是如果说起过去的杂果子，则应该是那些使用碎米、麦粉、芝麻、红糖等简素原料制作的味道纯朴的果子。其形状和色彩大多像民艺品一样稳重踏实，让人感受到平民百姓的生活情趣。

杂果子的魅力，从中勘助的自传体小说《银汤匙》中也可以感受到。在生于明治十八年（1885）的作者写作的该书中，主人公少年时代常去的杂果子店是一座古老的茅草屋，看店的是耳朵不大灵光的老爷爷和老奶奶。一打开果子盒，就可以见到各式各样的杂果子依次登场。

“金花糖、锦玉羹、天门糖、味甚棒。将竹羊羹含在嘴里，感受青竹的香气，任羊羹在舌面上滑动。糖果中的御多有的哭有的笑，在向你展现各种角度的面容。咬下一截红蓝条纹的糖果放到嘴里，一吸气便感到一股甘甜的凉风从糖果的小孔中袭来……”

对于一个少年来说，眼前的情景就像闪耀着奇光异彩的宝藏一样，令他心跳不已。文中的果子按照顺序来说明的话，应该是金花糖*、锦玉羹*，天门糖应该是天门冬蜜饯*，味甚棒大概是加了砂糖的熟糯米粉压实拧成棒状的果子，竹羊羹很可能是注入竹筒中的原料凝固而成的羊羹*，糖果中的“御多”是指御多福饴，而最后那个带条纹的果子则应该是指有平糖*。

杂果子因地域的不同，其原料、形状、名称也多种多样，富于变化。石桥幸作（仙台驮果子屋石桥屋第二代传人）一生都在研究杂果子，他的杂果子分类法非常有趣。将用于彼岸节或贡品的麻糬*和团子*等称为“信仰杂果子”，而使用肉桂或汉方药材等滋补品为原料的叫作“药用杂果子”，在观光景点销售的旅行特产叫作“道中杂果子”，还有做成动物形状等深受孩子们喜爱的“食玩杂果子”以及务农间歇时食用的“茶点杂果子”等。

（图片）来自《杂果子的故乡》（未来社，1961）

另外，如果根据形状来分类，应该有以下几种。

圆形：子弹糖、拳骨豆。

棒形：黑糖棒、黄豆粉棒。

麻花形：黄豆粉麻花、芝麻麻花。

板形：豆板、薄荷糖。

卷形：紫苏卷。

人偶娃娃或动物造型：达摩饴、鸟饴。

如今，经营这些古老的手工杂果子的店铺越来越少，只在会津、仙台、庄内等地零星可见。

▷参考文献：石桥幸作《杂果子的故乡》，未来社（1961）。

佐藤敏悦《故乡的杂果子——石桥幸作热爱的味道与形状》，LIXIL出版（2018）。

团子

团子

DANGO

儿童歌曲《团子三兄弟》在1999年风靡一时，而真的团子也借着歌曲的人气开始热卖。听说为了配合歌词，有些店铺将原本一串四只的团子也改成了一串三只。

团子不只是串成串儿的，只要是谷物粉加水揉圆，都可以成为团子，既可以煮也可以烤，可以说是一种朴素而原始的果子。在古坟时代的埴轮[1]中，亦可以见到盛有团子状物的高脚供盘（群马县前桥市荒子町的舞台遗址一号古坟）。“团子”一词语源悠久，有一种说法称其是由唐果子*中的团喜而来[2]。

团子应该是非常自然地在全国各地推广普及起来的一种果子。它不仅可以在家庭中用于制作供品或小吃，在寺院神社的门前和街市上的茶馆、路边摊上也都可以买到，一直都是最接地气的亲民食品。

在江户时代，有名的团子也有很多，其中有永代团子（在隅田川下游的永代桥桥头售卖）、御龟团子（仿照观赏龟形状的麻

1 埴轮是日本古坟顶部和坟丘四周排列的素陶器的总称。在日本各地的古坟均有分布。

2 团子有一些不同叫法，《物类称呼》（1775）中，列举出“御鞠”“御丸”等。

布长坂的团子）、菖蒲团子[3]（用尖端分成四支的竹签串成，以喻溪荪花之形）等。而景（影）胜团子是一种又被称为菅胜团子的飞团子，让人非常想一睹实物。伴着歌声舂糕饼、掷团子等曲艺表演大受欢迎，甚至被收入歌舞伎的舞蹈当中。文政三年（1820）中村座初次上演的《玉兔月影胜》即是如此，而匠人使用舂臼和捣杵舂糕饼的情景在锦绘上也有描绘。街市上卖的团子里比较稀罕的是骏河（今静冈县）的宇津销售的十团子。十粒一组托于木勺之上，在茶店有售，另外还有用于辟邪的念珠团子串（后者现在由当地庆龙寺继承下来）。

与节庆祭典活动有关的，则以御手洗团子为代表。在京都下鸭神社的御手洗节庙会集市上，那些被拟作“五体”（人体）、每五个串成一串的团子在神前供奉之后，按照习惯可以打包带回家，蘸酱油食用。后来就变成了浇甜酱油的团子，并流传开来。此外，还有彼岸团子（彼岸节期间供奉的团子）、涅槃团子（涅槃会上准备的团子）、花见团子（以配合赏花氛围的色彩缤纷的团子居多）、月见团子＊等名称。在原料上，除了粟米团子、芝麻团子、白玉＊团子之外，还有因桃太郎而妇孺皆知的黍团子，加了魁蒿、满载春意的草团子等。

但是为什么京都的团子一串有五只，而东京的团子却一串只

3　日文汉字的菖蒲，不同于汉语中的天南星科植物菖蒲，而是指鸢尾科植物溪荪。此处因涉及果子的商品名，故使用日文汉字的原名来标示。

有四只呢？其实，过去在江户也是五只团子串成一串，按每只一文来算，一串卖五文钱，但是明和至安永年间（1764—1781），江户开始使用四文一枚的钱币，为了方便算账，索性减掉一只团子，变成了一串四文钱（《甲子夜话》），后来一串四只就变得普遍起来。顺带一提，当时还有四文店，经营一些四文钱就可以买到的商品，类似于现在的“百圆店”。

千岁饴

千歳飴

CHITOSEAME

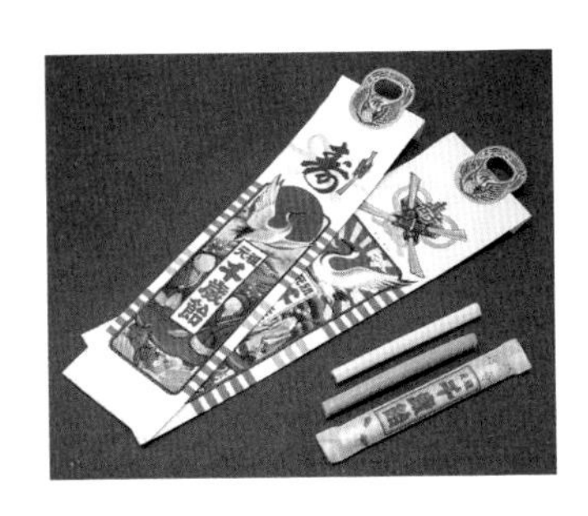

十一月十五日是七五三节。根据习俗，人们会给家里三岁的孩子（不论男女）、五岁的男孩、七岁的女孩穿上节日盛装，带到神社去参拜，祈愿孩子们幸福健康。祝福小孩子成长的节日，可以追溯至中世时代贵族和武家阶层举行的“着袴”“置发”“解带”等仪式，而指定年龄，并在十一月十五日祭拜氏神（氏族、地方的守护神）的风俗，则是自江户时代后期开始的（现今并不限定在十五日）。

如果说到七五三节不可或缺的果子，应该就是千岁饴了。通常的做法是将水饴和砂糖熬煮，分数次拉长，使气泡进入。千岁饴是一种细长型饴糖，常见的是红白两根为一组，装入一个画有鹤龟或者《高砂》谣曲中的翁妪形象等吉祥图案的袋子里。其原型可以推断是江户浅草寺境内售卖的“千岁（年）饴”(《还魂纸料》)。千岁通长寿之意，所以后来在孩子们参拜神社以及七五三节庆时制作，在锦绘上也可以见到卖千岁饴的画面。在医学尚不发达的时代，无病无灾地长大成人是父母们最切实际的愿望。

在以小家庭为主的现代社会，考虑到人口和食用量，千岁饴做得更短了一些。

粽子
粽

CHIMAKI

粽子是用箬竹叶包裹新粉糕饼或者葛糕，用灯芯草捆扎，上屉蒸熟的一种果子。与柏饼＊一样，都是作为儿童节（端午节）的传统食品而家喻户晓。与中华料理中的粽子一样，它们的根系都在中国，有一种说法是粽子和战国时代屈原的故事有关。屈原是楚国的政治家，也是一位著名的诗人，他因反对楚王的政治举动而直言进谏，终遭罢黜，悲伤失意之中投入汨罗江，葬身江底。悲痛的乡亲们会在他的忌日将稻米放在竹筒中作为供品，但为防止被江里的蛟龙盗走而改用楝叶包裹，用五色线捆扎严实。这就是粽子的起源，中国在每年的农历五月初五都有吃粽子的习俗。

根据记录可见，日本从平安时代起就会在端午节准备粽子，但从《和名类聚抄》（公元 953 年以前）等资料的记载可以推断，当时的粽子是使用白茅或茭白的叶子裹米煮成的。用箬竹叶卷裹的甜粽兴起于江户时代以后，竹叶中包的是新粉麻糬或者葛糕、羊羹＊（红豆馅加在葛糕中制成）或外郎＊等。用新鲜的箬竹叶漂漂亮亮地裹起来，这种创意在为粽子带来清香的同时，也超越了时代，征服了人心。粽子的形状多样，有粮草袋形、圆锥形、三角形，等等。

地方色彩浓郁的要数鹿儿岛县和宫崎县的著名特产灰汁卷。其做法是将在木灰水中浸泡过的糯米用竹皮包裹，再用木灰水煮熟。煮好的粽子呈蜜糖色，蘸黄豆粉或红糖食用最佳。

另外，有的店铺不只是在端午节，在夏季或者整年都会做粽子。其中京都的川端道喜，作为一家从室町时代就向宫廷进奉粽子的老铺而久负盛名。著名的御所粽、道喜粽，它们端整紧实而具威严之气的外形，至今依然会让人感受到传统技艺的魅力。

在京都祇园祭的时候，八坂神社或各个花车上分发的粽子，是驱邪纳吉的护身符，人们常将其挂在门口，以保佑全年平安无事。

茶通

茶通

CHATSU

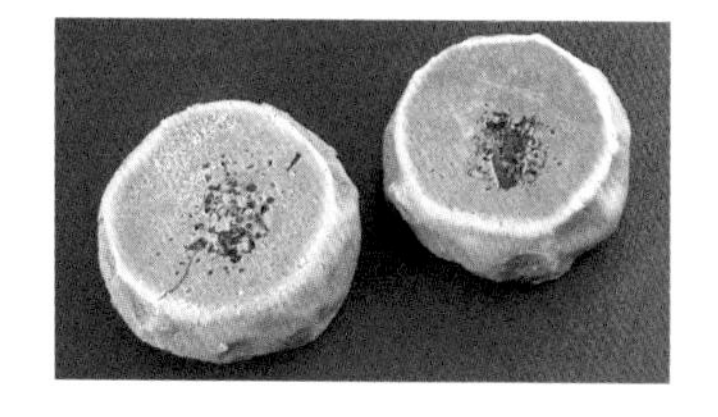

恰如其名，茶通是使用茶叶作为原料的烘焙果子。各店之间在做法上或许多少有些差异，但通常都是将以小麦粉为原料的果坯染成绿色（也有的加入抹茶），包入馅料（多为芝麻馅），表面撒上煎茶的叶子（或者芝麻）烤制而成。通常做得非常小巧，很适合用作茶点。

在江户时代出版的食谱中虽然找不到茶通之名，但是明治时代以后，这种果子却以“茶津宇”[1]的名号悄然登场。茶通的称呼是否与楪子（盛放茶点的浅圆漆器，读音与茶通相近）有所关联呢？制法如前所述，如今也几乎没有什么变化。引人注意的是表面上的茶叶。有的书中讲究用料，指定要用上等的玉露茶[2]。也许从外形和香气的角度来看，这是不能让步的关键。

明治至大正时代的报社记者莺亭金升曾经写道：“名叫茶通的果子，是由本乡的‘藤村’家制造，因是茶人所用，所以冠之以茶通之名，但也有人说它原本是荷兰语。”（《明治的面影》）藤村曾是制作销售羊羹的著名老店，如今已经不复存在，所以真相也无从知晓。

---

1 《实验和洋果子制造法》（1905）等资料中可见其做法。

2 《和洋果子制造大鉴》（1925）中有玉露茶之例。

中花

中花

CHUKA

有时会将以小麦粉、砂糖、鸡蛋等混合搅拌在一起的果坯叫作中花（种）[1]。虽然其叫法比较奇特，但是在果子食谱《鼎左秘录》(1852)的“中华馒头”条目中，可以查到其做法是将上述原料混合，“摊于赤金皿上烤制 包馅”，由此也可以推测，中花一词也可能来自中华二字。或许是因为它和月饼类的中国烤制果子在原料上有共通之处，所以才有了这个名字。所谓“赤金皿”，是铜制平盘之意，大概就是指现在的平锅。想来是将面浆摊在平锅上烤熟，再包入馅料。

在落语段子《畏馒头》中有这么一个人，明明喜欢馒头*，却自称生来就怕馒头，一边说害怕，却又一边去抢食。在演出时列举出各种馒头的名称，如“高腰馒头、酒馒头、荞麦馒头、栗子馒头”等，大段贯口已经成为固定的表演内容，不同的演出者可能说出的名字也各不相同。其中有一种“唐馒头”，与前面的中华馒头属于同类[2]。其做法一般是将小麦粉、鸡蛋、砂糖用水

1 调布*、若鲇*等也属于中花。

2 《意地喜多那志》(1854年，东京国立博物馆・西尾市岩濑文库藏)中，可以见到使用圆环形模具的“唐馒头”以及用面糊烤制的中华馒头的制法。

和成面糊，注入圆形或者方形的金属模具中，再加馅料进行烤制。但是同名馒头也可能会有不同的做法，比如在爱媛县有用小麦粉和红糖做面皮，里面加柚子馅，双面烤制的扁平的当地名产唐馒头。

调布

調布

CHOFU

听到“调布”，熟悉地理的人也许会想到东京都中部、多摩川北岸的地名。此地现在叫作调布市，但所谓调布，原本是指征调的布匹，也就是指作为税金需要上缴的布匹之意。而地名的调布也因此而来，因为在古代，用多摩川的河水漂洗晾晒过的布匹皆由朝廷征调而去。

多摩川水濯濯

手作且浣清波

伊人日益可爱

为何？

（《万叶集》第十四卷 · 东歌）

其中的“手作”，指的就是这种布。

调布果子里也隐藏着这种古老的风俗。在小麦粉、鸡蛋和砂糖混合在一起烤制的薄皮中包入求肥*，看起来就像卷起来的布匹。烤熟的面皮衬托求肥的质感和色泽，品味高雅。松软的外皮与富有弹力的求肥果子搭配在一起，口感甚佳，让人不由得对发明这种组合的人深表感佩。调布在江户时代的主要果子食谱中难觅踪迹，因此可以将其看作是近代创制并推广开来的一款果子[1]。

如今，调布的外观多样，有的包成方形，有的还会印上调布标记，在夏天各地的果子店还会推出香鱼*形状的调布。

1 《实验和洋果子制造法》(1905) 中可见。

月见团子

月見団子

TSUKIMIDANGO

阴历八月十五和九月十三是被称为十五夜和十三夜的赏月节。十五夜供奉芋头，十三夜供奉栗子和豆子，所以也分别被称为芋名月和栗（豆）名月。赏月自然少不了团子*（月见团子）。雪白滚圆的团子盛于三宝[1]之上，饰以芒草*，是秋日景象之一，但要正确地描述出来却有些困难。月见团子在关东地区是圆形，在关西地区则做成芋头形状。特别是京都的和果子店里，经常可以见到卷着馅料的芋头形[2]月见团子。

关于团子的数量，十五夜时摆十五个，十三夜时就是十三个。或者也有的是十二个，代表一年的月份（闰年则是十三个）。赏月不仅要有团子，还会装饰兔子*和芒草形状的干果子，当然，像中国的中秋节那样，边吃月饼边赏月，也值得推荐。

按照惯例，赏月应该分十五夜和十三夜两次进行，只取其一被称为单赏月或者赏单月，是应该避免的。赏月也一定要成双才好。

1　盛放供果、供奉神前的一种方形木托盘。下面带有方柱支脚，支脚四面都有圆形镂空。

2　第十三届全国果子大博览会（1954）时，由京都的果子店联合创制，其后便推广起来（《和果子技法》第一卷及其他）。

签语饼（辻占）

辻占

TSUJIURA

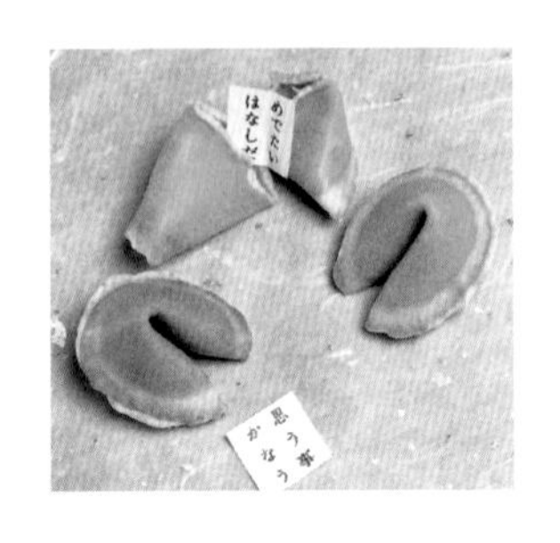

一种煎饼＊或米粉果子，中间夹有小纸签，写着关于恋爱姻缘或预测吉凶的字句。辻占原本是一种占卜的方式，傍晚时分到十字路口上去，从行人的语言以及所持物品来判断吉凶。其原型可追溯至奈良时代的“夕占”，后来记录着占卜语言的纸片开始被称为辻占。在江户时代，就有卖辻占签的人开始出现在以花街为中心的街头。渐渐地，辻占开始成为购买花林糖＊和豆果子的赠品，并且出现了将辻占放在煎饼中销售的小商贩以及果子店。

在为永春水的《春之若草》（三卷本之上卷）中，有这样的字句：“豆八从袖笼中取出三块夹有辻占的煎饼……”可见在该书写作的天保年间（1830—1844），就已经出现了这种饮食趣味。辻占果子后来被继承下来，一直到第二次世界大战前都会有流动商贩在街上售卖（第 53 页），但是现在只在一部分地区方可见到。

例如在京都府伏见稻荷和神奈川县川崎大师的神道上，新潟县的部分地区，常年都在销售夹有占卜纸签的煎饼，名为“灵签煎饼”或“占卜煎饼”。此外，在石川县金泽市以及加贺地方，还有将占卜纸片放到米粉原料的果坯里，做成羽毛毽子（板羽球的毽子）形状的果子，以“辻占”之名作为新年的吉祥物出现。在过去，占卜纸签的内容多是与恋爱有关，诸如“成就姻缘”“女人的弱点”之类，近年来更加普遍易懂的“大吉”“小吉”正在增多。在国外的中餐馆中常会见到幸运饼干，其原型就是辻占煎饼。大正时期的日本移民在旧金山开始制作辻占煎饼，后传到中国移民中去，才诞生了今日的幸运签语饼。

▷参考文献：青木元《辻占果子诞生之前》，虎屋文库展示手册《占卜、辟邪、开运果子》(2004)。

中町泰子《辻占的文化史——从文字化进展看占卜法术的心性与游戏性》，Minerva 弥涅耳瓦书房（2015）。

椿饼

椿餅

TSUBAKIMOCHI

椿饼是用绿油油的山茶花树叶夹裹的麻糬饼果子（一般使用道明寺粉为原料。道明寺粉是用蒸干的糯米粗研而成的粉末。图片为道明寺熟粉所制），多在山茶花盛开的二月份制作。椿饼虽然知名度不及驰名全国的樱饼*，但历史悠久，在《源氏物语》中也曾出现过它的身影。具体可见第三十四帖的《若菜上》："次级的殿上人，都在檐前排列圆阵席地而坐。招待并无特别排场，只是椿饼、梨子、柑子等物，混合装在各种各样的盒子盖里，诸年轻人便一边谈笑，一边取食……"[1]这段描写，让人想象蹴鞠[2]游戏结束之后，年轻人说说笑笑吃着糕饼果子的情景，果子就是摆在盒盖子上的水果和椿饼。关于其中的椿饼，《源氏物语》的注解书《河海抄》（14世纪中期编撰）解释为："山茶花之树叶相合，内裹糯米粉与甘葛混合之物。"想来在形状上与现在的椿饼相同，但是因其甜味来自于甘葛（第365页），所以大概不包

---

1 《源氏物语》，人民文学出版社，1980，丰子恺译。

2 由《河海抄》和《蹴鞠之目录九十九箇条》（1631）、伊势贞丈著的《安斋随笔》（1783年左右）可知，椿饼是蹴鞠运动之后必备的一种食物。

馅料。

随着时代的发展，在江户时代的果子食谱《古今名物御前果子图式》中所见到的椿饼虽然也不带馅，但是因为在麻糬饼坯中加了白砂糖和肉桂，所以更添甘甜和芬芳。同样，现在也有的店铺使用加了肉桂的果坯，但还是以包裹馅料的椿饼为基本款。

另外，在新潟县阿贺野市等地还制作不用山茶花树叶的椿饼。用小麦粉、米粉、砂糖混合以后蒸制的形似长条形响板的果子即是其中一例，口味古朴素淡。据说因为过去使用过山茶花树叶，所以依然沿袭椿饼之名，但也有一种说法指其为粽子及箬竹团子类果子的谐音而来。

艳袱纱

つやぶくさ

TSUYABUKUSA

汉字也可写成光泽袱纱。袱纱指的是茶道中使用的清洁茶碗和茶勺的布巾或者红白喜事时用来包裹礼金的布片，是一种双层大盖布。

“袱纱”一词也常用于烹饪，有“袱纱仕立”（使用两种味噌的汤）、“袱纱蛋”（加入配料的软嫩煎蛋包）等名称。另外，本膳料理（正式的御膳料理）经过简化之后，也称为袱纱料理。

果子里的“艳袱纱”，是将上过色的小麦粉面坯进行烤制，烤成焦黄色的一面为里，包裹馅料，看得见气泡的蓬松一面放在外侧，气质雍容。不同的店铺做成不同的形状，有的做成圆形，蓬松地包裹住馅料，有的折叠成方形，但质感却是共通的，都会让人联想到布料的松软质感。

明治时代的《日本果子制造独案内》（1904）里的光泽袱纱，非常罕见地使用上等郁金粉为原料上色。所谓郁金粉，是指从姜科多年生草本植物姜黄的根茎当中提取出来的香辛料。英文名称为 turmeric，它是一种黄色的染料，也会加在咖喱粉里面。当时也许是想利用黄色使其具有光泽感。后来又开始制作出萌黄、淡绿色等各种不同颜色的果子，而“光泽”二字就渐渐弃用了。

另外，使用抹茶制作的艳袱纱被叫作“茶袱纱”。在北海道等地，或许因地方口音的缘故，艳袱纱以及茶袱纱的发音变成了“茶仆纱”。

点心

点心

TENJIN

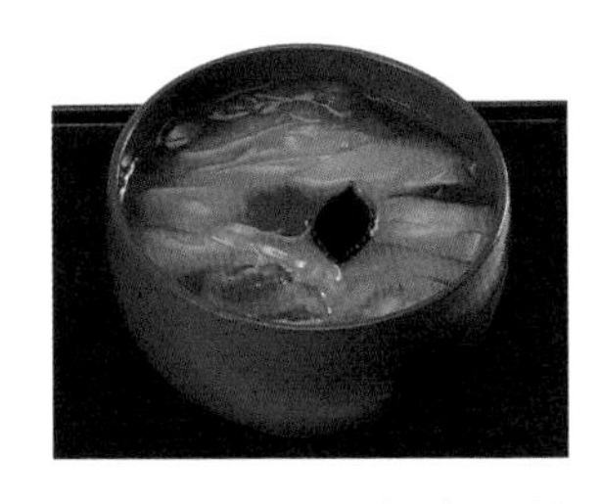

点心，因其餐间点缀之意，指的是在正餐与正餐之间食用的小吃，也就是现在所说的零食。镰仓至室町时代曾到中国留学的禅僧，连同吃茶的风俗习惯一起，将点心也带回了日本[1]，种类可谓纷繁多样。书简往来类书籍之一、相当于室町时代教科书的《庭训往来》中，曾列举出“水纤、红糟、糟鸡、鳖羹、羊羹、猪羹、

1　奈良到平安时代，茶已经从中国传到日本，但曾经中断过一段时间。过去的主流做法是将沱茶捣碎放到热水中熬煮，但到了镰仓至室町时代，又传入了抹茶式的点茶法。

笋羊羹、驴肠羹、砂糖羊羹、馄饨、馒头、索面、棋子面、水团、卷饼、温饼”等各种点心（因版本不同或许会有名称上的差异）。其中值得关注的是羹·馒·面类点心。

首先，“羹”类里包括堪称为和果子代表的羊羹*。原本，带有动物名称的羹类点心指的都是这些动物的肉汤，但是永正元年（1504）带跋文（有说是后世的补笔）的烹饪书籍《食物服用之卷》中有这样的记载：“一 鳖羹留足、手、尾、颈，由甲工夫也。一 猪羹由颈部工夫也。 一 竹叶羹舍新叶，以枯叶工夫也。一 鸡蛋羹由打蛋工夫也。”由此可见，在日本，是模仿动物的形态开始制作这些被称为寄物（小麦粉、葛粉等揉和在一起蒸制食品）的凝结食物。在江户时代的《贞丈杂记》（1784 年左右编撰）中也可以见到作为蒸制食品的鳖羹和羊羹等点心的制法。因为当时禅僧禁肉食，所以只在形态上进行了模仿。可以想象，羊羹在一开始是模仿羊肉和羊肝的形态而制。

接下来的“馒”是指馒头*，传入日本的是使用酒曲的酒馒头和使用膨胀剂或芋头的药馒头。里面包的不是甜的红豆馅，而是蔬菜（或许是像信州菜馒头一样的做法）或者白砂糖，但因为砂糖在当时是价格高昂的进口货，所以“砂糖馒头”和“砂糖羊羹”一样，要与糖馅馒头区分开来。羹类和馒头，与调味味噌或者汤类一起食用，就像如今的芝麻豆腐一样，可以说它更像是一道菜。

在“面”当中，根据说明，索面是素面的前身，棋子面是做成围棋棋子形状的面食。

九州博多车站附近的承天寺，供奉着开山祖师圣一国师（圆尔），他就是镰仓时代中期将羹·馒·面带回日本的人物，由此可见，禅僧对于点心类的普及起到了不可忽视的作用。

室町时代，这些点心开始被更广泛地认知。狂言《文藏》中还有这样的桥段，太郎冠者自称在京都吃到了稀罕食物，主人便问道，“是什么样的点心？”太郎冠者列举出“馄饨、素面、热麦、温麦、砂糖羊羹、温膳羹、门膳羹”等点心的名称。在前面的书简往来中所记载的名字，有一些看上去虽然感觉似曾相识，但是对于它们具体都是什么样的东西，如今却不甚明了。

点心里还有水纤（碎蟾糟）、水晶包子等食物，可以判断它们分别为使用葛粉制作的葛切（如图）和葛馒头的原型。

另外在《尺素往来》等资料中，与点心一起，同时还提到了“果子”和“茶子”。果子就是如今所说的水果类，茶子则主要是指柿饼串、核桃、昆布等干果类，但是后来茶子和点心的一部分也被划入果子的范畴内，在千利休（1522—1591）等人的茶会记中点心开始作为“果子”被记载下来。

唐果子

唐菓子

TOGASHI

唐果子是 7 世纪到 9 世纪由遣唐使带至日本的一种果子。在从舒明二年（630）到宽平六年（894）的 264 年间，日本共派遣使者十数次，将中国的制度和文化传入了日本[1]。与其他舶来品一样，唐果子也被看作一种来自异国他乡的珍稀食物。很多唐果子都是使用米粉或者小麦粉为原料，做成各种形状，最后用油炸制。

据平安时代的辞典《和名类聚抄》和镰仓时代的烹饪书籍《厨事类记》的记载，主要有“八种唐果子”。参考江户时代后期的考证学者藤原贞干的《集古图》（1789—1797 左右），有职故实学者本多忠宪的《搏桑果》（1808），国学者喜多村信节的《嬉游笑览》等书籍，再加上前面所提到的资料，唐果子可以被分为以下几种形式。

八种唐果子

梅枝：树枝形的果子。根据树枝分叉的形态而被称为二梅枝、三梅枝。

桃枝：与梅枝相同的树枝形果子。

---

1 因为之前还有遣隋史，所以一部分果子也许已经传入。

餲餬：仿肉虫（幼虫）状的果子。

桂心：原料中加入肉桂的果子。形似皇冠。

黏脐：形似肚脐，带凹坑的果子。

饆饠：薄而圆，形似花瓣的果子。

䭔子：形似小芋头的果子。

团喜：也可称为团子的原型。“欢喜团”被用于供奉圣天（欢喜天）。

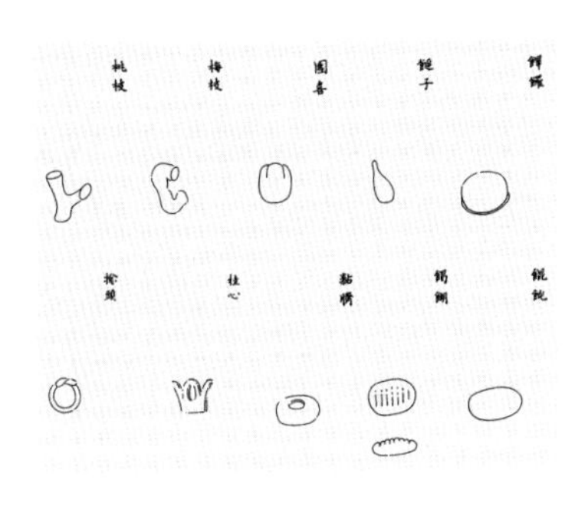

《集古图》

另外还有以下果子也被当作唐果子。

糫饼：拧成藤蔓或圆环形状的果子。

餢飳：饺子或者伏兔之形的果子。

结果：形似绳结的果子。

捻头：圆环形果子，也叫作麦形。

馎饦：将小麦粉面坯切成面条形的果子。也可谓之为餢饦（山梨县的乡土食品）和乌冬面的原型。

索饼："Sakubei"（第 205 页）。将小麦粉和米粉混合制成的面坯拧成绳状的果子。

饼餤：麻糬饼中加入鹅肉、鸭肉等肉类和蔬菜，包制而成的果子。在《枕草子》第一百二十六段中有清少纳言收到饼餤礼物的情节。

馄饨：用小麦粉做面皮，包上碎肉馅制成。

粉熟：根据 14 世纪中期的《原中最秘抄》，用稻子、麦子、大豆、小豆、芝麻为原料，煮好之后加入甘葛（第 365 页）捏合，在竹筒之中放置片刻之后，推出，切小。有青、黄、红、白、黑五种颜色，原料上色时，除了使用母子草（春七草之一，鼠鞠草）和栀子果之外，也利用了原料红豆和大米、芝麻本身的颜色。曾出现在《源氏物语》的《宿木》帖中。其色彩之丰富，在唐果子中比较罕见。

这些唐果子在过去多会在节会以及官员上任的仪式上出现，或者用作敬神供品（神馔）。在记录有平安时代宫廷菜单的《类聚杂要抄》中，可以看到盛放有餲餬、桂心、黏脐等唐果子的器皿图片。该书中还有松子、干枣、石榴等干果和水果，被称为"御果子""木果子"。在唐果子带来的影响下，之前主要指坚果和水果的"果子"，开始具有了加工食品的含义。

正如镰仓时代的《建武年中行事》中所言："虽知其名，难知其形。"唐果子的真实原貌现在已经无从知晓。但是经过中世、近世时期，宫廷、寺院神社以及官家的一部分还一直在制作。现在有几种唐果子[2]尚能制作，作为奈良春日大社和京都上贺茂神社的供品，希望能够借此来解析唐果子的历史与中国食物之间的关联。

[2] 京都的清净欢喜团（龟屋清永出品），奈良的餢飳馒头（万万堂通则出品）便以唐果子为原型。

▷参考文献：《和果子》第 12 期・特辑，唐果子（2005）。

石花凉粉（心太）

ところてん

TOKOROTEN

石花凉粉的原料是石花菜等海藻。将海藻洗净之后煮熟去渣，注入模具之中使其凝固，再用一种推压工具将其挤出便可。石花菜因其可凝固的性质而被称为凝藻叶（korumoha，凝海藻・凝海菜），后来在发音上不断发生变化，变成“kokorobuto”“kokorotei”,到了江户时代变成“tokoroten”。汉字使用“心太”二字，大概是从“kokorobuto”而来。

回顾历史，在奈良时代的正仓院文书中已经可以看到“心太”之名，并可知是东大寺写经所的写经生支领之物。这个“心太”是像如今的这种加工品还是原料海藻，具体不明，但是从支领的时期和价格来看，可以推断其为加工品。在平安时代，东西地区的集市上都有销售“心太”的店铺，似乎是一种很常见的食品。

有关石花凉粉，还有一个值得注意的史料是《七十一番职人歌合》(1500年左右编成)。它描绘了卖石花凉粉的小贩用推棒推出凉粉来销售的情景，由此可见，室町时代就可以利用与现在同样的工具做出面条状的食品。台词当中有“食心太 加入地药(指佐料)时”，让人禁不住想亲临现场，亲自品尝。

在江户时代，夏天经常会有这种流动商贩售卖石花凉粉，其中还有专门的街头艺人进行一种名叫“心太曲突”的杂技表演(《江户府内绘本风俗往来》)。他们将盘子顶在头顶或者放在手肘上，用来接取猛力推出、高高飞起的石花凉粉，以博得满堂彩。很遗憾的是这种技艺并没有流传下来。

说到石花凉粉，还有一个话题经常被提起，那就是配料问题。在关东，石花凉粉是佐以酱油醋食用，而在关西则是浇上红糖浆。根据记录了江户时代后期风俗习惯的《守贞谩稿》的记载，可知当时已经出现了东西地区的差异，江户用砂糖或者酱油佐食的东西，在京都大阪可能会拌砂糖食用[1]。“黄豆粉撒在细长的水上卖”(《柳笼里》)，因川柳中曾有这样的句子，所以可以推测，也曾经有使用黄豆粉来搭配石花凉粉的情况。而在俳句中，既有芭蕉的“汲清滝之水兮 石花凉粉”，又有一茶的“井水清冽戏小鱼 石花凉粉”，让人好奇他们用的到底是什么佐料。

还有一个让人感觉奇怪的风俗，在群马县和新潟县等部分地区，人们用一根筷子来吃石花凉粉。有说法称是因为从前一次性木筷也是奢侈之物，但似乎与有些地区在盂兰盆节将石花凉粉当作斋饭供奉的传统风俗有所关联。也许单箸而食的石花凉粉，与插着一根筷子的供品米饭是相同的感觉。

---

1 在《和汉三才图会》(1712序)中，佐以砂糖或者“姜酸”(大概是类似于生姜醋一样的东西)食用。

▷参考文献：铃木晋一《食物的故事》，小学馆(1996)。

土用饼

土用餅

DOYOMOCHI

土用饼是夏季的土用期间食用的甜麻糬饼（土用，是立春、立夏、立秋、立冬的前十八天，但多是指夏季的土用十八日）。江户时代开始兴起，《日次纪事》（1685 自序）中可见“进入土用节令之日，（中略）食用赤小豆饼”的字句。一般多使用砂糖和红豆做成红豆麻糬，也被称作“土用牡丹饼”或“土用肠饼”，可谓战胜暑气，摄取甜品为能量源的生活智慧。土用饼也被作为夏日礼品寄送给家人及亲友，在地方也开始推广。在《筑紫纪行》（1802 序）中也可以见到这样的描写：“茶店众多，每家茶屋都在卖土用饼和砂糖饼。没想到能和人们一起品尝土用日的节令糕饼……”

现在很多地方的土用饼依然是红豆馅料，但有的地方也有将黄豆粉麻糬和草饼 * 作为土用饼的习惯。馅料方面，有的店铺使用对身体有益的红糖，做成红糖馅，各种花样因店而异。土用饼在京都是进入土用期间那天食用，但是根据地域的不同，食用的日期也各不相同。土用饼虽然外形朴实无华，但近年来随着宣传力度的增加，借着土用丑日与鳗鱼一起食用的卖点，在超市也常可见到它的身影。土用饼,如今已经作为一种消暑果子固定了下来。

铜锣烧

どらやき

DORAYAKI

说起铜锣烧，很多人都知道它是机器猫哆啦 A 梦最喜欢吃的一种食物。现在的铜锣烧是指用加了鸡蛋和砂糖的小麦粉为原料，烤制成圆坯，每两枚中间夹红豆馅的一种果子。但是在江户时代，似乎并非如此。查阅随笔《嬉游笑览》,我看到了这样的记述:“今之铜锣烧亦言金锷烧，此乃麸烧与银锷混合制作之物也。”可见当时使用的原料是不加鸡蛋的小麦粉。铜锣是乐器中的铜锣之意，与刀锷一样是圆形。因制法相同，形状也一样，所以才会有以上的描述（还有一种说法是在铜锣之上烧制而成）。该书中还记录了另外一种说法，称大号的叫“铜锣”，小号的叫“金锷”。

铜锣烧现在使用加鸡蛋的面粉制作，可以推断是在明治时代后期渐渐普及起来的。如今，大概不会有人相信金锷与铜锣烧居然曾经是同类。在明治末期到昭和初期的果子食谱以及百科事典中，还可以见到原料中加入味噌的铜锣烧[1]，可见曾经有过多种尝试。

在关西，大概“三笠山”或者“三笠”的叫法比铜锣烧更深入人心。这个名字在百人一首当中也可见到，取自阿倍仲麻吕的“遥见月上天之原，同出春日三笠山”之句，形容在奈良的三笠山见到的满月，或者联想到三笠山的峰岭连绵。另外，在京都还有用小麦粉面皮卷入豆沙馅的圆筒形的“铜锣烧”（笹屋伊织出品）。据说是遵照以寺院的铜锣代替铁板进行烤制的传统，只在弘法大师的忌日二十一日前后三天之内有售。

1 《和洋果子制法》（1907）等资料中，可以见到加入味噌的制法。

南蛮果子

南蛮菓子

NANBANGASHI

南蛮果子是指室町时代末期到江户时代初期，与日本交流往来的南蛮人（葡萄牙人和西班牙人）带来的果子[1]。“南”加野蛮的“蛮”，这种称呼似乎有些失礼，但它是表示葡萄牙人和西班牙人经过果阿邦、吕宋岛、澳门等南方据点航行而来之意。

天文十二年（1543），葡萄牙人航行抵达种子岛，带来了枪械和基督教，西方的文化物产（南蛮物）开始大举进入日本。果子应该是在早期由传教士以及贸易商带入日本的，但“南蛮果子”一词，最早出现于萨摩藩的记录《萨藩旧记杂录》，书中叙述了庆长十三年（1608）一月十二日，伴天连（祭司）带来“南蛮果子一匣”作为新年贺礼的情景。

由此可见，传教士经常会向当权者进赠包括南蛮果子在内的异国珍奇物产，以求得在传教布道方面的支持与方便。织田信长从传教士路易斯・弗洛伊斯那里获赠装在长颈瓶里的金平糖*也是其中一例。此外，传教士也会将果子和酒分发给一般民众，有

[1] 从广义上来说，从锁国之后获准进行贸易活动的荷兰传入的果子也被划入南蛮果子的范畴。但是在《红毛杂话》（1787序）等书中可以看到的“伯富尔起司”“欧佩里”等荷兰果子，却没有像葡萄牙的果子那样最终固定、传承下来。

关布道活动可以参见《太阁记》(1625年自序)，其中有“招待饮酒之人以珍陀(蒸馏酒)、葡萄酒、rōke、野葡萄酒、味醂酎。招待不饮酒之人以卡斯特拉、芳露、蜂窝糖、有平糖、金平糖等，引入我宗门尤见深成也”的表述。南蛮果子在日本以布道传教和贸易重镇九州地区为中心开始兴起，并传播到全国各地。在京都，宽永十二年(1635)，虎屋即向宫廷奉纳卡斯特拉*、蜂窝糖*、有平糖*等南蛮果子。同时代的资料《毛吹草》中，南蛮果子就作为京都名产之一出现在书中，可见这一时期制作南蛮果子的店铺不在少数。

在江户幕府的锁国政策之下，宽永十六年(1639)，葡萄牙人和西班牙人被禁止入境，但是南蛮果子的制作却一直持续了下来。以江户为例，除了在天和三年(1683)的桔梗屋果子铭(大田南亩《一话一言》所收录)中可以见到“蜂窝糖”“金平糖”等南蛮果子的名称之外，在后来的烹饪书和果子食谱中对于南蛮果子的制法也有记录。在《长崎夜话草》(1720年编撰)中，可以看到有“harute(波留天伊)、queijada(南瓜挞)、卡斯特拉、花芳露、金平糖、有平糖、蜂窝糖、obréias(圣餐饼)、pāsuri、飞龙头、wobudausu、鸡卵素面、饼干、面包”等南蛮果子，并谓“此外犹有之”。可以看出，其中有很多如今早已不再制作的南蛮果子。

南蛮果子的特征是多使用鸡蛋，这一点为只使用植物性原料的日本果子带来了很大的影响。此外大量使用砂糖在当时也是一项创举。南蛮贸易开展之后，日本的砂糖供给量增加，渐渐开始制作口味甘甜的果子，日本人想制作和食用更加好吃的果子的欲望，随着南蛮果子的出现而日益高涨起来。

如井原西鹤的《日本永代藏》（1688）中所述，“唐人”传来了金平糖的制法，可以想见有关南蛮果子的传入及普及，也与同中国人的交流有关。如果认真追究南蛮果子的传播路径，一定也是一件很有趣的事情（图片中由右至左为西班牙、葡萄牙、日本的金平糖）。

人形烧

人形焼

NINGYOYAKI

人形烧是一种将小麦粉、砂糖、鸡蛋、牛奶等混合在一起，包入馅料而烤制出来的质朴果子[1]，果子的外形多样，富于变化。

[1] 有的店铺将不带馅料的叫作“卡斯特拉烧”以区分。

既有海螺小姐、凯蒂猫、哆啦A梦等深受大家喜爱的形象，也有传统的七福神和动物等造型。

人形烧的起源不甚明了。从名称看来，或许像东京上野龟井堂的“文乐人形烧”那样，是从文乐人形的面孔开始的。在江户时代后期，已经出现了以歌舞伎演员的肖像为造型的“姿见煎饼”（类似于瓦煎饼的小麦粉原料。第108页），也许出于同样的创意。

记录了明治时代中期东京风俗的《东京风俗志》（1898序）中有这样的文字：“雷烧、人形烧、金锷、今川烧、太鼓烧、红梅烧等占据了路边的小吃摊，销量可观。”可见在当时，人形烧是路边摊上的人气商品之一。今天也同样，很多客人喜欢站在一旁观看其制作工序。

现在，人形烧是东京的浅草[2]和人形町的名产。人形町水天宫附近的重盛永信堂的人形烧（如图）号称是七福神，而实际上只有六神在列，即辩才天、大黑天、惠比须、比沙门天、布袋、寿老人。上前一问究竟，答曰缺席其中的福禄寿就是客人的笑容。当然也与六个一组的模具有关，但是听到这个答案，却让人不由得笑逐颜开。

2　在久保田万太郎的《雷门以北》（1927）中可以看到五重塔和鸽子形的人形烧开始成为浅草名产的记述。

花瓣饼

花びら餅

HANABIRAMOCHI

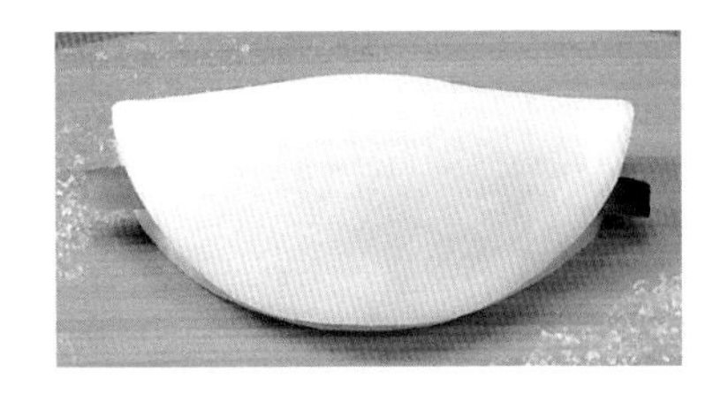

将红色的菱饼＊放在扁圆的白麻糬（或者求肥）上，再添加味噌馅和一根甜煮牛蒡，折叠成半圆形即成花瓣饼。花瓣饼，也写作葩饼。别看它外形奇怪，却是源自新年庆典时皇室作为年菜料理、祭祀供品[1]、馈赠品而使用的菱葩。

所谓菱葩，原本是指菱形麻糬和葩形（圆形）麻糬。战国时代的朝官山科言继在其日记《言继卿记》中，于永禄八年（1565）正月三日记录有“菱花平”的字样，可见菱葩在这个时期已经是皇家和朝官贵族的正月庆典食品之一。

回看菱葩的历史，可以追溯至“齿固”之习俗。所谓“齿固”，是指在新年时食用野猪肉、鹿肉、萝卜、菜瓜、押鲇（用盐腌渍的香鱼）等口感略硬的食物，因为齿字亦通年龄，所以用齿固来代表“固定年龄”（祈愿长寿）之意。据推断，菱葩大概是在“齿固”的仪式化过程中诞生出来的一种食物，在江户时代，它似乎就如今日一样，是在葩饼中夹有菱饼、牛蒡和味噌的形式。因为麻糬与味噌的组合类似于杂煮，所以菱葩也有一个别称，叫作杂煮包，里面夹着的牛蒡据说是用以代替腌香鱼——押鲇。

---

1 也有的供品将菱形的麻糬和圆形麻糬分别叠放。

江户时代，川端道喜和虎屋在正月新年时会向宫廷进奉大量的菱葩。宫中会将菱葩用来馈赠给前来拜年的朝官贵族，或作为供品用于祭拜。明治时代，里千家第十一代玄玄斋得到宫廷首肯，开始使用这种颇有来头的菱葩作为新年茶会初釜时所用的茶果子。花瓣饼大概由此而诞生，但是两者的大小和内容却不相同。如今的菱葩，葩饼的直径大约 15 厘米，用红豆上色的菱饼大概有 14.4 厘米，并且糕饼没有甜味。而花瓣饼要比菱葩小，味噌换成了白豆沙味噌馅，饼坯（麻糬·求肥）本身就具有甜味。近年来，根据店铺的不同，中间加入椭圆形红麻糬，或只有白豆沙味噌馅和牛蒡的花瓣饼也时有可见。

那么为什么要将圆形的麻糬饼与菱饼组合在一起呢。大概是从阴阳思想的观念[2]出发，出于万物都由二元构成的思维，诸如天与地、男与女等。菱葩的形状以圆（葩）配方（菱）喻阴阳合体，即象征着包罗万象的广大无边的宇宙。而菱与葩的一体化，也用于表达子孙繁荣和太平安康的心愿。现在，镜饼一般都是将圆形的麻糬叠摞在一起，过去则多为圆形麻糬上面放置菱饼的形式，江户时代中期的《大和耕作会抄》以及锦绘等资料中都可以见到这种画面。

以往只有少数人才能品尝得到的菱葩，如今变成花瓣饼，开始为更多的人所熟悉和喜爱，这种演变是令人欣慰的。想到菱葩

2　以古代中国为中心发展起来的思想，为日本的祭典和习俗带来影响（第 154 页）。

中所包含着的愿望和祝福，便渴望用花瓣饼来庆祝新年。

▷参考文献：川端道喜《和果子的京都》，岩波新书（1990）。

千宗室监修《里千家今日庵历代 第十一卷 玄々斎精中》，淡交社（2008）。

羽二重饼

羽二重餅

HABUTAEMOCHI

所谓羽二重，是指一种轻薄而有光泽的上等丝织品。在江户时代，羽二重常被用来形容奢侈品和质量上乘之物，甚至专门有"羽二重错位"一词,表示"穿惯了羽二重和服浑然忘却了其价值"或"仪态高雅却精于世故"之意。"羽二重肌肤"是指光滑而净白的皮肤，而"羽二重饼"，指的是用白玉粉制成的质地柔软而细腻的麻糬饼，通过名称传达一种优雅之美。

滑稽本《浮世床》(1813—1823）中，果子的叫卖声里出现过它的名字："本羊羹——最中——馒头还有羽二重饼——"可见在江户时代后期，羽二重饼已经是一种比较受欢迎的果子了。果子食谱《果子话船桥》（1841）中，可以看到红、白、青、黄色的"薄皮羽二重饼"。用白玉粉制成的饼坯包裹馅料，饼坯用红花、青粉[1]、栀子果和姜黄进行染色，并且其"馅可小仓、可白小豆，形亦不拘也。乃至上之品，风味良，人尽皆知之物也"。由此看来，羽二重饼正如其名想要传达的意思一样，被认为是一种风味甚佳的果子。

如今以福井县为代表，制作羽二重饼的店铺各地可见。有无馅切成长条形的，也有抹茶馅或白小豆馅等各种不同的口味。而羽二重一词，语感轻柔，悦耳动听。

在东京，"羽二重团子"（羽二重团子出品）要比羽二重饼有名。将米粉磨细蒸熟做成团子状，有酱油口味的烧团子和带馅的馅团子。这款果子因为团子的质地细腻而得名，让明治时代的夏目漱石和正冈子规等文人赞赏有加，大为推崇。

1　解释为大叶芥子（芥菜的别称）和青海苔。

礼饼

引菓子

HIKIGASHI

一种作为谢仪回礼的果子，主要用于冠婚丧祭等四礼庆吊上。在这里按照贺仪和丧仪来分别介绍。

贺仪

入学、入职、结婚、添丁等喜庆之事，果子是必不可少的随附之物。特别是收到红白麻糬饼＊和馒头＊、干果子等贺仪的人一定不在少数。常有人会问，为什么是红白色，具体原由并不清楚。有人说是始于供奉红米和白米以祈愿丰收的传统仪式，也有说是来自源氏与平家家族的徽旗颜色（源氏为白色，平家为红色），但无论哪一种说法都缺乏说服力。

红色是太阳、火焰和血液的颜色，它在象征着生命力的同时，也是一种辟邪除厄的颜色。而白色正像它常用于神事的白色装束那样，象征着清净无垢。红与白组合在一起的美，与庆典之日相契相融，可以让人们从中感受到庆贺之意。

而馒头，不只是红白颜色的馒头，烙印着福字、寿字等文字图案的馒头或者笑颜馒头也经常被用于贺仪。后者是在表面点上红点的白色薯蓣馒头，也被称为笑万寿或者酒窝馒头。

此外，作为一种传统的喜仪品，带有松竹梅＊、鹤龟等吉祥

图案的大型高级生果子、使用镂空纸版刷印图文的羊羹等摆放在缘高（四沿较高的方形托盘）上，由果子的个数来命名，被称为“三盛”或者“五盛”。这种形式的果子如今已经难得一见，但在制果学校或制果协会的技术竞赛品评会上有时会用到。

还有一种名为“御目出糖”的果子，被用来拟作喜事庆典上的红豆饭。其做法一般是将红豆馅或者染成淡红色的馅料做成颗粒状，蒸熟成形，再撒上一些煮好的蜜豆。但是根据《新式用语之泉》（1921）的“御目出糖”条目的解说，在大正时代似乎是炒米加砂糖，也就是以兴米*，即米花糖为原料进行上色，用来代替红豆饭，再加入甘纳豆*。《日本果子宝鉴》（1916）里的“御芽出糖”也同样是用这种米花糖为原料而制成的果子。大概因为夏季时红豆饭容易馊坏变质难以利用，所以就出现了以和果子为代用品的做法。用颗粒状的馅料制作的御目出糖始于何时已不可考证，但它比米花糖吃起来方便，外观也更接近于真正的红豆饭。

丧仪

分担悲痛，怀念故人时，果子也是不可或缺之物。

过去经常会在葬礼上准备特制的大号馒头。作为葬礼馒头比较常见的、使用桧柏的金属模具烤制出来的桧叶烧馒头（如图）即为其中之一。它使用的叶片形状属于花柏中的一个品种，汉字写作“忍桧叶”[1]，所以又叫作忍馒头。此外还有春日野馒头、春日馒头等别称。也许与《伊势物语》第一段以及《新古今和歌集》(恋歌) 中在原业平的和歌有些关联。歌云：“若紫染衣春日野，我心乱如忍草纹。”

相对于喜仪馒头的红白色，丧仪馒头在关东地区是青色（抹茶的颜色）与白色，在关西地区则是黄色与白色的组合。青白之配色象征莲花*，黄白的黄则会让人联想到黄泉乡。另外，关西地区通常会用剥去外皮的胧馒头作为丧仪果子。

而相对于喜仪的红豆饭，有些地方在丧仪时会准备名为“白蒸”的糯米饭。这种加入黑豆蒸熟的白糯米饭，在颜色的搭配上也寄托了对亡者的哀思。再加上生果子和落雁*等果子的设计图案，多用莲、木莲、菊*，所以白色、绿色、黄色是普遍使用的颜色。

虽然不如过去制作得那样多，但是有些地区在举行法事或者葬礼时还会摆上料理果子。用炼切*做成莲藕、竹笋、伊达卷等造型的果子，摆放在大盘子上，或者装在餐盒中。另外，有的寺院在举行大法事时还会准备御华足（供品果子），将色彩鲜艳的落雁或馒头一层层摞成塔形，以京都的西本愿寺和东本愿寺最为有名。对于这种与东南亚的供品形式类似的果子，期待今后能够有更加深入的考察研究。

1　细碎分裂的叶片形态，像羊齿植物中的兔脚蕨，即忍草（shinobugusa）。

菱饼

菱餅

HISHIMOCHI

意为菱形的麻糬饼，是雏祭即女儿节时必备的传统果子。现在通常是红白绿三色，有一种说法称其将红色比喻桃，白色形容雪，绿色拟为草，但也并没有特别确凿的依据。

女儿节供奉菱饼的风俗自江户时代起可见[1]。使用有辟邪之意的草饼*，以绿与白的色彩组合为多，在锦绘上也可以看到这种配色的菱饼。现在在某些地方的女儿节庆祝中，还可以见到绿、白、绿的菱饼，大概就是对过去的一种留恋。记录了江户时代后期风俗习惯的《守贞谩稿》介绍说，有女儿的人家会将边长约三十厘米的大号菱饼作为礼品相送。

女儿节为什么要用到菱饼呢？有一种说法称是因为菱饼曾经使用菱角为原料。虽然现在新潟等少数地区能够吃到菱角，但在女儿节上使用菱角为原料的菱饼却未曾见到过，所以难以确定。或许根据阴阳之道，将菱形作为女性的象征一说可以解释。江户时代后期的学者藤井常枝在其所著的《年中行事秘录》中，也从阴阳思想的观点指出“粽子用于男孩节，故使用象征天空的圆形，

---

1 《日本岁时记》（1688）的女儿节装饰的图画中可以见到菱饼。

菱饼用于女儿节，则使用象征大地的方形”，着重在形状上加以说明（天圆地方）。也可以认为，菱形因为锐角尖突，意味着可以祛除厄运。

此外还有用兴米 * 和饴 * 糖做成菱饼形状的果子。

什锦干果（吹寄）

吹き寄せ

FUKIYOSE

所谓吹寄，是在形容被风吹拢在一起的东西时所用的词语。由此引申为荟萃了各种物品之意，即什锦。在烹饪用语中，有“什锦汤”“什锦锅”“什锦饭”。每一种都像五彩拼盘一样，使用了很多种材料。

在果子里，吹寄一般多指各种小煎饼 * 和米花糖 * 的组合集锦。有抹茶或生姜口味的，有彩色的，或者加一些小鱼干和昆布之类，因五彩缤纷、口味多样而受到人们的喜爱。

如果是秋天的什锦干果，一般是将制作成红枫叶、黄银杏 *、

绿松针 *、松球、灰色菌菇等形状的工艺云平 *、打物、有平糖 * 等果子混合在一起，用来象征秋天的感觉。它让人联想到秋天的植物被汇聚在一处时的景象，情趣风雅，很适合用作山间手信。为配合赏秋氛围，用果盘或小竹篮盛装，更添闲情逸致。另外，吹寄作为茶席上的干果子也备受欢迎。

吹寄作为一种纹样，也出现在和服和器物的设计中。这种纹样是指将各种植物花纹铺散其中,装饰点缀。吹寄有时会写作“富贵寄”，是一种可以召唤幸福的纹样。

芳露

ぼうろ

BOLO

也写作房露、宝露，是一种南蛮果子 *，源于葡萄牙语 Bolo。它原本是指以蛋糕为代表的果子的总称，虽然并不属于特定的果子名称，但在日本，多指用小麦粉、砂糖、鸡蛋、牛奶为原料制作的圆形的烘焙果子。

芳露刚传入日本时，制法不明，但查阅《古今名物御前果子秘传抄》等江户时代主要的果子食谱可以发现，有记录表明，芳露是用小麦粉和砂糖加水揉和，切成各种形状以后烘烤而成。目前没有找到使用鸡蛋的例子，似乎是因为加鸡蛋会影响膨胀和烤出的色泽。但是切分面坯的时候使用的工具让人印象深刻。在前述的《秘传抄》“宝露”条目中有这样的介绍——“小圆金属 旋之如车轮 附图”，可以想象，是现在切水果挞的时候使用的那种圆轮状的工具。芳露的制作方法与卡斯特拉一样，需要上下火双面烘烤，使用名为“引釜”的烤炉。大概是见习过葡萄牙人的制作方法，日本便也在工具上下了一番功夫。

《名代干果子山殿》（虎屋藏）所描绘的花芳露。头顶引人注意。

芳露（有时汉字也写为“保宇留”）有各种各样的种类。看《男重宝记》（1693）中所登载的果子类，可以见到“芝麻芳露”“豆芳露”“板芳露”等名称，大概是在原料中加入了芝麻和大豆

（也或许是黄豆粉）等食材。并且，江户时代经常会制作皇冠形状的“花芳露”[1]。这种果子除了在黄表纸《名代干果子山殿》（1778）中以山殿之家臣的身份出现，在山东京传所著的《小纹裁》（1784）中，也与类似于菊落雁的图案组合在一起进行描绘，可见在当时非常受欢迎。“花芳露拿来当眼镜 宠子狂”（《柳多留》），读着这样的川柳，眼前不由得浮现出拿着花芳露去哄逗孩子的情景，令人哑然失笑。花芳露曾经是人们非常熟悉的一种果子，也做过很多花样，比如在长方形的面坯上用刀细细地划出裂缝等，也许因为太费功夫，所以渐渐失传。

如今还保留着同样果子的地区大概只有冲绳了。名字也叫花芳露（花球），是用蛋黄加砂糖、小麦粉混合，再用刀划出刻痕，做成白云青草的形状，再烘焙而成。但是市面上销售的产品已经都是非常简化的形状了。江户时代的锦绘等物上曾经出现过的皇冠形芳露如今早已不再制作。而形状有些类似的大概要数冈山县用麻糬果坯制作的供品果子“花饼”（在日莲上人的忌日制作）和不丹饼干 khapzay，但是三者之间的关联不甚清楚。

如今，使用荞麦粉的京都荞麦芳露、佐贺县常见的使用了大量鸡蛋的酥软的圆芳露以及幼儿喜食的小巧可爱的玉子芳露等较为常见。朴实的外形，怀旧的风味，古今无不同。

---

[1] 可以见到花芳露详细制法的史料有《意地喜多那志》（1854年，东京国立博物馆・西尾市岩濑文库藏）。

松风
松風
MATSUKAZE

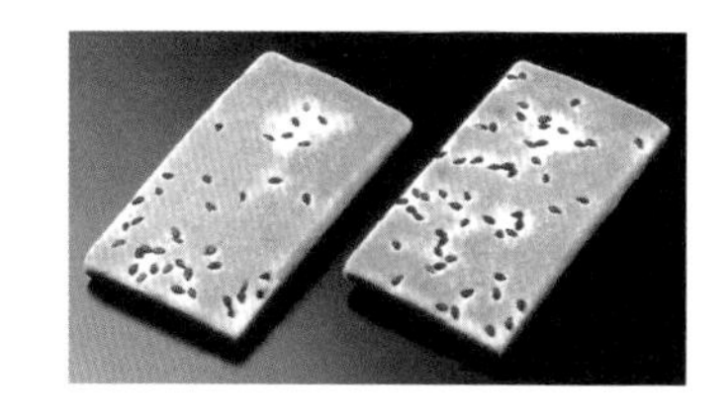

虽然许多果子都叫松风，但有的是薄薄的煎饼*状，有的则像是切开的卡斯特拉*风格的烘焙果子，种类多样。其中比较罕见的有形似卷轴的奈良卷物形松风（云水堂出品），以及将长条果坯拧成螺旋形的冲绳大松风等。很多松风的共同特点是只在表面撒有罂粟籽或者芝麻，背面不做任何加工和点缀。从《橘庵漫笔》（1803）等书的记述中可以看出，“松风之音江浦（背面）寂”，松风之果，是因这种极富风情的描述而得名。

也有一种看法认为松风的原型是麸烧（第195页）。确实，如果麸烧不卷而烤之，表面撒上罂粟籽和芝麻即成松风，不过千利休年代的茶会记上并没有出现松风这种茶点。同时代虽然有制作兵粮的传统，但是各地将松风作为一种果子开始多样化制作，却是在江户时代。在《古今名物御前果子图式》中，可以见到其制法为白砂糖加清水熬煮，再加入小麦粉搅拌，置入柳木盆中，冬季放七天，夏季放三天，然后加入白砂糖混合均匀，倒入锅中撒上罂粟籽，上下火双面烤制。这大概就是卡斯特拉式的松风吧。加入白味噌就是味噌松风，可以说是极具日本风味的一种烘焙果子。

随着时代的推移，夏目漱石的《虞美人草》中曾经出现过这样的描写："总之，老爹最讨厌洋点心了。他对柿羊羹、味噌松风之类古里古怪的东西倒是情有独钟。"而"松风"之名，也是能乐的曲目和《源氏物语》的帖名之一，可见其与古文经典渊源颇深。也许漱石敏锐地体察到日益西化的世事动向，故意端出了松风之名。

▷参考文献：中井真野《关于松风》，《和果子》第二期（1995）。

馒头

饅頭

MANJU

作为和果子的代表而为人所熟知的馒头，与羊羹*一样，其实都是诞生于中国。馒头是镰仓至室町时代留学中国的禅僧等人带回日本的点心*之一，关于其传入的过程有两种说法。

第一种，是镰仓时代中期的禅僧圣一国师（圆尔）在仁治二年（1241）由宋回国，将酒馒头的制法传给了博多的茶店店主栗波吉右卫门。这种馒头因店铺的屋号[1]而被称为虎屋馒头，进而推广普及起来。吉右卫门的招牌“御馒头所”，虎屋有缘保管（吉右卫门与虎屋之间的关系不明），据传是国师亲自挥毫所书。另外在博多的承天寺，一直将国师奉为羹·馒·面的传入使者而祭拜。而在以国师为开山祖师的京都东福寺，还藏有一幅《水磨之图》（《大宋诸山图》所载），画的是用水磨（碾硙，石臼）将谷物磨成粉的过程，可见国师也将小麦粉的制粉技术带回了日本。

馒头传入的另一个说法是观应元年（1350）左右东渡日本的林净因在奈良开始制作。这是使用膨胀粉或者山药制成的一种馒头，林净因归化之后，其家族开始使用盐濑这一姓氏，所以这种馒头以盐濑馒头之名而为人所熟知。

但是，日本的馒头起源从这两种说法还可以继续往前追溯。在曹洞宗的开山祖师道元的《正法眼藏》中，仁治二年《看经》的段落中有这样的记述：“点心供于斋前。（中略）或者馒头六七个。羹一份，分与每个僧人。”由此可知，馒头在寺院叫“点心”，也就是说作为一种点心来食用。看来也有必要考察一下馒头在寺院的利用记录。

馒头在传入日本的时候，那时砂糖还是价格昂贵的舶来品，所以当时的馒头应该不会加甜红豆馅，应该是无馅或者是包着蔬菜等煮熟的馅料。到了后来，在《七十一番职人歌合》（1500年

---

1 屋号，以整个家族为单位的称谓，根据宗族或家族的特征而取。

左右编撰）中，卖馒头者的画上写有“砂糖馒头、菜馒头皆为良蒸之物”，似乎将加糖的馒头特意区分开来，引人注意的是馒头皮上还点着朱红色圆点。在室町到江户时代画中的馒头，时常可以见到这种红点。这也许是从中国传来的风习。据说馒头的原型是一种被称为十字的食物，早前是在表面上标注十字印记（或许为裂纹），后来变成了红点（《嬉游笑览》等）。

那么，甜红豆馅的馒头是从什么时候开始兴起的呢？江户时代初期《醒睡笑》[2]的第七章《舞》中有这样的描述：“端出馒头作果子，‘此果中小豆斗入，位极高。如我等者之赏禄难有’，取而食之。又道‘砂糖馒头乃近来之物，并无谱系。世间常者皆思其为美味’。”由此可见，在当时，馒头可谓高级品，而红豆馅的馒头庶民也有机会可以品尝到。就这样，味道甘甜的馒头渐渐渗透到各地，开始出现材料、味道、制法多样的馒头。笔者在下文举其中一些主要的馒头为例。

因原料而得名

木芽馒头：将山椒的嫩叶“木芽”置于表面的馒头，气味芬芳，碧绿醒目。

葛馒头：使用葛粉制作的馒头，透过半透明的面皮可以看到

---

2 安乐庵策传于元和九年（1623）七十岁的时候开始将幼年时起听到过的笑话整理归纳，于宽永年间（1624—1644）编撰完成。其内容可以追溯至江户时代以前。《汤山联句钞》（1508）中有“馒头的馅中有红豆和砂糖”的字样，可以察知甜红豆馅的存在，但是对史料的写作时期与释义有进一步考证的必要。

里面的馅料。也叫作水仙馒头（第369页）。

栗馒头：以切成碎粒的栗子和甜煮栗子为馅料的馒头，或者是栗子馅的烤馒头。

酒馒头：面坯使用了酒曲，一种香气甚佳的馒头。

薯蓣馒头：擦成泥的薯蓣（捏芋山药）与米粉（上用粉、上新粉等）混合在一起为面坯。做出的馒头雪白美丽，也叫上用馒头，以示其高级之意。

荞麦馒头：使用荞麦粉做面坯的馒头。荞麦色泽朴实，味道浓郁。

茶馒头：面坯中使用了煎茶或抹茶的馒头。

麸馒头：生麸中包入馅料的馒头，多用箬竹叶卷裹。

因形状而得名

田舍馒头：形状不规整，带有古早气息的馒头，多使用小麦粉为原料。

薄皮馒头：外皮很薄的馒头,看得到部分馅料的也叫吹雪馒头。

胧馒头：将蒸好的馒头剥去外皮，以见月色朦胧的风情。在关西地区，黄白色的胧馒头用于佛事活动。此外，某些茶道流派会在三月利休忌日的茶会上准备黄至茶色的胧馒头。

织部馒头：洋溢着织部烧*风情的馒头（第321页）。

高腰馒头：相对于一般小判形的馒头来说，是比较高的馒头。

其他

温泉馒头：在温泉街售卖的馒头。有说法称其始于用温泉的蒸汽蒸制而成，但并不确定。其口味因地而异，也有的会在面坯中加入温泉水。

唐馒头：以小麦粉、砂糖、鸡蛋等为原料烘烤出来的馒头（第 122 页）。

水馒头：使用葛粉和寒天制作的具有透明感的馒头。

利休馒头：也叫作久馒头，原料中加入了红糖。因近似于侘茶之大成者千利休所钟爱的颜色而得名，但因红糖的产地在琉球，故还有另一种说法，指其由琉球馒头的发音逐渐演变而来。另外，使用红糖的馒头还有因产地奄美大岛而得名的大岛馒头。

水羊羹

水羊羹

MIZUYOKAN

酷暑难当的时节，自然会想吃一些清凉润喉的水羊羹来解暑。水羊羹比一般的羊羹 * 水分要多，作为夏季的常规果子而备受欢迎。但就像随笔《橘窗自语》(1801)中所描述的那样，“软羊羹叫作水羊羹”，可见在江户时代，多是指口感柔软的羊羹，并不具有今日冰镇之后食用的清凉意味。江户时代出版的果子食谱中没有水羊羹的条目，但是在《平安二十歌仙》(1769)中有“水羊羹之寒齿口感”的字样，此外从虎屋的史料中也可以得知 18 世纪就已经有制作水羊羹的史实。

当时的羊羹是蒸羊羹，可推断水羊羹中也使用了葛粉原料，但也有使用寒天的例子[1]。从量产化和品质管理的方面出发，昭和时代以后，人们开发出了使用寒天的罐装与盒装水羊羹，并越来越多地开始将其用于夏季礼品。而在口味方面，有抹茶、红糖、桃子、草莓、柚子等口味，种类丰富。

水羊羹是夏天的季语，但是有的地方冬天也食用水羊羹。福

---

1 明和年间(1764—1772)的《调味杂集》(和田文库藏)可见。在创制出使用寒天的炼羊羹之前，值得关注。

井县就是其中的代表，红糖风味的水羊羹装在便当盒似的方形纸盒中，是当地名产。在返乡客大增的新年前后，需求量很高。或许因此缘故，冬季制作水羊羹的店铺似乎也在增加。

霙羹

みぞれ羹

MIZOREKAN

雨夹融雪一同降下的自然现象称作霙。虽然是属于冬天的季语，但是果子里的霙羹却是一种夏季食品。其做法是将加了砂糖的寒天液与加了水的道明寺粉混合搅拌之后注入容器中使其凝固，透明的羹体中可以见到一颗颗道明寺粉粒，恰似霙粒，给人清凉之感。《枕草子》第232段中有云："天降之物，或雪，或霰。虽不喜霙，但夹杂在纯白的雪中簌簌而落，却也有趣。"不知清少纳言对霙羹又会作何感想呢?

说到霙，奈良特产的"霙酒"（也称为霰酒）似乎比果子更让人觉得熟悉。酒液中混有尚未完全溶解的酒曲的颗粒，用以暗喻降霙之态，外观看起来与霙羹相似。想到烹饪用语中也有“霙合”（拌萝卜泥）等词语，看来日本人非常喜欢这种情调。

江户时代的主要果子食谱中虽然没有“霙羹”之名，但是在《果子话船桥》中，却可以见到将“唐雪白砂糖、新磨煎粉、极上微尘粉”混合在一起制作“美楚礼粔”的制法。或许是特意将不规整的颗粒原料混合在一起，以达到更加近似于雨夹雪的霙粒状态，这是一种今日已经不得而见的兴米*粔籹，希望有朝一日能够再次现身于世。另外，霙作为刨冰的一种别称也很深入人心。“宇治霙”“冰霙”等，光是听到这些名字就会感觉暑气已远。

水无月

水無月

MINADUKI

水无月是旧历六月的别称，而对于京都人来说，它却作为一种果子的名称而让人感到亲切。这种果子在六月三十日的夏越之祓不可或缺。该果子呈三角形，果坯似外郎*，上面覆以蜜渍红豆，简单朴素。个别店铺全年有售，但到了六月，则会出现在很多果子店的店头。销售最旺的是在六月三十日当天。

> 六月祓
> 度夏之祓
> 行之延命至千岁
>
> （《拾遗和歌集》贺 · 佚名）

正如这首和歌所揭示的那样，夏越之祓是可以上溯至平安时代的传统活动，现在也依然在京都的上贺茂神社、北野天满宫等各神社举行。参拜者为祓禊除厄，需要穿过茅草或稻草扎成的草环，或制作纸人替身，并放在神社境内的小河中任其漂走。

从《多闻院日记》等室町时代学人僧侣们的日常记述文字来看，夏越之祓当天还有进食小麦饼的习俗，大概是为了庆祝麦子的丰收。江户时代，虎屋也向宫廷进奉蒸饼。

这些节日食品应该与“水无月”存在着一定的关联，在江户时代形状多样，发展到今天这种三角形并固定下来，似乎是在进入昭和时代以后。京都三条若狭屋第二代藤本如泉著有《日本的果子》（1968）一书，根据书中的记载，水无月的创制源于京都果子店的智慧。江户时代的《蒟蒻百珍》（1846）中的“早水无月”（三角形的蒟蒻上浇以拌了砂糖的红豆）等料理，或许也可以成为参考。

至于为何它的形状为三角，有的说它代表河川两岸立着的斋串币帛，也有的将它与六月一日的冰室节[1]关联在一起，称其被用来表现冰＊的形态。而大量使用红豆，与红豆极富营养价值以及红色外皮可以辟邪的民俗信仰不无关系。

1 冰室节，江户时代的节日之一，在暑气正盛的旧历六月一日，用前一年储藏的雪水制作折饼（煎饼）食用。

▷参考文献：浅田广美《水无月考》，《和果子》第九期（2002）。

麻糬饼

餅

MOCHI

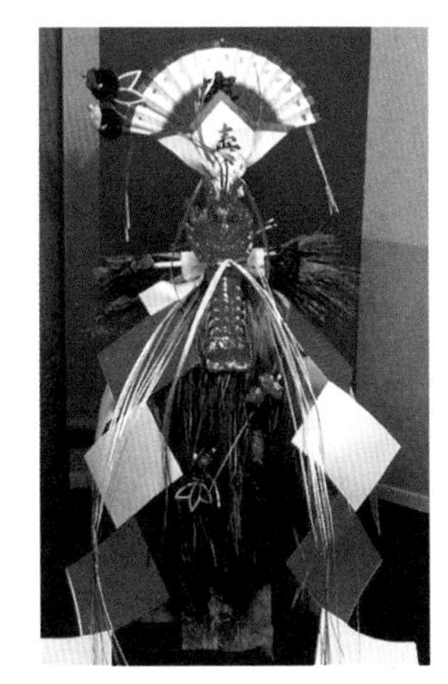

如果从原料方面来探讨和果子的原型，首先会想到的应该就是麻糬和团子＊。说到麻糬，应该首推用蒸熟的糯米舂捣而成的糕饼。这种黏性很强的雪白糕饼，自古以来就作为一种神圣的食物用来供神，饱含着五谷丰登和人丁兴旺的心愿寄托。翻看平安时代的古典文学著作，便可知麻糬这种名为“饼”的食物在过去的贵族社会受到重视的程度。以正月的饼镜（现在的镜饼）为起始，祝福孩子出生后第五十天和第一百天的贺饼、成长（出生后第120天的初食日以及五岁之前的正月新年）的戴饼、庆祝新婚之喜的三日夜之饼、上巳节的草饼*等，在人生的重要仪式和年节祭典时都不可或缺。如今，麻糬饼作为节日必备糕点的风俗早已在全国各地根深蒂固。新年正月的镜饼和杂煮、三月的菱饼*可谓其中的代表，而祝贺添丁、祝福成长、房屋封顶、庆祝丰收以及神社寺院的各种祭祀活动等，也都广泛地用到了麻糬饼。在关西地区，一般以圆饼麻糬居多（汁粉等也用圆饼），但不同的地域根据不同的用途，麻糬的名称和样子也各不相同，有红白双色的鹤（鸟）子饼（蛋形的伸饼。也有用素甘*制成的。第104页）、写着寿字的椭圆形麻糬饼、用于祭神仪式的草鞋般大小且形状扁平的牛舌饼（沓形饼）、币帛形的御币饼等。

在麻糬当中，用稻米之外的其他原料舂捣而成的糕饼自古有之，在正仓院文书《淡路国正税账》的天平十年（738）的记录中可以看到大豆饼、小豆饼等名称。并且，除魁蒿这种常见的配料，各地区还将当地独有的特产诸如芝麻、松子、榧子、橡子、核桃、青豆等加入原料中制作麻糬饼。

相对于用糯米制作的麻糬饼，用粳米等其他原料制作的糕饼也都称为“饼”。用新粉制作的柏饼*、用小麦粉或者道明寺粉制作的樱饼*、葛粉制作的葛饼*、蕨粉制作的蕨饼*、黄米制作的粟饼*等，这些饼坯多少都带着一些黏度的果子，基本上都被归为饼果子类。外郎*在过去也曾被叫作外郎饼，由此可见饼果子的范围之广。

查其字义可知，“饼”原本是指用小麦粉制作的食品。因此，遣唐使带回来的唐果子*中的索饼、饼餤等都是小麦粉制作的，在日本，逐渐开始将麦子以外的谷物粉制作的果子也冠以“饼”的称呼。

此外，饼果子还分为无馅（切饼、鹤子饼、海参饼、原味饼）、内馅（柏饼、大福*）以及外馅（萩饼*、馅衣饼）等种类。而冻饼（冷冻糕饼脱水干燥之后的果子）和切薄烘干的欠饼、折饼等作为可长期保存的储备食品，从过去就有制作。说到欠饼，恐怕很多人都有将镜饼的霉点去除之后切成长条，油炸之后当作零食吃的回忆。如今，利于保存的真空包装镜饼的出现，让这种吃法渐渐被忘却，也不得不说是一件憾事。

饼花

餅花

MOCHIBANA

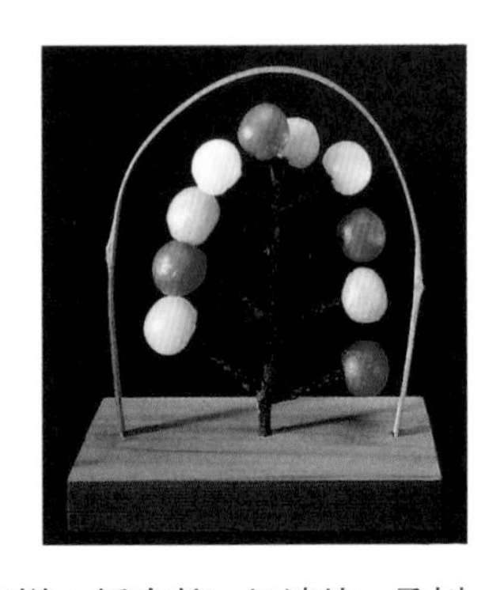

在日本，有将红色白色的小麻糬饼＊插在柳、红淡比、桑树的树枝上，用来祈祷家人的健康和稻米等农作物的丰收的习俗。在正月新年或小年、初午[1]那天，人们将其或垂吊于天花板，或悬挂在檐下（尤其与小年的关系比较紧密）。在养蚕业兴盛的地区，茧玉之名比较普遍。从枝头垂下的麻糬饼或者最中＊做成牛、鸟、小金币或荷包的形状，有的地区还对颜色也加以考虑，做得像圣诞树的装饰一样缤纷豪华。并且在有的地方，会在一月下旬、女儿节以及旧历六月初一冰室节[2]那天，将用于饼花的麻糬饼从枝头摘下，煎而食之。

喜欢戏剧的人，大概会想起由近松门左卫门《夕雾阿波鸣渡》改编的吉田屋喜剧《郭文章》。迎接新年的捣年糕活动已经结束，大阪新町的吉田屋舞台上，宴席的柱子和天花板上挂满了红白色的饼花。在这里，夕雾和伊左卫门的爱情故事正在上演。夕雾是

---

1 初午，每年 2 月的首个午日。

2 过去在这天会向宫廷和幕府进献冰室之冰。

才貌双全的绝世美女，伊左卫门是被父母斩断亲缘、遭遇坎坷的青年。经历了一番迂回曲折，二人最后喜结连理，饼花营造出来的华丽气氛也有力地烘托了皆大欢喜的剧情。

如今，在东京已经很少能够见到饼花，但是在江户时代，目黑不动尊（泷泉寺）的饼花特产却颇为有名。《江户名所图会》（1834—1836）中记载了“正五九月的二十八日，前日终夜群拜甚赈。（中略）粟饼、饴以及饼花之类，卖饼鬻饴者众”。这种饼花，如果参考黄表纸《金金先生荣花梦》（1775）的记述，可知是用竹条做环，将红、白、黄色的麻糬饼像花朵一样装饰在上面（图片为原物再现）。锦绘中也描绘了这样的画面，曾经还是目黑不动尊的特产，却不知从何时起不再制作了。

最中

最中

MONAKA

最中的做法是将麻糬饼＊擀薄切开，用模具烤酥作皮，夹上红豆馅的果子。为什么要叫最中呢？单从字面来看似乎有些令人费解。

所谓“最中”，指中心、正中之意，平安时代的歌人源顺有一首和歌曾这样吟咏：“默数月浪水面照 秋之最中在今宵”（《拾遗和歌集》秋）。这个“秋之最中”指的就是八月十五的夜晚，是与中秋明月颇有渊源的一个词语。最中果子最初也制成圆形，以喻满月。其始见于江户时代，是果子司竹村伊势出品的“最中之月”（阴历十五的月亮。意为满月），该店开在新吉原中之町，故川柳中也有“吉原竹中见月出”（《柳多留》）的句子，可见“最中之月”名气之大。

而实际上最中是什么样的果子呢？大概可以参考洒落本《赞极史》（1789—1801 前后）中的一段对话：“我吃过一种奇怪的果子。（中略）白白圆圆的。放到嘴里就神奇地融化了。”“那种果子叫最中哦！”从中可以看出，最中是白色、圆形且口感软糯的一种果子。再往后，在《果子话船桥》的《水之月》条目里，也有“似最中之月的饼之烧种”的字句，大致可以想象出，说的是类似于麸烧煎饼一样的东西，接近于现在的最中外皮[1]。

另外，《江户买物独案内》(1824)等资料显示，一种名为“最中馒头”的果子曾经在日本桥制作，其做法大概是把馅料夹在像“最中之月”一样的皮中间。可以推断，这种果子后来渐渐地省略掉了馒头二字，开始只叫作最中。

我们现在见到的最中不仅限于圆形，还有植物、动物、器物等各种形状。利用模具，什么形状都能够制作出来，于是就出现了可称为当地特有的名产最中。必须认识到的一点是，最中的皮都是以小巧的长条形状为基础。将糯米磨成粉蒸熟，捣成麻糬饼，擀薄，切成长条形放在模具中，点火烤制，依模具膨胀成各种不同的形状。如果仔细看最中的表面，可以发现上面还留有长条形状的痕迹（麻糬痕迹）。麸烧煎饼也会有同样的麻糬痕迹，说它们二者是亲戚关系亦非不可。

另外，因为最中的皮制作起来比较费工，所以会外包给专业的商家。而专业商家多以“种屋”为屋号，用做好的最中皮夹裹白馅、莺馅、红糖馅等，因店而异，但最重要的是皮与馅组合在一起时才会出现的绝妙口感。考虑到水分的平衡，经常会使用名为“饴馅”（杵馅）的、含有水饴的馅料。此外有的店铺还会将皮

1　幕府末期《江户商卖绘字典》中对于“最中之月”的解释为“内入馅料者也，谓角窗之月”，可以推断后来制作了加入馅料的最中。

与馅分开售卖，可以根据自己的喜好调整馅料的用量，使之与外皮酥松的口感形成最完美的组合，颇受欢迎。

桃山

桃山

MOMOYAMA

在白馅中加入蛋黄、寒梅粉、水饴等原料揉和成果坯，包裹馅料做出形状之后烤制，便能制成桃山。加了鸡蛋的暖黄色调的果坯比较有特点，在造型上以菊*、栗子*形状为代表，有各种尺寸。桃山里面的馅料有蜜渍梅子或金橘，有时会是整颗栗子仁，重视追求口感上的各种变化。

桃山的由来一直是个谜。《果子事典》(1953)中有这样的记录:“据说该果子起初是在名为‘瓦糕’的果子上印上桃山御殿的瓦形标志，此后便开始被称为‘桃山’。”这段文字堪称宝贵，但其中最关键的“瓦糕”却没有任何相关资料，无法考证。文中的“桃山御殿”是指文禄年间(1592—1596)丰臣秀吉在京都伏见建造的伏见城。伏见城于元和五年（1619）成为废城，在旧址上栽种有大量桃树，所以冠以桃山之名。

桃山，这个非常具有历史感的果子名称，在江户时代的主要果子食谱中却难觅踪迹。在《东京风俗志》（1898序）中作为一般果子的名称出现，可见在明治时代，东京已经有制作桃山，但是从地名来看，或许京都的风雅茶人才是冠名之母。此外，在《和洋果子制法》（1907）中，可以见到“桃山”和“新桃山”的制法。后者不是用白馅而是以红薯滤粉为主体馅料，但也并未流传下来，而是逐渐销声匿迹了。

烤红薯

焼芋

YAKIIMO

将烤红薯归入和果子中是否合适，笔者也曾迟疑，但烤红薯确实作为一种日常小吃而让人倍感亲切。在寒冷的冬季，走在夜路上，听到街上传来“烤红薯哎——新鲜出炉哎——”的叫卖声，

就会想起它热乎乎、甜糯糯的滋味，身心也会随之暖起来。烤红薯店是在江户时代宽政年间（1789—1801）出现的。当时的做法是使用焙烙土锅进行蒸烤，不只是路边摊，还有专卖店。合其“(味）近似于栗（音同“九里 [kuri]”)”，却“比栗（音“九里四里 [kuriyori]”）美味”之意，有的店铺会在屋檐下挂着的行灯上书“八里半”或者“十三里”。不过，因为烤红薯是冬季的小吃,所以到了夏季,小店会做其他的生意,变成西瓜店或者扇子店,这在川柳当中也可探知一二。

在烤红薯店出现时出版的《甘藷百珍》(1789）中，除了埋在滚热的稻草灰中的烤红薯之外，还有“红薯馒头”(包着红薯馅的馒头）、“红薯煎饼”(烤或用油炸红薯干）等，可以看到使用红薯的各种果子制法。

川柳中有“老婆大人第二喜欢的是红薯”之句（川柳评万句合），可见从很早开始，红薯就是女性喜爱的食品。现在无论西点还是和果子，使用红薯的糕点一直是女性当中的人气食品，甚至还有特定产地的盒装烤红薯，包装精美华贵，会让人误以为是珠宝盒，曾一度引起消费者的热议，可见烤红薯给人的印象也在发生变化。而掰开之后薯肉呈紫色的烤紫薯，今后也会更加普及起来吧。

柚饼子

柚餅子

YUBESHI

顾名思义，是使用柚子＊制作的一种果子，其形状和制法因地域不同而千差万别。但是经常出现在食谱里面的，基本上是丸柚饼子。在《合类日用料理抄》（1689）中，可以见到将柚子的果肉挖出，加道明寺糒、白豆沙味噌、白砂糖，蒸制之后阴干的制法。在《本朝食鉴》（1697）中也可以见到同样的制法，从“柚边志，或作成柚压”的记述来看，边志（beshi，饼子）也有压下之意。

另外，在《古今名物御前果子图式》（1761）中有丸柚饼子的制法，值得注意的是，使用的名称为“柚饼”“千代见饼”。“千代见”一词有长寿之意，借此来强调柚子有益于健康的特征。现在制作这种丸柚饼子的地区以石川县轮岛市较为著名。切成薄片细细品尝，具有野趣的风味非常适合作酒肴。

另外，柚子皮与米粉、糯米粉、砂糖、核桃等原料混合蒸制，用竹皮包裹做成条棒状的果子，以及用相同的原料做成的羽毛毽子（板羽球的毽子）形状或者方形的果子在全国各地都可以见到。仙台的胡桃柚饼子据说还曾经是伊达政宗的兵粮，但令人感到惊奇的是并没有使用柚子，或许在制作过程中柚子被渐渐省略掉了。

在文献记载方面，侍奉宫中的女官所写的《御汤殿上日记》中，文明十六年（1484）三月十八日的“收柚饼子等”记述是较早的例子，可见柚饼子作为礼品也被送到了宫中。但是，这里所说的“柚饼子”又会是什么样的东西呢?

▷参考文献：吉田真野《柚饼子的发展过程——变成甜柚饼子之前》,《和果子》第五期(1998)。

羊羹

羊羹

YOKAN

羊羹明明是果子，为什么要用羊字呢? 说到羊羹，这是一个经常会遇到的问题。羊羹原本就如其字面意思一样，是含有羊肉的汤羹。在中国公元前的文献《史记》中曾记载了这样一个故事，据说宋国将军华元在战前分发羊羹以犒劳将士，但却因为没有分给车夫而遭到怨恨，后来被车夫带入敌阵之中成为俘虏。或许，羊羹曾是一道比较奢侈而美味的菜肴。

羊羹传入日本是镰仓至室町时期的事情。作为点心*之一而被留学中国的禅僧们带回日本的，除羊羹以外，还有鳖羹[1]、猪羹、驴肠羹等各种羹类点心，当时的做法不详。但在永正元年（1504）附有跋文（有说是后世补笔）的《食物服用之卷》中，有“一 鳖羹余其足、手、尾、颈。由甲功夫也”等食用方法的记述，可推测其为一种仿荤食物。因禅僧禁食肉类，所以使用植物原料做出模仿肉类的料理。羊羹也是将红豆、小麦粉、葛粉等原料混合蒸熟凝固，使其在外观上近似于羊汤的颜色和形态。作为一种点心而传入日本的羊羹，是后来足利将军、织田信长、丰臣秀吉、德川家康等贵族飨宴菜单上的一道料理，也是用于法事和佛事的菜肴，或者作为茶席上的果子。当时的羊羹与今日的蒸羊羹比较接近，江户时代以后，渐渐增加其甜味，之后它便作为一种甜品博得了较高的人气。

从果子样品册上可以了解到，元禄时代曾制作过原料中加入榧子或山药并在截面的设计上寻求变化的羊羹。另外，在图说百科事典《和汉三才图会》（1712序）中，今日所见的包裹着竹皮的羊羹画面，颇引人注意。但是对于羊羹来说，最划时代的改变

---

1 江户时代的有职故实家伊势贞丈的《贞丈杂记》（1784年左右成书）中，有用现擦的山药泥和砂糖、红豆粉、小麦粉混合在一起蒸制而成的龟甲形羊羹。该书中还有其他几种羹类的制法。

就是寒天被发现以后，江户发明创制出使用寒天的炼羊羹[2]。最早的产品可参考《嬉游笑览》（1830序），据书中记述是宽政年间（1789—1801）由“红粉志津磨”（红谷志津摩）最早制作出来，《北越雪谱》（1836—1842）和《蜘蛛丝卷》（1846）则将宽政初年制作的喜太郎羊羹作为最早出现的炼羊羹。该红粉志津磨的主人应该就是喜太郎。

炼羊羹拥有以前的蒸羊羹所不曾有过的细腻口感，在各地普及，并开始出现草莓、西瓜、葡萄、味噌、酱油等各种不同的风味。因为其保质期较长所以被作为馈赠佳品，如今羊羹的主流已经完全变成了炼羊羹。关于它的魅力，夏目漱石在《草枕》中将它比作“一件美术品”，而谷崎润一郎在《阴翳礼赞》中形容它具有“冥想性”，他们都将自己的感想变成了优美的文字。

---

2 安永二年（1773）十月十二日，加贺藩主前田治脩的江户在府中日记《太梁公日记》中有炼羊羹，酒井宗雅的茶会记《逾好日记》天明七年（1787）十二月二十六日的记录中也有“炼羊羹”字样，可作为初出之年。

落雁

落雁

RAKUGAN

落雁是将糯米和麦子等谷物的粉加砂糖类混合，倒入模具中之后，打制出来的干果子🍃[1]。每年彼岸节期间，菊花＊或莲花形的落雁就会出现在超市以及和果子店的店头，但是为什么要叫落雁呢？

关于这个名字的由来众说纷纭，有说是源于中国的果子“软落甘”（《舜水朱子谈绮》等），但该果子的原貌已难获知。《类聚名物考》（1780）中有描述为，“本因近江八景之平沙落雁而名，用白色碎米与黑芝麻拟沙地上大雁成群之景”。按照这种解释，落雁是根据潇湘八景（中国的潇水和湘水附近的八处美景）中的平沙落雁和近江八景里（学习前面的潇湘八景的近江佳景）的“坚田落雁”展开联想，用黑芝麻来隐喻大雁成列降落的情景。这些景致作为绘画和诗歌的题材而广为人知。也许因为这个缘故，后阳成天皇（1586—1611在位）见到献上的落雁，吟出了“果名高于白山雪 四方千里落飞雁”的歌句（《语理语源》）。从史料上来看，天正九年（1581）六月十六日，织田信长款待德川家康时

🍃1 分为押物和打物。同样的东西，有打果子、白雪糕、粉果子、口砂（沙）香（长崎县）等不同的称呼。

的菜单上的落雁为较早出现的例子(《御献立集》庆应义塾大学图书馆藏)。另外，宽永十二年(1635)，与羊羹*和馒头*一起，虎屋还向宫廷御所进奉了落雁。在茶会记中,《松屋会记》正保五年(1648)三月二十五日的记录里，招待金森宗和和松屋久重等人的茶会上也可以看到其名。

初期的落雁想来只是单纯的圆形或方形，渐渐地开始在造型设计上下功夫。《合类日用料理抄》(1689)中的果子类“落雁”条目中,有“用木铲将右边的砂糖道明寺混合嵌入雕刻有菊、扇、草、花生类各种形状的木模，敲打木模可得落雁”这样的记载。可见在那时，落雁的设计就已经有植物、日用品、动物等，开始多样化起来。

江户时代后期，随着制造技术的提高，落雁开始越来越多地被用于礼品，风格豪华之作曾盛行一时，据史料记载，纪州藩第十代藩主德川治宝曾请和歌山县的总本家骏河屋制作了非常气派的大型落雁(现和歌山市立博物馆藏)。纪州风景名胜和笔砚造型的木模等制作技术之精华技压群雄，而曾为江户幕府御用的金泽丹后等店的果子绘图中也可以见到精致而有创意的落雁形象。此外，落雁也用于茶会、供品、零食，受到了普通百姓的欢迎。特别是探望天花病人时，因为红色有祛病之意，所以大红色的鲷鱼*和虾*等形状的落雁非常受欢迎。读曲亭马琴的《马琴日记》(1826—1848记)，可知落雁也经常被用于探亲访友时的礼物。

明治到昭和年间，典礼或红白之事等场合会用到各种不同造型的大型落雁。在砂糖还很贵重的时代，落雁应该是一种较为难得的食品，但在今日，落雁主要被制成小巧精致的干果子，用于茶席或者作为彼岸节期间的供品。

▷参考文献：德力彦之助《落雁》（增补改订版），三彩社（1975）。

六方烧

六方烧

ROPPOYAKI

六方烧是一种带馅的烘焙果子，外形是像骰子一样的六面体，原料多以小麦粉、鸡蛋、砂糖为主，也写成字面意义更佳的六宝烧。有的店铺像金锷 * 一样单个起售，也有的店铺做成一口一个的尺寸，非常小巧，八至十个装成一袋出售。

呈现江户时代后期大阪样貌的《浪华百事谈》中有这样的语句："今诸方饼馒头屋及小摊也制售此骰子形果子，今称之为六方烧，前此为江户金锷是也。”由此可推测，这种类似于现在的方形金锷的果子，在大阪过去叫作“江户金锷”，后来才开始称为“六方烧”（关于江户的六方烧具体不详）。它起初是像金锷一样的果子，渐渐地，面坯中加鸡蛋的制法开始逐步推广起来。

原本“六方”是指东南西北四方再加上和下，但在江户时代还具有其他的意思。例如，如果说到“六方者”即为男人味十足，“六方姿”是指六方者英俊的外表，“六方词”是指粗犷豪迈的用词表达。歌舞伎的《劝进帐》中，弁庆经过花道退到幕后时的表演也是六方。挥手展臂，腾跳挪移，舞动着退场的动作颇有气势。这样想来，“六方烧”大概也被认为是一种英俊洒脱之物。现在则去除了原来的粗犷之气，变成一种充满市井风情的果子。

蕨饼

わらび餅

WARABIMOCHI

口感滑腻、黄豆粉风味甚佳的蕨饼，是关西地区甜品店中的常规产品。蕨饼很容易让人望文生义，以为是用蕨粉[1]制成，但实际上，蕨饼多使用从红薯中提取出来的甘薯淀粉来制作。因为蕨粉如今已经是一种很难获得的原料，以稀为贵，价格自然就很高。有个别果子店会使用真正的蕨粉制作带馅的上等生果子，但是数量非常有限。

蕨粉的制作非常费时费工。从工序上来讲，首先要将蕨根敲碎，然后加水洗出淀粉，反复进行数次水洗，直到淀粉沉淀至变白，待其凝固之后捣碎、烘干，才告完成。按照这样的工序，生产量自然很少，即便在江户时代也并没有大量产出，因此，那时的蕨饼也并非百分之百使用蕨粉。根据儒者林罗山《丙辰纪行》（1616）的记载，东海道日坂（今静冈县挂川市）旅馆的知名蕨饼是混合了葛粉制成的，最后将加了盐的黄豆粉撒在上面。

狂言《冈太夫》（又叫冈大夫）中有个很好笑的情节，被人

---

1 《料理物语》（1643）中的蕨饼，是用蕨粉一升加入清水一升六、七合，尽力搅拌的制法（虽然没有记述，但应该是点火加热）。另外在十返舍一九的《饼果子即席手制集》（1805）中的制法是蕨粉一升加清水二升，点火熬制，再加砂糖食用。

招待吃过蕨饼的男子，回到家里想请妻子也照样做来，但却忘记了果子的名字，于是便和妻子二人你一句我一句地逐个数来，在一唱一和的过程中终于记起，香香甜甜地吃蕨饼的那一幕也很欢乐。冈太夫就是蕨饼的别名，在该狂言中也有提到，因为醍醐天皇（897—930在位）喜爱蕨饼，便为蕨饼冠以太夫之名。另外，也许跟古代中国的一段旧史颇有关联，相传殷被周灭后，忠臣伯夷与叔齐逃到首阳山，整日以蕨为食，于是被称为冈太夫。而虎屋也有记录表明在安永三年（1774）十一月四日，官家的近卫内前将蕨饼命名为“冈太夫”。内前品尝着蕨饼，或许也想起了这段狂言喜剧和相关的逸史。

小栏目

令人好奇的果子

全国各地有很多在色泽、形状、味道方面比较罕见的果子存在。

在此介绍几种笔者比较感兴趣的果子。

麻地饴

ASAJIAME

这是在方形求肥*的周身粘满白芝麻的一种果子，类似于中国式求肥——牛皮糖。另外还有浅茅、朝地、浅路、麻路等多个不同的名称。根据《本朝食鉴》(1697)的记载，在江户，麻地饴是官家(幕府和大名家等)享用的果子。《德川实纪》中也有相关的记载，称延享三年(1746)六月二十二日，卸任将军之后的德川吉宗曾赐给水户藩主麻地饴。《古今名物御前果子图式》中也可以看到它的做法，所以它应该属于一种比较常见的果子，但却不知从何时起消失了踪迹。现在虎屋将它作为嘉祥果子*之一仍在制作。

冲绳的果子

冲绳受中国、朝鲜、南蛮的影响，拥有独特的果子文化。作为旅游特产，有类似曲奇的金楚糕(用小麦粉、砂糖、猪油混合在一起的面坯烤制而成)以及类似多拿圈的沙翁，另外还有用月桃叶包裹的月桃饼,表面沾了白芝麻的大个儿挽结形煎饼*松风，形状多样的烘焙果子"花芳露"(花球),近似于麸烧(第195页)、以小麦粉为原料的包包（里面是猪肉味噌馅）、卷饼（原料中加红糖）等。

此外，还有一些与年节祭典、人生仪式相关的特有的果子，比如三月三日有被称作三月果子的炸果子，五月五日有用金时豆、麦片、红糖等原料制作的冲绳善哉“甘果子”，以及祭祖仪式中的特制炸果子等等。在史料中，也记载了十九世纪招待中国皇帝的使者册封使一行时的宫廷果子，读来甚是有趣。在记录中，除了有今日所见的炸果子之外，还有“水棣棠”“梅花饼”等名称，可见也受到了上（生）果子的影响。

▷参考文献：《琉球册封使一件 敕使以下江献立并卓之图》内阁文库（1808）。
安次富顺子《琉球菓子》冲绳 times 出版社（2017）。

加势以多

KASEITA

南蛮果子*之一，据说其名字出自葡萄牙语 Caixa da Marmelada（马尔梅拉达的盒子）。所谓马尔梅拉达，是指木梨果加糖熬煮之后凝固而成的果子，如今在葡萄牙、西班牙、巴西、土耳其等地依然有制作。有的是长方体形状，颇有西式羊羹之妙趣。

日本的利休七哲之一，肥后藩主细川三斋非常喜欢“加势以多”，用藩地内栽培的木梨榅桲制作这种果子。细川家至今仍保存着明治十七年（1884）的“加势以多”，装在曲木盒子里。

因木梨榅桲这种水果比较罕见，所以在《合类日用料理抄》等江户时代的食谱中可以看到使用梨子来制作的方法。如今作为熊本名果，以木瓜为原料的加势以多[1]（果子香梅出品），可以在设于水前寺成趣园内的茶室“古今传授之间”中的茶店里品尝到。

轻烧

KARUYAKI

轻烧是用糯米制作的口感轻盈的煎饼*，像是现在麸烧煎饼的原型。江户时代，以京都丸山（圆山）制作的轻烧最为有名，后来在江户也开始于浅草、誓愿寺附近的茗荷屋等店出售，口碑很好。轻烧之名有“减轻病痛”之意，特别是在探望天花和麻疹病人时，作为探病礼物而受到欢迎。明治大正时期的作家淡岛寒月的本家就是以制售轻烧果子而闻名的淡岛屋。此外，京都在缘日等日子里出售的轻烧，是将轻目烧*做成半月形，大概是出于与一般的轻烧不同的设计考虑。

---

1 《地域名果的诞生》（2017）中，刊载有加势以多的制造工程以及马尔梅拉达的照片。

甘露梅

KANROBAI

从字面来理解，有人会想象是甜煮的梅子，也有的人会想起红色的求肥*包裹着红豆馅或用梅醋腌渍的红紫苏叶卷起来的果子，后者作为神奈川县小田原的名果而为人所知。在其他的梅子产地，也有同样的制作方法制作出来的不同名称的果子。

江户时代，江户吉原[2]的甘露梅十分有名，每年五月中旬起，吉原的导客茶屋[3]家家制作，耗时一年半，正月新年时作为新年礼物赠送给顾客。甘露梅作为花街柳巷的特产，感觉颇为香艳，但也有很多茶屋会直接采购山口屋的商品。“心惴惴 室人犹食甘露梅”(《柳多留》)，从这首川柳当中，可以想象妻子妒火中烧，满心狐疑地吃着丈夫带回来的吉原甘露梅的样子。

这种甘露梅与本文开始时提到的两种果子不同，从《守贞谩稿》可知，它是用紫苏叶裹着梅子的一种果子。烹饪书《料理早指南》(1801—1804)中有更为详细的制法：“青小梅用盐腌渍，取出果核，塞入朝仓山椒以及胡椒粒，与熟梅子一起用紫苏叶包裹，渍入加了酒的砂糖水中。”咸香的小梅子和梅肉、紫苏叶、加了酒的砂糖水，将它们搭配在一起会是什么样的效果，很令人好奇。类似于这种吉原特产的甘露梅，现在在新潟县仍

---

2 吉原，是江户时代幕府公开允许的花街，位于现今东京都台东区。以围墙、水沟等区划将妓院集中设置在同一个区域内便于治安、风纪的管理。该地名到1966年为止一直存续。

3 花柳街中为游客介绍妓院的茶馆。

有制作（小川屋出品），但不用山椒和胡椒，而是做成梅子的酸与微甜组合的茶点。

地黄煎

GYOSEN

使用麦芽的水饴名称有“地黄煎”“地黄煎饴”。在《物类称呼》（1775）中曾提到，“滑饴（中略）于西国称为地黄煎，于关东称水饴或云地黄煎。水饴淡于地黄煎，地黄煎为浓煎而得。”可见，浓煎或地黄煎饴渐渐就变成了地黄煎。地黄煎饴原本是用汉方地黄（地黄科多年生草本）煎制而成的饴糖，后来虽然不再使用地黄，但是该名称依然保留了下来。

庭砂糕

TEISAKO

庭砂糕，又叫作庭砂香。与落雁 * 同样，是使用木模制作的干果子，散见于幕府御用果子屋金泽丹后的果子样品册等资料中（《金泽丹后江户果子纹样》等）。“庭砂”是指庭园中所使用的砂子，因而可以想象其为非常细腻的粉状原料，但与落雁有何区别却不得而知。另外，在新潟县三条市，有的店铺制作分为黄色和白色的条状“庭砂糕”，据说源自能乐《鹤龟》中的唱词，

“庭之砂者 连金银之珠敷妙也”，黄色即代表金。庭砂糕入口即化，清淡优雅，非常适合用作茶点。

麸烧

FUNOYAKI

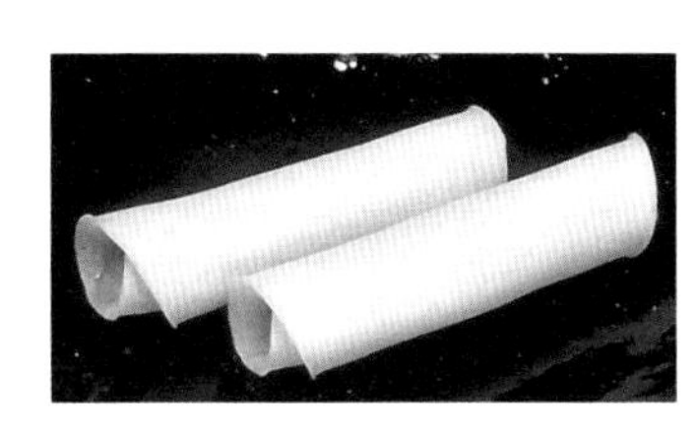

麸烧在集侘茶之大成者千利休的茶会记《利休百会记》（写作年代说法不一）中时常可见[4]，故相传为利休喜爱的果子。从《古今名物御前果子秘传抄》等江户时代的果子食谱中可以推断，其做法是将小麦粉用水溶成浆，在锅中摊薄，加入山椒味噌、罂粟籽等配料，像可丽饼一样卷起来。但是《日葡辞典》中称其为“用小麦皮制作的一种小饼，在平锅或浅锅中煎烤而成”，再加上《合类日用料理抄》中的制法说明，看来麸烧不是用小麦粉，而是用麸子（麦皮）来制作的。

江户时代，麸烧开始在各地都有制作，因为成卷的形状酷似经卷，所以常被用于佛事祭典（《雍州府志》）。最受欢迎的是带馅的麸烧，名为助惣烧（助惣麸烧），在麹町（今东京都千代田区）的橘屋有售，一时风行。另外在花柳界，还将麸烧称作“朝颜”

---

4 《言继卿记》的永禄八年（1565）七月二十日有“麸烧一盆”的记录，可推断为初出。

（《嬉游笑览》等）。关于其理由有各种说法，有说麸烧在烤制过程中萎缩，出现一个个小点，就像是早起没化妆的脸，诸如此类。联想到麸烧还有“痘痕脸”之意，所以这种说法或许是正确的。如果想再现这种颇有古意的麸烧，还是在家中自制为佳。

▷参考文献：福崎春子《茶书与料理》，domesu 出版（1994）。
青木直己《麸烧的相关史料》，《和果子》第六期（1999）。

不见辛
MIZUKARA

这是一种昆布果子，在《松屋会记》等 16 世纪的茶会记中可以见到，当时的制法不详，但从《古今名物御前果子秘传抄》等资料来看，是昆布用水发好之后切成四方形，包入山椒，再用细细的昆布扎好烘干。关于其名字的由来说法不一，有说是只听不看就知道其辣，故名“不见辛”，也有一种说法指其是用昆布捆扎，由“自绳自缚”的“自”[5]字而来。《东海道中膝栗毛》（第七篇上）中，描写了在京都四条的小剧场中“Mizukara”的叫卖声，可见在过去是一种非常常见的果子。

5 “不见辛”和“自”，在日语中皆发音为 MIZUKARA。

绿

MIDORI

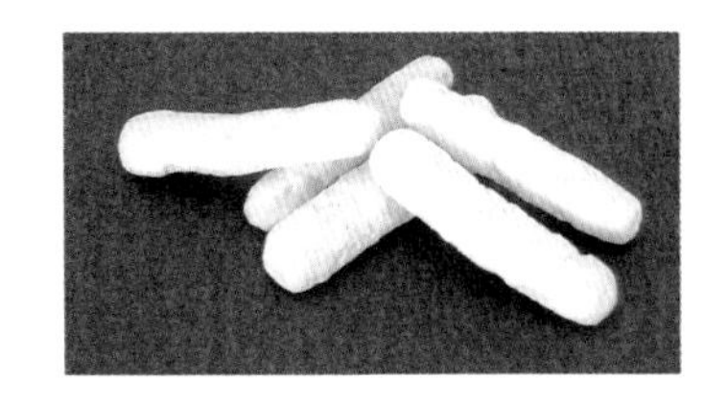

绿的做法是将小麦粉和砂糖揉合之后的果坯切成条状排列在一起，烤熟之后，为增添风味并使其具有光泽，需要淋上糖浆再烘干。一边观察状态一边淋糖浆烘干，如此反复数次。整个工序比较费工费时，但是在江户时代的果子食谱和样品册中却经常可以见到“若绿”“大绿”“小绿”等称呼。绿并非指颜色的绿，而是通“缘”字，有裹缘锁边之意。佐贺县唐津市的大浦金盛堂出品的“若绿”（如图）很好地揭示了这种果子的名称与外形，然而令人遗憾的是，该店已于2013年停业。但它独特的风味，可以让人感受到制作者的热情，至今难忘。

▷参考文献：今村规子《“轮”与“绿”》，《和果子》第八期（2001）。

八桥

YATSUHASHI

八桥是作为京都观光特产的代表而闻名全国的果子。这种以粳米粉为原料的肉桂风味的煎饼*，关于其由来，一说是来自江户时代前期的古琴名师八桥检校之名，因循其琴之形。还有一种说法，认为这种果子来自《伊势物语》第九段的“八桥”（第223页），是模仿桥板的形状。八桥的知名度是在明治时代七条车站（今京都站）销售时开始上升，进入昭和时代以后，又创制出口感柔软的生八桥，到现在也依然人气很高。对于八桥的商品开发也曾兴盛一时，在加入京都八桥商工业联合的店铺之中，有的店制作的八桥是用抹茶和草莓口味的果坯，包入巧克力馅料。此外还有用生八桥的果坯制作的造型可爱的生果子。八桥仿佛可以无穷无尽地变身下去。

▷参考文献：铃木勇一郎《手信与铁道——通过名特产品来阐述日本近代史》，讲谈社（2013）。

小栏目

年节祭典与和果子

自古以来，日本人基于农耕生产的时序节令，为祈祷五谷丰登、感恩收成，会集体举行各种庆祝活动。同时在季节交替时，也非常重视驱邪避厄、祈愿健康、招福消灾的各种仪式祭典。年节祭典是在漫长的历史当中孕育成熟并传承下来的东西，在以中国为中心的外国文化的影响下，因官家、武家、民间等各个阶层、地域的不同，而在形式上更趋多样化。

因为举行祭典的日子是某个阶段的节点，所以又叫作节日、节会，而人们根据习俗，向神佛奉上供品，然后大家分而食之，又叫作"直会"[1]。节日原本也写作节供，在供品中，麻糬饼*特别被作为灵魂和稻收的象征，充满神圣感，红豆的红色被尊为辟

[1] 直会，日语中"直"有恢复之意。指解除为祭祀而实行的斋戒，恢复平常饮食的意思。

邪之色，因此像萩饼＊这样的红豆馅衣饼会出现在彼岸节、土用节、盂兰盆节等各个祭典当中。祭典食物原本都是这种非常素朴的东西，但是受到中国的影响，上巳节制备草饼＊、端午节制备粽子＊等特定节日果子的风俗开始渐渐固定下来。再加上果子更容易通过颜色和形状表达五谷丰登和驱邪纳福的愿望，各地便开始制作一些稀有的果子。在这里笔者将按照月份介绍一些年节祭典时会用到的主要的果子（有的地区的节日活动依照旧历来举办）。

一月

正月新年庆祝一年的开始，为迎接年神，要装点门松（新年在门前装饰的松树或松枝）和镜饼，以祈愿五谷丰登和家族安康。新年时会有汇集了各种吉庆菜肴的年菜料理、杂煮等特别的食物，果子的种类也同样以表达新年祝福为主。有亦称杂煮包的菱葩演化而来的花瓣饼＊（葩饼）、源于新年干支和宫廷的新年歌会题目的干支果子＊·御题果子，还有做成松竹梅＊、鹤龟等吉祥造型的果子。每一种都充满了华美感觉，作为新年礼物非常受欢迎。按照惯例，到了一月十一日还要开镜，即撤下新年供品镜饼，用它来做杂煮、汁粉＊或者霰米果＊。

有些地方，在十五日前后的小年那天，会在房间中装饰饼花*，让它们从天花板垂吊下来。主要用来祈愿农作物的丰收，在养蚕地区多称其为“茧玉”。

二月

立春前日（二月三日）的节分，要撒豆驱邪。在这段时间，可以品尝到豆子形、升斗形、鬼脸和御多福造型的生果子，以及以豆子为原料的果子。

十四日情人节。纪念爱情的守护者圣瓦伦丁，欧美国家主要是男性给女性送礼物，日本却因为巧克力制造商的营销策略，形成了女性给自己心仪的男性或者平时关照自己的男性送巧克力的习惯。近年来，除了果子类，在酒、文具、服装等领域，情人节商战也进行得如火如荼。在和果子业界当中，销售含有巧克力成分的生果子以及心形生果子等关联商品的店铺也在日益增多。

三月

三月三日雏祭（女儿节）。如今已经固定为装饰人偶娃娃的女儿节，但最早它叫上巳节，是沿袭中国风俗的一个祛除厄运的节日。上巳节的历史悠久，早在平安时代，宫廷中就开始举行祓禊仪式，开设曲水之宴（参会者坐在曲水之侧，在从上游顺流而下的酒杯通过之前作诗咏歌的游戏）。装饰人偶娃娃，祝福女孩子健康成长的雏祭，兴起于江户时代，用于祓除污秽的替身和流放雏人偶的仪式想必即源于此。因为浓郁的草香被认为可以去除邪恶之物，所以在这一天也有食用草饼＊的习俗，有除厄之意。江户时代的菱饼＊也使用草饼，是绿、白、绿的颜色组合。

如今，各地仍在制作可爱的雏果子，如用粉成＊的果坯做成雏人偶、用工艺有平＊和金花糖＊做成的水果和贝壳＊等形状的果子，五光十色。在这段时期里也有樱饼＊出售，但是生果子却因桃花节而多在桃花＊上下功夫。除了使用桃花形状的烙印和木模，还有制成桃子形的果子，源于中国神话中吃了就会长生不老的西王母的蟠桃。以京都为中心的关西雏果子中，托有馅团的生果子“阿古屋”＊（又叫作引千切和戴饼）较为著名。

在十五日前后（旧历二月十五日）举办的涅槃会（释迦入灭的法会）上，供奉涅槃团子，或用它们代替佛舍利分撒。京都有一种霰米果名叫“花供曾”，此外，像长野县的“瘦马”、岐阜县的“花草饼”那样，也有的地域会置备用新粉果坯制作的果子。

春分彼岸节期间要祭拜祖先，吃萩饼（牡丹饼）。过去是各家自制之后分送他人，如今在超市和便利店中都可以买到，有黄豆粉、青海苔、白豆馅等品种多样的萩饼。此外，有的地区还会在佛堂供奉莲*与菊*形的落雁*、彼岸团子（白色的团子，或者团子形的干果子）。

四月

赏花时值得推荐的是花见团子和樱饼，赏花的同时还可以享用美味可口的团子，免去顾此失彼之忧。另外，有的地域在四月八日庆祝释迦牟尼诞辰的灌佛会（花祭·佛诞会）时，会制作草团子和牡丹饼。

五月

五月最具代表性的节日祭典就是端午节。挂上鲤鱼旗，摆放武士偶人，祝愿男孩子健康成长，不过这一天原本是辟邪除厄之日，会用香气浓郁的菖蒲叶拂拭屋檐，喝菖蒲酒。因为菖蒲音近尚武，所以祝福男孩子成长的意味渐强，在江户时代，如今的庆祝方式基本上固定下来。在端午节这一天，人们要吃粽子和柏饼*。粽子早在平安时代，而柏饼则是从江户时代开始成为端午节的固定食品。另外也会制作一些武士偶人和鲤鱼旗形状的果子。

五月的第二个星期天是母亲节，有的店铺会推出以康乃馨为创意主题的和果子。

六月

六月一日是冰室节，古时候，会在这一天取出冬天储藏在冰室里的冰块进献给幕府和宫廷。因此每年的六到七月，一些与冰室和冰相关的果子就会比较引人注目。在金泽有七月一日吃冰室馒头的风习，以祝愿无病息灾。

十六日是“和果子节”。因为旧历的六月十六日会举办名为嘉祥（嘉定）的庆祝活动，吃果子，除厄运。嘉祥节在室町到江户时代盛极一时，后在明治时代渐渐被废弃，但是在 1979 年，由全国和果子协会发起，“和果子节”又重新复苏。在这一天，有些店铺会销售嘉祥果子＊以及印有和果子协会烙印的嘉祥馒头。六月三十日的越夏之祓，以京都为中心，各地有食用水无月＊的风俗。

近年来，针对第三个星期日的父亲节，推出原创特制包装或带有祝福词的和果子礼物的店铺也在渐渐增多。

下页配图为在江户城，大名和旗本赏赐果子的画面。

《千代田之御表 六月十六日嘉祥图》（国立国会图书馆藏）

七月 · 八月

七月七日七夕节。因牛郎织女一年一度横渡银河相会的传说故事而家喻户晓。而写作“七夕”，却按照棚机（tanabata）的读音来读，是来自古老的棚机传说。该传说讲述的是为祭神而在水上搭建神棚，圣洁的少女在里面手工织布的故事。此外，在这一天也会举行祓禊仪式以及丰收祭等活动。在这项日本固有的传统活动中，中国传入的牛郎织女的传说和乞巧奠（女子祭拜织女星以祈愿裁缝、歌舞、音乐、诗歌上的精进的仪式）结合在一起，从而诞生了现代的七夕节。在长条字签上写下心愿，大概也是乞巧奠留下的风习吧。

说到七夕节的果子，当属唐果子 * 之一索饼。索饼是小麦粉与米粉混合搅拌之后拧成绳状的食物。有记录表明[2]，在江户时

2 《后阳城院様御代 御用诸色书拔留》（虎屋黑川家文书）中安永年间（1772—1781）的记载。

代，虎屋也曾经向宫中进献索饼，但如今已经不再制作了。不过，这种索饼渐渐演变为素面，所以现在每年的七月七日也是素面日。最近的和果子店，从七夕的浪漫星座传说中获得灵感，多制作象征线轴、银河或星辰的果子。

夏天的土用节，为预防苦夏会制作土用饼*。盂兰盆节，是迎接和告慰先祖之灵，再将其送往冥界的节日（有的地区会在八月份举办）。在这期间，人们会准备供品，做成莲*和水果形状的落雁以及“御迎团子”“送别团子”等果子。

九月

在使用新历的现代，八朔节（旧历八月一日）庆祝活动多在九月一日举行。在稻子收割之前，将第一根稻穗供神，人们祈愿丰收，互赠新谷。马节时还会向生了男孩的人家赠送新粉制作的马匹（香川县丸龟市）等，有赠送和供奉新粉面塑*果子的风俗。

九月九日为阳数（奇数）之极，又因九九重叠故称为重阳，是屈指可数的五节[3]之一。在平安时代，宫廷中会举办赏菊*

3　一月七日（人日）、三月三日（上巳）、五月五日（端午）、七月七日（七夕）、九月九日（重阳）这五个节日。江户幕府将它们定为正式节日。因明治六年（1873）开始采用公历，而被官方废止。

咏歌，饮菊花酒等活动。还有“菊之着绵”的节日习惯，即在重阳节的前夜，将丝绵置于菊花之上，汲取其香气和露汁，第二天清晨再用此绵擦身，祝愿长寿。很多店铺会在九月制作以菊花为设计题材的果子，并常会使用“重阳”“着绵”等果铭。此外，重阳也被称作栗子节，有食用栗子＊的习俗，因此也会制作栗子形状的生果子。

在秋分彼岸节，按照惯例会吃萩饼。从名称来看，萩饼似乎也与秋天渊源至深。

秋天还是赏月的季节。中秋明月在旧历的八月十五，新历多会在九月中旬到下旬。除了月见团子＊，与月亮渊源颇深的兔子＊和芒草＊经常会成为设计题材。因芋名月（中秋明月的别名），也会制作以芋头为设计意象的生果子和干果子。

第三个星期一是敬老节，有的店铺会制作和推出鹤龟以及菊花等祝愿长寿的果子。

十月

旧历九月十三的十三夜，新历会在十月中旬到下旬之间。与中秋赏月一样，除了团子，还会制作与月亮相关的果子。近年来因为万圣节活动（在万圣节前夜十月三十一日举办的庆祝活动），也经常会见到南瓜、鬼怪、女巫等意象的果子。

十一月

旧历十月的亥日，为防百病，祈愿人丁兴旺，有吃亥子饼*的习俗。在使用新历的现代，亥子饼多会在十一月制作，有时也会被用作茶道开炉之果。

另外，在祝福小孩子成长的七五三节，为祈愿长寿，会制备各种生果子和小巧的馒头，生果子多设计成千岁饴*、铃铛、鸟居等与参拜祈福相关的造型。

十二月

一年当中白昼最短的冬至日，有泡柚子澡的习惯，以促进身体的血液循环。在这一时期，果子也多使用柚子*，制作加了柚子的馒头和羊羹*等季节限定商品。另外因为圣诞节，也可以见到一些圣诞树和圣诞老人模样的生果子。

▷参考文献：《闻书：故乡的家庭料理》全二十卷·别卷一，农山渔村文化协会（2002—2003）。

小栏目

传说中的果子

以前人尽皆知的果子，随着时代的发展渐渐消失了踪迹。也有的果子名字传了下来，但是做法却发生了变化，另外还有做法相似名称却不同的果子。在这里笔者介绍其中的几款。

青差

AOZASHI

根据《枕草子》第 222 段五月五日的记录，可见“纵有甚美之香囊由外奉入，却只将其中名为青差之物”云云，应是初次出现在文字记录中。当时的做法不甚明了，似乎后来也曾做来当零食，芭蕉也有“青差者 草饼成穗方始出”的俳句。在江户时代的国语辞典《倭训栞》(1777—1887) 中解释为“青麦炒熟以臼碾磨，搓成条线状”。进入昭和年代之后，在东京、奥多摩等地尚有制作，但是如今已经渐渐听不到它的名字了。据说这是一种将青麦之穗用平锅焙炒，再以石臼舂捣，加食盐、芸豆等揉和而制成的果子。

▷参考文献：奥多摩町志编撰委员会编《奥多摩町志 民俗篇》，奥多摩町 (1985)。

几世（代）饼

IKUYOMOCHI

落语段子中的“几世饼”讲了这样一则故事：舂米店的长工清藏爱上了吉原街内姿海老屋的几世太夫，他拼命工作攒钱，娶几世为妻，并开始售卖用妻子的名字冠名的糕饼。但不知读者是否知道，这个段子其实来自于现实中的真人真事。一位名叫喜兵卫的镖头曾为吉原女郎几世赎身，后于元禄十七年（1704）

开始出售几世饼，并兴隆一时，落语即是以该事例为原型。这种糕饼本身非常素朴，就是一种带馅的烤麻糬，但是由几世姑娘亲自烤制成为话题，抓住了江户人的心。其后，销售同名果子的店铺逐渐增多，成为一款人气果子。

▷参考文献：伊东兰洲《墨水消夏录》1805序，《燕石十种》第二卷，中央公论社（1979）。

今坂饼

IMASAKIMOCHI

江户时代作为江户名产而驰名四方（明治时代仍有少量制作，如今也有同名的果子）。其名源自美作地方（今冈山县北部）传到江户的饼果子，因“名声今日正盛”之意的今盛二字慢慢变成发音相同的今坂（imasaka）。《物类称呼》中，可见到这样的描述：“筑紫有云鸡卵，江户称其为米馒头之圆物，与今江户今坂饼近似。”相传米馒头近似于米粒形状，所以可以考虑其为偏圆一些的鸡蛋形。今坂饼据称是一种带馅的麻糬饼，有白、红、绿等颜色。

有卦果子

UKEGASHI

根据阴阳道的说法，人会从属于五行（木火土金水），因此不同年龄阶段的吉凶运程都会不同。进入吉年被称作“进入有卦”之年，有持续七年时间的吉运，所以有庆祝的风俗。江户时代的有卦庆祝在民间渐渐推广,大概因为福（fuku）字的发音，毛笔（fude）、包布（风吕敷 furoshiki）、方巾（袱纱 fukusa）等带有 fu 字发音的物品常被当作吉祥物品赠与他人。因此也有做成富士山（fujisan）、紫藤*（fuji）、膨膨（fukura）雀形状的落雁*等果子，甚至还有盛装着“福字汇”果子的船（图片参考《实验和洋果子制造法》）。直到大正时代，还有这种“有卦船”制作,令人遗憾的是,关东大地震之后就渐渐消失了踪迹。

南瓜挞

KESACHINA

南蛮果子*之一。词源来自类似于芝士挞的葡萄牙糕点 queijada。《古今名物御前果子秘传抄》中可以见到“kesainamochi”的名字，是用加了砂糖的小麦粉面皮包裹南瓜（原文为 abobora）馅，用卡斯特拉锅上下火双面烘烤而成。大概在日本用南瓜馅代替了芝士馅。

胡麻胴乱

GOMADORAN

所谓胴乱，是指装钱或印章、药片、烟草等杂物的小包，挂在腰间或背在肩上、拿在手里使用。胡麻胴乱是一种使用芝麻为原料的中空烘焙果子，根据随笔《松屋笔记》（1818—1845前后）的记载，这种果子看起来很美味，但里面空洞无馅，无甚可吃，所以有名不符实之意。因而，从这种芝麻果子诞生了意为敷衍欺骗的词语。现在已经见不到同名的果子，长崎的一口香或许比较近似于它，但却是一种带有红糖风味的口味焦香的名果。

达摩隐

DARUMAKAKUSHI

达摩隐是以一种名为九年母的柑橘类水果糖渍而成的果子。江户时代的图解百科事典《和汉三才图会》（1712序）中有附图介绍。其名源于禅宗始祖达摩于少林寺面壁坐禅九年的“九年面壁”之传说，不难体会到其中江户人的幽默。

月见馒
TSUKIMIMAN

月见馒并非用于赏月，而是用于可称之为成人礼的月见之仪的一种馒头。过去在宫中以及官家都有在旧历六月十六日庆祝男女成人（通常为十六岁）的风习。迈入成年的男女，会用胡枝子木箸在馒头上扎个小洞，透过小洞来看月亮。根据官家东园基量的日记《基量卿记》元禄四年（1691）六月十六日的记录，馒头有“七寸许”（直径约 21 厘米），相当大。另外，虎屋安政七年（1860 年三月改元）的《大内账》中，还留有孝明天皇之皇妹和宫赏月御用的记录。在大正时代的样品册中，画有中间点了一个红点的扁平形状的馒头。

白雪糕
HAKUSETSUKO

生于越后（新潟县），放浪诸国，留下大量书作与和歌的良宽，在给果子屋三十郎（自小相识的为自己做过果子的人）写的书简中有这样的字句——“白雪羔（糕）少少御惠 多者利多侯”。虽无年号的记载，但据推断应为其过世之前一年即文政十三年（1830）所写。

白雪糕在江户时代常有制作，根据《物类称呼》的记载，在仙台也被称为算木果子（形似用于占卜的算筹而名），是将粳米磨成粉末混合砂糖之后蒸熟而成，有时会加入芡实（睡莲科芡属的鸡头米）、莲肉（莲子的白色胚乳）、山药（山药粉末）来制作（药白雪糕）。身患疾病的良宽大概对这种富于滋养的果子颇有渴求。白雪糕是婴儿和病人的宝贵食物，川柳中也有“第七人以白雪糕育成”的句子。但是，后来其制法与使用新引粉的落雁制法日益趋同，都是使用经过热处理之后的米粉制成，两者之间的区别也就渐渐消失了。如今在某些地区，依然将类似于落雁的干果子称为白雪糕，或许也代表着对它的留恋。

飞龙头

HIROUSU

一种人们熟悉的豆腐料理，在关西叫作飞龙头，关东则称之为雁拟。hirousu 之名源于葡萄牙的 filhos（小麦粉加鸡蛋，用油炸制，撒上白砂糖的一种果子）。《南蛮料理书》（江户时代中期）中称其为飞龙头，制法是将糯米粉蒸熟和匀，倒入捣钵，加鸡蛋液搅成较黏稠的糊状，用油炸制，浸入糖蜜之中，撒上金平糖。

轮

RIN

这是一种类似于挂了糖衣的霰米果*。轮字来自关西地区的烹饪用语“轮挂”（在主原料上浇上其他的材料）。制出的果子有轮、小轮、菊轮等，但如今已经变成了一个令人陌生的名字。

▷参考文献：今村规子《“轮”与“绿”》,《和果子》第八期（2001）。

此外，还有很多果子过去曾风靡一时，家喻户晓，如今却已成为传说。但愿它们能够在地方举办的传统活动中，有机会重焕生机。

第二部　造型图案篇

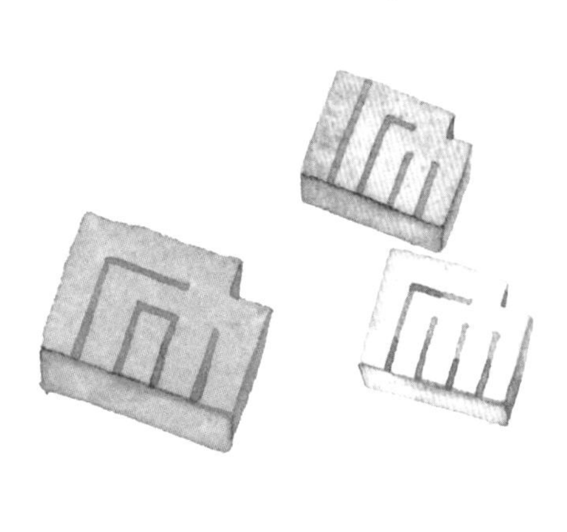

青梅

AOUME

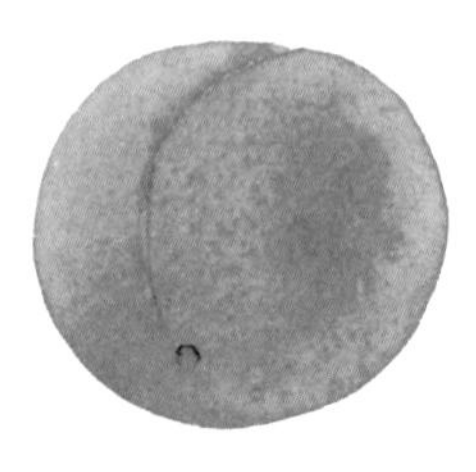

到了六月，梅子成长迅速，很快就变得滚圆饱胀。参观著名的梅林，可以欣赏到一个个青油油的果实，像铃铛一样挂在树上。深深呼吸，将梅子酸酸甜甜的香气纳入体内，也会让人感觉无比惬意。

梅子成熟时颜色会变黄，因此要采收青果，用于制作腌梅子和梅子酒。加了砂糖熬煮的甘露煮梅子甜润入味，可以加在桃山*和锦玉羹*中。作为制果材料的梅子使用起来非常方便，将其添加在葛切或蜜豆中食用，清新的香气和清爽的回味在口中扩散，十分美妙。

六月里经常会看到做成青梅形状的生果子。将求肥*或外郎*等果坯染成淡绿色，包裹白馅之后施以造型，像梅子果一样添加一条凹纹，压出一个果蒂窝，设计用心，做工精致，细微之处彰显出匠人的精湛技艺。有些里面还嵌入了甘露煮的梅子，以追求口味上的变化。

对于青梅形状的生果子，京都的京果子司末富第三代山口富藏在《京・末富：果子历》(2001)中这样写道："在写实制作的果子当中，我认为它是最好的。"在制作的过程中，也十分精心：

“想使之拥有一种与梶井基次郎的《柠檬》作品相媲美的‘存在感’。”所以，青梅拥有着可以让制作者也为之着迷的造型美。

因为它是手工制作的，所以每一颗青梅都各不相同。偶尔，在品尝它的时候，会特别想仔细端详它的样子。

季语·夏

朝颜花

ASAGAO

《源氏物语》中的人物之一朝颜君是唯一一个不肯接受源氏爱情的女子。在书中，朝颜被描绘成一个比源氏年长，品格高贵、细心体贴的女人，不知为何很难与朝颜花的氛围联系在一起。随着每年的朝颜花市作为夏天的风物诗成为热门话题，朝颜花在某种程度上也带着一些平民的气质。清秀可人，亲切随和是它的魅力所在。

在和果子的世界中，朝颜花作为一种人气较高的造型，在夏季必不可少。从江户时代起，朝颜花的栽培就开始流行，人们精心培育设计出许多“变种朝颜”，比如花瓣上带有分瓣、颜色渐变等，但在果子当中，似乎最经典最常规的花朵形状才是首选。将做成花形的圆形果坯中心压出凹窝，在里面放入锦玉羹*以喻露珠，再将拓成叶片形状的炼羊羹添加在一侧，素材多样，表情丰富，洋溢着与夏日清晨恰相契合的情趣。

朝颜花会让人想起元禄年间（1688—1704）风靡一时的朝颜煎饼。据传是由江户京桥北八丁堀（今东京都中央区）的藤屋清左卫门发明创制，根据《俚言集览》（1797—1829）的记载，其上部开放，下部收拢的形状恰似朝颜花。大概是将烤好的小麦粉面坯卷起做成喇叭形。在歌舞伎十八番之一的《助六》中，象征朝颜煎饼的出场人物朝颜仙平那段连珠炮一般的煎饼贯口广为人知。这场戏似乎对煎饼整体的销售都有推动作用，但是其中最关键的朝颜煎饼，如今却渐渐失去了踪迹，令人不胜惋惜。

季语・夏

紫阳花
AJISAI

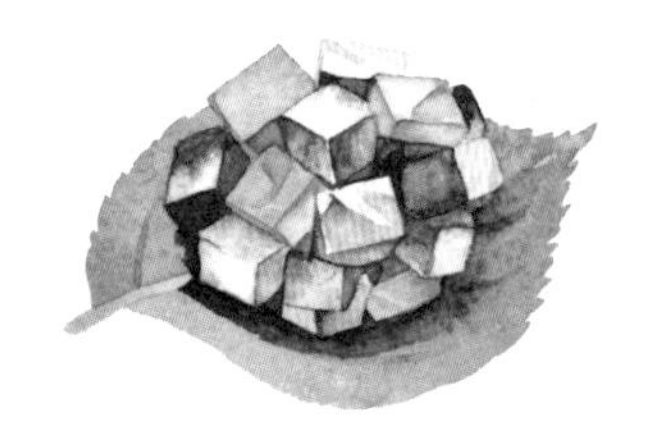

紫阳花，簇集着浅紫色和藏青色的小花（花萼），看上去像是一团绣球。紫阳花的色彩柔和，极富魅力，仿佛可以让人暂时忘却梅雨季节的厌烦情绪。据说它的名字 Aji（集）ai（蓝），即由聚集蓝色的花之意而来。

在日本，紫阳花似乎在奈良时代就已有之，在《万叶集》中可以看到这样的句子：

如紫阳兮
花开千重
愿君之寿永
万代或承
仰而慕之
见者恒思

（第二十卷 · 橘 诸兄）

这首和歌借紫阳花多重绽放之意，用以祝福所敬爱的人长寿延年。

紫阳花有很多别名，每一朵小花（花萼）都有四片花瓣，故名“四瓣”；外形似绣球，又名“绣球花”；因为色彩多变，它也被称为“七变化”。在果子当中，可爱的“绣球花”形象应该是给人印象最深的。而代表女子轻浮善变的“七变化”的妖冶魔力，却很难再让人感觉到。人们经常会看到的是切成小方块的蓝色或紫色的锦玉羹*，嵌在白色馅团周围。使用什么颜色的锦玉羹来搭配，是制作者个性的体现。将淡雪羹覆在果子表面，让人联想到被雨淋湿的花朵，更显得意境深远，韵味悠长。

笔者曾见到一个有趣的创意，是将紫色、白色、藏蓝色等各种颜色的小颗金平糖*堆簇在一起，用来象征紫阳花的形态。所有的小萼片都是由甜蜜的东西制成的，可爱至极。

季语·夏

溪荪 · 杜若

AYAME · KAKITSUBATA

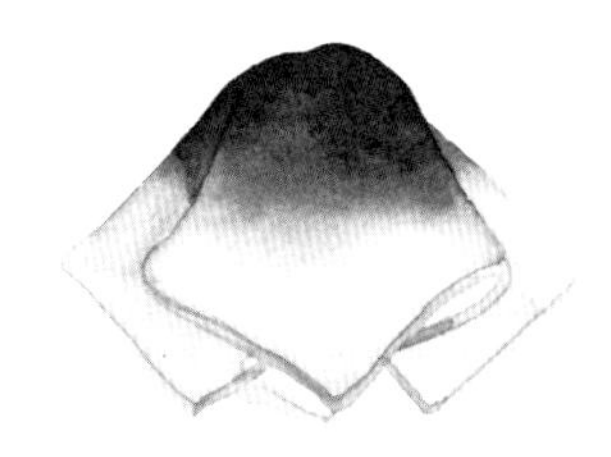

如何区分在花瓣根部带有紫色网纹图案的溪荪，以及在同样部位是黄色线条的杜若，是一个较为常见的话题。虽然同属鸢尾科，但是如果看到实物，确实可以感觉到它们之间的差别，不过在果子中，它们在一定程度上被抽象化，所以较难分辨，只能借助果铭来区分。在没有果铭的情况下，随心所想也未尝不可。

如果与古典文学关联在一起，果子当中经常使用到的造型则应是杜若。“八桥”“三河之泽”“唐衣”等果铭，根据《伊势物语》第九段的和歌所咏，毫无疑问都是指杜若。

这种设计是根据在原业平在三河国的八桥（爱知县知立市内）咏诵的和歌而来。这是一首思念妻子的和歌，以藏头的形式，将杜若之名巧妙嵌入：

独旅远行多孤寂

若别妻子共唐衣[1]

---

1 按照原诗藏头的特点意译。

众所周知，尾形光琳的《燕子花图屏风》（根津美术馆收藏）和《八桥莳绘螺钿砚箱》（东京国立博物馆收藏），就是以《伊势物语》为素材而创作的作品。

在果子中，有的是将浅紫色的果坯折叠成近似于杜若的形状，让人联想到折纸艺术，简练精致。而虎屋的“唐衣”是在文政十三年（1830）遵照光格上皇的命铭而制作。染成紫色和绿色的馒头*，分别用来表示杜若花和叶子的颜色，具有袭色目[2]风格的美感，甚为优雅。

季语・皆为夏

2　平安时代贵族服饰的色彩组合。可以通过衣服的表里，叠穿的袖口、衣领、下摆口等处的配色来体现季节感，冠以植物之名。杜若袭色目为表二蓝，里萌黄。

银杏

ICHO

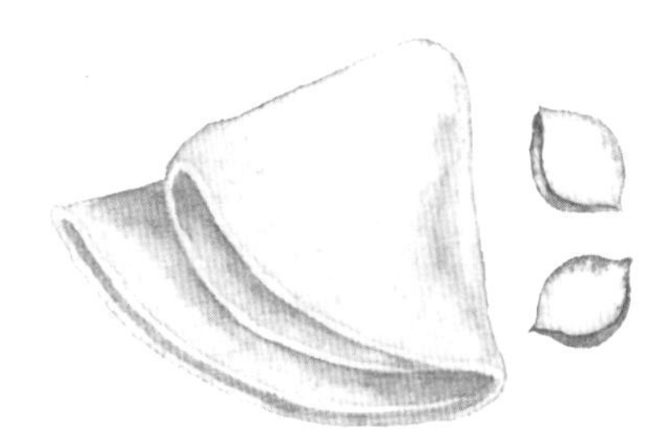

银杏作为行道树，是一种很常见的树木。某次偶然的机会，我意外地听说它其实原产于中国，是太古时代起就存在的一种植物，被称为“活化石”。

银杏树很早以前就传入日本（随佛教传入等众说纷纭），木材可以用于雕刻、建筑，用于日常生活的还有象棋的棋盘等，其果实可以食用，可以说它是见证过日本历史的一种植物，更有趣的是，它接近扇形的叶片形状，被利用到很多方面，无论是结发髻还是切菜，银杏都是令人耳熟能详的词语。所谓“银杏髷”，是一种将头顶发髻挽成银杏叶形状的女性发式；“银杏头”则是男性发式的一种，要剃光额发的头顶前部，使之呈银杏叶的阔尾形状；而“银杏切”则是一个至今依然非常常用的烹饪用语。

银杏也被比喻成舞鹤，因为它的叶柄又长又细。这样说来，优雅飘落的银杏叶似乎确有鹤舞之意境。在家纹当中，还有形似舞鹤的“银杏菱”和“不对称银杏纹”等图案。

在果子里，有折叠成银杏叶状的黄色的外郎*，或用模具拓出的银杏叶形状的云平*。而什锦干果*中，在红色系的枫叶和绿色系的松针之间，银杏的鲜黄色也非常抢眼。有的还会添加银杏果形状的白色打物，更添秋意。说起来似乎对银杏有些不恭，但做成果子就没有那么强烈刺鼻的气味，这一点是让人放心的。

季语·秋

卯花（溲疏）

UNOHANA

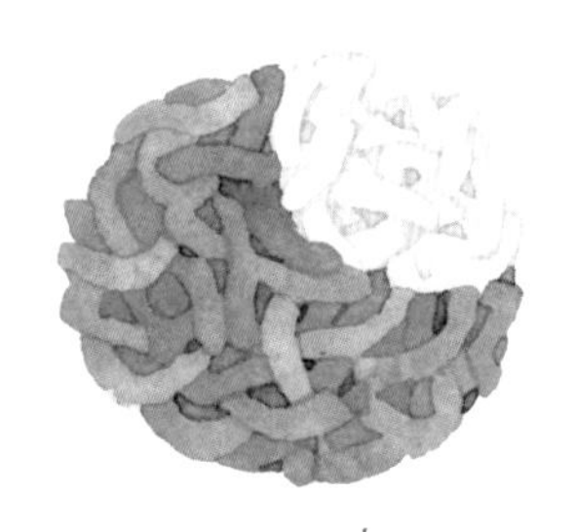

溲疏是绣球科的落叶灌木，溲疏花别称卯花，是卯木之花的略称。在初夏时节绽放的雪白小花，精巧可爱。有时候也会被用来比作雪，并留有这样的诗句：

蓦然惊见反季雪

灌木篱笆开卯花

（《拾遗和歌集》夏 佚名）

另外，农历四月被称为“卯花月”，在这期间，降雨叫作“卯花腐”，阴天被称为“卯花阴”，由此可见，溲疏花在过去是一种非常常见的花朵。说起来，做豆腐时候的豆渣，因其颜色和形状的特征也被称为溲疏花。相对于在豆渣的名字前面加一个御字变成御豆渣，借以掩饰粗糙之感，溲疏花之名则显得格外的风雅。在菜名当中也有“卯花渍”“卯花合”“卯花汁”等，单是名字便会让人感觉菜肴高雅可口，不得不对古人的智慧肃然起敬。

溲疏花的清雅恐怕也得到了平安时代贵族的公认。甚至成为袭色目装束之一（第 224 页），称作表白里青。望文生义，很容易让人联想到溲疏的花朵和叶片，非常清楚明了。在果子当中也是同样，自江户时代起，人们就开始制作白与绿相配的金团 * 和羊羹 *，并取名为“卯花重”“卯花垣”等。有时会看到做成花朵形状的果子，但是圆锥形五瓣花的特征却很难用果子的形式来表现。我感觉，不用一朵，而是用一个集合体来表现它，更能使它的秀美脱颖而出。

季语・夏

梅花

UME

梅花在盛行崇拜中国文化的奈良时代被带到了日本，作为一种符合文人雅趣的植物而受到喜爱。梅树的枝杈形态劲朗，花朵馥郁芬芳，总是会与品格高贵的君子联系在一起。梅花作为学问之神菅原道真的钟爱之花而尽人皆知，咏梅的诗句也非常著名：

东风若起送清芬
梅花离主莫忘春

（《拾遗和歌集》杂春）

或许，梅花的高人气与天神信仰也有着一定的关联。

果子里的梅，是为迎接新年，每年最早制作的花朵造型。自古以来，冬雪犹存的时节，看到梅花开始绽放，人们就会由衷地感到迎春的喜悦。由此“花中之魁”的含义，果子也经常会使用“霜红梅”“雪红梅”“寒红梅”等果铭。

其中“霜红梅”或许因为自古以来就为人所熟知，江户时代的果子食谱《古今名物御前果子图式》中还附图介绍了其制法。

在做成红梅形状的麻糬饼上撒碎冰（冰糖磨碎而成），用碎冰代替荒粉，直至今天仍在制造相同形式的果子。

梅花气质凛然高雅。在绘画作品中也经常出现，以《红白梅图屏风》（MOA 美术馆藏）为代表的尾形光琳的作品是一个著名的例子。光琳画笔下的梅之意象自成一派，以“光琳梅”而为人称道。不仅和服和手工艺品，梅也经常被运用到果子的设计当中。素雅简洁而令人百看不厌的设计总是会令人赞叹不已。

季语·春

柿子

KAKI

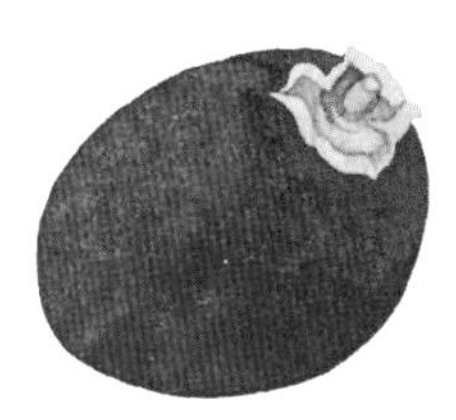

柿子原产于中国，在奈良时代，像今天这样的大柿子开始传入日本。《万叶集》的歌人柿本人麻吕的名字据说就是以庭院里的柿子树来命名的，看来柿子在过去似乎是一种很常见的水果。

说到柿子的魅力，且不论它的味道，人们首先想到的就是闪耀着光泽的独特的朱红色。而佐贺有田的陶匠柿右卫门为了将这种明艳色泽复制到陶器中，苦心钻研，热情制作的典故，更是人们耳熟能详的故事。即使不比柿右卫门的痴迷，深秋时节，在旅途中透过车窗看到火红色的柿子，那种美也会让人眼前一亮。

甚至连果子也经常会模仿熟柿子的外形，颜色鲜艳，充满俳句意味，会让人想起“食秋柿 钟鸣悠婉法隆寺”（子规）等名句。果铭当中除了“熟柿”之外,还有“木守”和“照日”等。“木守”来自一个古老的习俗，即采收柿果之后树上只留一个柿子，让它好好地守住母树并祈愿来年丰收。而且，在江户时代的果子样品册里，还会看到一幅名为“人丸”的柿饼形状的绘图，这是暗示柿本人麻吕的一种寓意画风格的作品。此外，在各地也制作柿饼当中塞馅料的和果子。

近年来，柿子的发展趋向于国际化，在法国、新西兰和澳大利亚都有栽培，并且与日本一样，名字也叫作“カキ（kaki）”。或许，柿子形的果子在国外也同样会受到欢迎。

季语・秋

桔梗

KIKYO

说到桔梗，其花瓣的形状和蓝紫的花色令人印象深刻。一茶的“伶伶俐俐开起来 桔梗哉”，巧妙地展现出了它的风情。

也许因其花姿端正惹人喜爱，在果子里也经常可以见到手工精制的花朵形状，或者利用金属或木制模具制作出桔梗花的果子。其中搭配芒草*和黄花败酱草等秋草的落雁*，其设计像是扇子画或者屏风画一样，营造出一种优雅的氛围。

目前，桔梗作为初秋花朵给人的印象较深，但是在使用农历的时代，桔梗花却被作为一种与七夕有关的花卉。想到它的开花季节自会理解，但觉得惊讶的人怕也不在少数。

在七夕，近卫家曾举行过向宫廷进献花扇的仪式。花扇是将包括桔梗花在内的七种花草扎成扇形，请花信使送到宫中之后，撒在池塘里使之浮漾于水面，用来祭拜织女星和牛郎星。这个习俗风雅有趣，非常符合星座传说的情调，虎屋因此而制作的名为“花扇”的果子自江户时代以来一直流传至今。这种果子是浮有桔梗花形的扇形琥珀羹，花朵看上去也像星星，是一种梦幻般的设计。

围绕“花扇”，笔者不由得想将宫泽贤治的《银河铁道之夜》

中的描述抄录于此：“美丽无比的桔梗色的广阔天空下……”读到这里，就会想象漂浮着花扇的池塘正上方，深邃的桔梗色天空阔朗无边的景象。

季语·秋

菊花

KIKU

菊花是天皇家族以及皇室皇族的徽章，菊花与樱花一样，被认为是代表日本的花朵。但是，菊花最初是作为一种药材，于奈良时代从中国传入的植物。在平安时代，菊花作为长寿不老的象征受到宫廷的喜爱。九月九日的重阳节也称为菊花节，人们在这一天观赏菊花，作诗咏歌，喝漂浮着花瓣的清酒，举行盛宴。另外还有历史悠久的着绵风习，即在重阳节前夕，在菊花上放一团丝绵，第二天早晨，用吸饱了露水的丝绵擦拭身体，祈愿长寿。

菊花被认为是一种具有灵力的植物，中国的“菊下之水”的传说[1]非常有名，称饮用含有菊露的地下水就会长命久寿。南北朝时代的武将楠木正成等带有菊水纹样的家纹和能乐的《菊慈童》也与这样的传说有关。

在果子中，有将白色的果泥或圆形的果坯放在菊花形的炼切*上，以喻着绵（参考前页图片）之意，还有使用菊水纹样的木模和烙印等做法。从季节上来看，菊花属于秋天的花朵，有“乱菊”“八重菊”“嵯峨菊”等种类，所以说菊花本身就具备多种创意形式。菊花造型同时也受到桃山*和最中*等常年销售的果子设计的青睐，用于敬老节的手信或祝福长寿的礼品，形式多样。而现场演示的“菊花剪”非常值得推荐。使用剪刀，在果坯上一条一条地剪出细致的花瓣，最后形成大朵菊花。因其华丽而醒目，通常会作为果子博览会的展品而制作。

另外，皇室使用的菊花形果子的形状被确定为十六瓣徽章，不能用于一般的果子。

季语・秋

---

1 指菊水，即菊潭，在今河南省西峡县。传说饮其水可长寿。出自北魏郦道元《水经注·湍水》："湍水之南，菊水注之（中略）餐挹长年。"《太平广记》中亦有云："荆州菊潭，其源傍芳菊被涯澳，其滋液极甘，深谷中有三十余家，不得穿井，仰饮此水，上寿无比（中略）菊能轻身益气令人久寿有证。"

栗子
KURI

栗子是日本人的饮食生活中必不可少的一种坚果，从古老的绳文遗址中就曾发现过栗子的踪迹。随着时代的发展，从《万叶集》中山上忆良的“食瓜思子息 食栗更牵挂……”（第 5 卷）来看，栗子应该是一种日常常见的食物。栗子的甘甜无人不爱，其中极端的例子，当属《徒然草》中那个因为只吃栗子不吃米饭而错过了婚期的女子。此外，在狂言《栗烧》里，太郎冠者被主人吩咐要烤四十个栗子，但是因为烤好的栗子看上去实在是诱人，便忍不住边烤边吃，一个接着一个，故事内容非常滑稽。

有很多和果子都使用栗子为原料，比如栗羊羹、栗馒头、栗鹿子、栗金团等。比较有历史的是《日葡辞典》中可以看到的栗粉麻糬饼。它本是一种撒上栗子粉的麻糬，现在却变成了裹有栗子泥的金团 *。

如果说到形状像栗子的生果子，那么会先于时令，在夏末的店头找到它。用粉成 * 的果坯包裹馅料，做成栗子形，或者用金团果泥代表毛栗子的壳斗、裹在果子的外层，让人联想到滚落在山路上的栗子果。

有的栗果子的名称叫作“重阳”或“栗名月”等，它与农历九月九日重阳节吃栗子饭，并在农历九月十三日的十三夜供奉栗子的风俗习惯有关。配合节令品尝栗果子也别有一番情趣。

季语·秋

小芋头

KOIMO

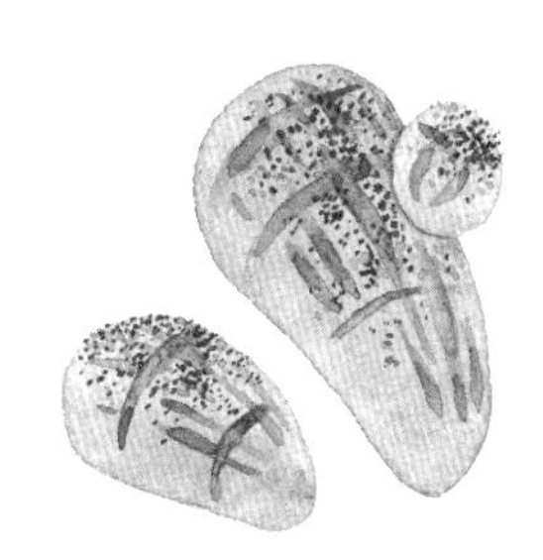

小芋头是芋头的别称。在江户时代，说到芋指的都是芋头。就像川柳中所说“举头望明月 垂首吃芋头”(《柳多留》)，有赏月而食的习惯。也许是因为联想到芋头的缘故，关西地区的月见团子*并非圆形，而是做成芋头形状。

在果子里，作为秋天的风物经常会见到芋头形状。将粉成*等白色的果坯做成芋头形，利用肉桂或者烙铁打造出芋头皮的样貌，边上再配上一颗小芋，使之整个看上去酷似真正的芋头。将这些果子冠以“小芋”“里芋”“披衣”（连皮蒸熟的芋头）等果铭，因为俳味甚浓，据说也非常受到俳人的推崇。有些店铺为使外观与口味达成统一，还用蒸熟并细筛出来的芋泥加糖做成果坯。用红薯或山药为原料制成的果子有很多，但使用芋头的果子应该说是很少见的。

另外，像小芋头形状一样，利用肉桂做出原物质感的还有笋形果子。制作工序为将粉成*的原料放在专用的木模中，一张一张地制作笋皮，然后用糖蜜将其粘贴到作为笋肉本体的果坯上，使其像真正的竹笋一样立体化。由于外皮上的条纹已经用木模印好，接下来只需使用毛笔蘸取加了肉桂的蜂蜜进行上色，即告完成。做好的果子呈茶色，除了在颜色上让人很有食欲，香气也甚佳。礼佛法事时，与做成黄瓜或西瓜等形状的果子一起，装盘供奉。

季语・秋

樱花
SAKURA

樱花是日本人的至爱，非他花所能及。虽说年年必开，但每年一听到各地传来的樱花花讯，依然会抑制不住地兴奋起来。四处巡访，渴望与樱花相遇的心情也让人觉得不可思议。

到了开始关心起樱花花事的时节，建议大家不妨稍微改变一下志趣，试着在和果子里赏樱。由初放时的“初樱”和“薄樱”，到盛放时的“花锦”和“樱山”，再到花落时节的“一瓣”“花吹雪”等，不仅果铭优雅，果子的样貌也随着樱花在颜色和形状上发生推移变化，令人赏心悦目。

樱花的表现手法多种多样，既可仿其形，制作样态逼真的樱花花朵，也可取其色，比如用樱花色的羊羹 * 或果泥来表现小花的聚集，营造山野尽染的景象。而落樱缤纷，形态如画，可以和木筏与流水、折扇 * 与霞光 *、牛车等很多其他图案很好地融合在一起，所以在和果子中，以樱花为题材的东西有很多。一边品尝果子，一边感叹樱花的魅力，谈论各地的赏樱名胜等与樱花有关的话题，不失为一件乐事。

在和果子店中看到樱花果子时，总会想起《古今和歌集》(春歌上)中素性法师的歌句：

但观樱花灿

却难与人言

连枝折在手

送与家人见

借吟咏和歌表达出一种率真的心情：樱花的绝世之美，让人不由得想折下来将其带回家作为礼物。出于同样的想法，不妨试着寻找自己喜欢的樱花果子，将它推荐给意气相投的朋友，或带回家慢慢品尝。

季语・春

笹竹・竹

SASA・TAKE

《竹取物语》的主人公辉夜姬是从竹子里诞生的公主。对于为什么是竹子，我小时候曾经感到迷惑不解，后来懂得竹子是神灵附体之物，才解开老故事中的奥秘。七夕节准备笹竹，将写有心愿的长条字签挂于其上，也缘于它的神圣性。此外，竹子不仅拥有笔直的主干，身上还有竹节，并一直保持青翠，这些特征颇合君子之趣，从而受到尊崇。它的图案也很受欢迎，除了松竹梅*寓意吉祥，竹子与麻雀*或老虎，或竹子与雪*的组合也较为常见。

像家纹中出现的那样，在果子里，可以见到三片竹叶、五片竹叶以及模仿竹段形状的落雁*和有平糖*。还有用绿色果坯制成的箬竹叶或者竹轮形状的生果子，看上去新鲜水灵。与松*和梅*一样，竹形果子多在冬天特别是新年元旦前后制作，撒上冰饼的撒粉象征雪花，做出箬竹披雪的雪竹风情，绿色被衬托得更加醒目。

箬竹团子、粽子*、竹筒水羊羹*等果子的存在，表明箬竹或者竹子作为一种包装材料也具有重要的利用价值。它颜色碧青，气味清香，质地柔韧，用于包装可以让人感受到植物的活泼生气，这种包装设计似乎包含着日本人的生活智慧和美学。粽子就是其中一个典型的例子，裹扎的形状也因地而异，富于变化，例如有方锥形、粮草袋形和三角形等。竹皮常用于包裹羊羹*，雅致的外表与丰厚的内容搭配在一起，仿佛天作之合。

水仙
SUISEN

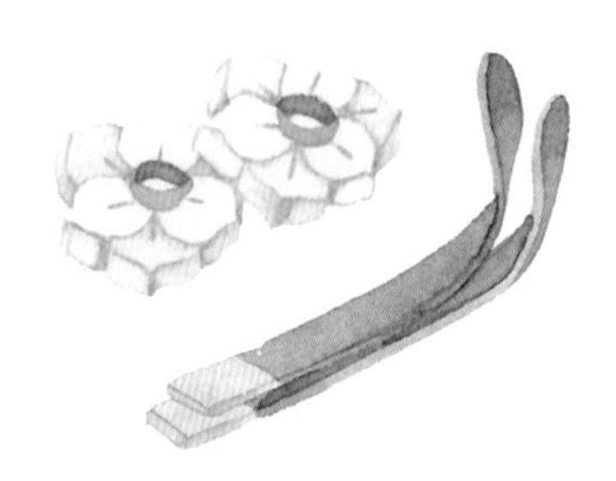

说到水仙花，能够成为话题的恐怕是那个著名的希腊神话。俊美的少年那喀索斯爱上了池水中映出的自己的倒影，最终溺死，变成了一株水仙花。据说自恋一词（narcissist）即由此而诞生。也许因为这个神话令人印象深刻，所以水仙总让人感觉飘着一股西方的味道。

实际上，水仙花的原产地在南欧，最早通过丝绸之路被带到中国，并通过中国来到日本。古时的水仙虽属野生，但或许由于传播扩展速度缓慢，所以在《万叶集》和《古今和歌集》等古典文学中都难以见到水仙的身姿。而在江户时代，一种被称为日本水仙的花卉作为绘画和手工艺品的设计元素，开始被运用到各个方面。其中有家纹和隐钉（为遮挡钉子头的装饰性金属）等，用曲线柔和的叶片衬托清雅的花朵，造型简洁洗练。

因为被作为新年花卉，所以以水仙花为设计题材的果子通常在十二月下旬至二月上市。白色花瓣配以黄色花冠的典雅花姿，多用手工制成或利用模具精工细作，也有一些隐钉设计的木模。

水仙因“盛开在水边的仙境之花”之意而命名，并且它也是著名的古琴师琴高仙人所钟爱的花，让人想一边回味这些古老的中国传承，一边优雅地品尝。

此外，像“水仙粽”“水仙馒头”等使用葛根的果子也用“水仙”做名字（第369页），这一点非常值得关注。从这个意义上讲，水仙花可以说是与和果子渊源颇深的花朵，可以不问季节。

季语・冬

芒草
SUSUKI

恐怕没有任何一种草会比芒草更适合用来象征秋天。长在田野里的芒草自古以来就一直是许多诗歌和绘画的主题，亘古不变地成为日本人所倾心的秋日原野风景。

忽觉秋野草生袂
却是芭茅花扶穗
招招轻袖挥

（《古今和歌集》秋歌上 · 在原栋梁）

芒穗随风摇曳的风姿，像是在对人发出邀请。在果子里通常使用烙印的方式，以描线的风格来表达这种意趣。不过用烙铁来表示群生的芒草比较困难，所以只设计成单独一株或者寥寥几株的图案。线条简洁，根据线条的粗细和微妙的角度，芒草的氛围也会发生细微的变化，烙铁上似乎也可以看出店家的风格，体现其不同的个性。烙铁通常用于馒头*和麸烧煎饼，但最传神的设计大概是直接以黄色煎饼为画布，印上图案。把煎饼本身当作满月，以配合赏月之情趣，这样的创意不得不令人大为赞赏。并且，赏月时之所以要装饰芒草，据说是因为它看起来像稻穗，可以用来祈祷丰收。

以芒草为设计主题的果子，“嵯峨野”（京都市右京区西部一带）之果铭时有耳闻。此地有许多贵族别墅，以秋草之美而闻名。在《源氏物语》中，六条御息所因自身的嫉妒而导致源氏的正妻葵之上最终死去，心中悔恨，在嵯峨野的野野宫进行洁斋。当御息所看到秋风中摇曳的芒草时，会是一种什么样的心情呢？

季语 · 秋

橘
TACHIBANA

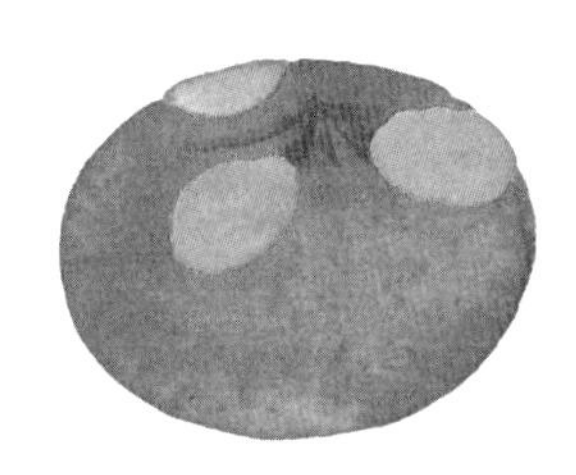

橘与和果子之间的渊源颇深。相传垂仁天皇将田道间守派遣到常世之国去寻找的“非时香果”(《日本书纪》《古事记》等)即为橘，因此可以说橘乃果子的起源，田道间守作为果子的始祖，以兵库县的中岛神社为代表，在部分地区受到祭拜。

因此，在江户时代的果子绘图中，我们经常可以看到黄澄澄的橘子果实。例如在虎屋元禄八年(1695)的果子样品册中就有“花橘”,《古今名物御前果子图式》中,有“橘饼”等。甚至现在，在雏祭即女儿节时，也可以看到类似的东西，想必是为了配合摆在雏人偶台上的樱花*和橘子装饰而制作。这种装饰起源于平安京大内内宫之中紫宸殿南阶下栽种的左近之樱、右近之橘。有的还会将雏人偶、菱饼*、樱花、橘子做成可爱的生果子，配套装饰，具有与女儿节相得益彰的喜庆之感。

橘不仅以其果实而闻名，还以其花朵的馨香馥郁而广为人知，自古以来就有各种诗歌传诵至今。其中特别著名的有：

橘待五月花绽放

闻之且思量

故人昔日衣袖香

（《古今和歌集》夏歌，佚名）

橘花花朵作为怀旧的象征令人印象深刻，如《伊势物语》第六十段所见。在江户时代的果子样品册中也有“袖香”的字样，黄色果坯上配以近似于家纹“向橘”的棹物，可从虎屋等店铺的果子中见到。当时的人们或许会从这种设计想起古老的诗歌。

季语・花＝夏

果实＝秋

地锦

TSUTA

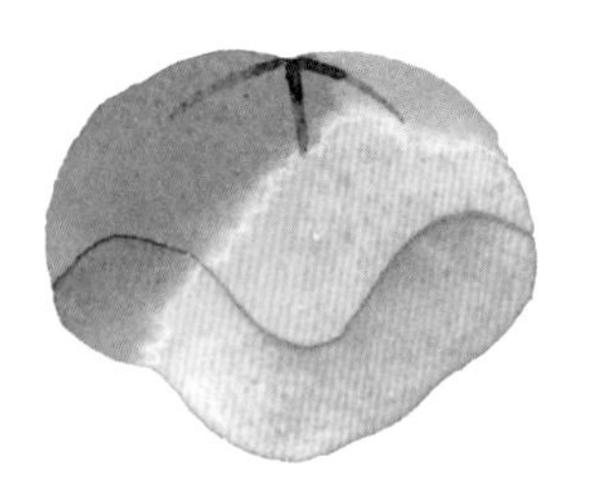

住家古朴道寻常

蓦见地锦攀山墙

红叶绕檐上

（《山家集》秋・西行）

看到地锦的叶子一天一天变红是秋天的乐趣之一。藤蔓伸展、四向攀延的景象，三叶或五叶的叶片形态，使它独具个性，拥有不同于枫叶的趣致。

在果子里，会将绿色和橙色的果坯组合在一起，形象地比喻逐渐着色的叶片外观，关于果铭，并非像龙田与枫树一样使用特定的地名和名胜[1]，而是多用更加简单朴实的称呼，例如“地锦红叶”“秋之锦”“轩叶”等。

生果子的造型，多为单片叶子的设计。说到单片叶子，大概有人会想起英语课本中欧·亨利的那篇《最后一片叶子》。想起那个执意认为如果从窗户看到的最后一片常春藤的叶片落下，自己就会死去的病中的少女。但是，即使遭遇风吹雨打，最后一片叶子也依然留在树上，这赋予女孩以勇气，最终让她战胜了疾病。实际上，那片叶子是一位老画家在夜里为这个女孩画的。虽然地锦是一种靠着攀爬才能够生存下去的具有依赖性的植物，但这篇著名的短篇小说却为其添加了不屈的印象，给人们带来了生的希望。

在平安时代，贵族会使用一种通过熬煮地锦树液而制成的名为甘葛的甜味剂（第 365 页），是像枫糖浆一样的东西，较为贵重。很少有人知道，地锦还具有这种实用价值。

季语·秋

---

1 《伊势物语》的第九段中有宇津谷岭（静冈县）的地锦细道，但通常不用作果铭。

山踯躅（杜鹃花）

TSUTSUJI

在日语里，杜鹃花的汉字写作踯躅。踯躅即踌躇，意为被花朵的美所吸引而驻足盘桓，杜鹃花因此而得名。

以杜鹃花为设计主题的果子，自江户时代以来，就经常使用“岩杜鹃”或“岩根杜鹃”等果铭。这种在公园和路边常可见到的花，为什么会与山岩的岩字放在一起呢？在调查的过程中，一首和歌引起了我的注意。

念君却如岩杜鹃
踯躅山石间
常思恋
不能言

（《古今和歌集》恋歌一 · 佚名）

正如这首和歌中所见，过去以岩通“言”，从岩踯躅（岩杜鹃）引申为不能言，是恋歌中常用的爱情之花。虽然有文字游戏在其中，但是当杜鹃花在岩石间生动绽放之时，古时的歌人大概也从中看到了爱的火焰。

于绿色的金团*或粉成*上点缀红色的果泥来代表杜鹃花花色的果子并不少见。它们不仅看起来精巧可爱，联想到前面的和歌，似乎还带着种恋爱的气氛，光艳可人。

在江户时代，杜鹃花作为园艺品种被广泛种植，以至于“赏杜鹃”一词也曾出现过。因为过于大众化，逐渐变成日常随处可见的花卉，所以开在山野中的杜鹃花具有野性之美，反而会更加吸引人吧。加上恋歌的联想，以及山里的清澈空气，杜鹃花的红色也许看起来格外鲜艳明朗。不由让人想认真探求命名“岩杜鹃”和“岩根杜鹃”的古人的心理。

季语 · 春

椿（山茶花）

TSUBAKI

红色山茶花

白色山茶花

纷纷落下

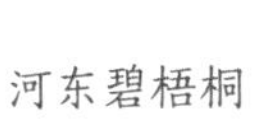

山茶花是一种会整朵落下的花。傲然绽放时其姿态便很优美，但更惹人喜爱的是它即使凋谢也不会零落四散，而是花形完整地点缀在尚有积雪覆盖的路边。据说过去的武士阶层曾经将山茶花的掉落与掉头联想在一起，因此颇为忌嫌，但是现在很少有人会这么敏感了吧。

一月至二月左右，会制作果铭为“玉椿”“姬椿”“白玉椿”和“花椿”等或红或白的山茶花果子，花型端庄。设计特征是要表现出个性丰富的花芯，或在果子中央的花窝中放上果泥，或将黄色的果坯完整定形成花，再粘上荒粉，使花芯部分变成单独一个点。

此外，还有一种罕见的模仿人造山茶花的果子。它代表东大寺二月堂装饰在修二会上的、用和纸做成的山茶供花，有黄色的雄蕊和红白花瓣，色彩艳丽。二月至三月左右，可以在奈良市内见到，让人感觉传统的节日文化就在身边。

山茶树的叶片独特，厚实而富有光泽。在果子里，有时会用炼切*来制作叶子，以配置在花朵旁，但建议品尝一下使用真正的山茶花叶子的椿饼*。这种夹在两片叶子之间的糕饼，在《源氏物语》中也曾出现过。过去曾用甘葛（第 365 页）增添甜味，但现在多是用道明寺果坯制作的带馅糕饼。有些果坯中还加了肉桂，气味芬芳。

季语 · 春

铁线莲·四照花·向日葵

TESSEN · HANAMIZUKI · HIMAWARI

很多和果子都会利用平安时代古典文学中出现的植物为题材进行图案造型的设计，而以下几种植物出现的频率也在日益增高。

铁线莲

这个看起来并不像植物的名字，来自它针一般纤细而坚硬的蔓条。据说铁线莲是近世从中国传入，曾流行用于工艺设计中，但不知为何在江户时代的果子绘图中却难得一见。或许因为缺乏故事性，所以它作为果子人气不盛。近年来，在做成六瓣淡紫色花型的外郎*和炼切*中时有所见。

铁线莲
是花火绽放时的
尾光

季吟

会让人联想起烟花或者风车的铁线莲，非常适合用于夏季和果子。

季语·夏

四照花

山茱萸科落叶乔木。从春末到夏初，被白色或浅红色的花萼围托着的花朵会在街道两旁绽放异彩。这种植物并不是日本古来就有的品种，明治四十五年（1912），东京市曾向美国捐赠樱花苗木，四照花是大正四年（1915）日本作为回礼收到的一个品种。它还有一个名字叫作美国山茱萸。

在果子中，四照花常见于炼切等物，做出向上打开的花萼形态，宛如全身都在接受光的洗礼。

季语・春

向日葵

在夏日的炽烈阳光下绽放出巨大花盘的向日葵原产于北美，来到日本是在江户时代以后。但是，这种带有异国感觉的花朵或许由于花型过大，很难赢得日本人的好感，所以在绘画和手工艺品的创作题材中并不多见。

在果子的设计上，最具代表性的就是在馅团的周身配以黄色的颗粒状果泥，以呈现聚簇成群的小花瓣齐齐绽放的姿态。向日葵会让人想起凡・高的画作和索菲娅・罗兰主演的著名影片《向日葵》（1970 年上映），可见它在欧洲很受欢迎。在款待外国人时，它是一种值得推荐的果子。

季语・夏

此外，在和果子里，欣赏到大丽花、康乃馨、西洋兰和西洋玫瑰的机会也在增加。

茄子

NASU

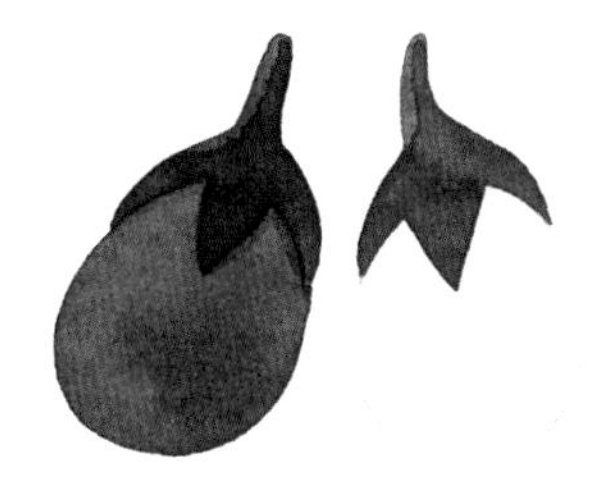

茄子原产于印度，其名称可见于正仓院文书，由此可判断是在8世纪左右传入日本。茄子会让人想起刁钻婆婆的那句老话——“秋茄子别让媳妇吃”。原本听说这句话的意思是茄子好吃所以不让媳妇吃，但是后来又听到另一种解释，谓秋天的茄子性凉，从媳妇的身体考虑不宜食用。这么一想也不是没有道理。

茄子的可爱形状也被用于江户时代的果子设计中。早些时候的有虎屋元禄八年（1695）的果子样品册中描绘的白色茄子，圆滚滚的外形，还带着与实物一模一样的果蒂。

即使到现在，也依然在制作用外郎＊果坯包裹白馅的茄子状的生果子，但是蜜饯＊茄子应该更加为人所熟知。将秋茄子煮熟，用糖浆反复熬煮，最后撒上砂糖。在长野县、千叶县等地的果子店中，这种蜜饯属于当地名果。因为按照新年初梦的传统，梦到“一富士二鹰三茄子”[1]才够吉利，所以有的果子会在品名中加上“初梦”的字样，非常适合作为新年礼物赠送他人。实际上，蜜饯茄子去除了新鲜茄子中的水分，变得更小更细，让人想把它当作一个梦的结晶，倒也别具妙趣。

季语・夏

1 关于由来有各种说法，根据《嬉游笑览》(1830序)的说法，在骏河的谚语中它是骏河的名产。另外茄子发音“nasu”也有实现之意，因此寓意吉祥。

抚子（石竹花）

NADESHIKO

萩花与尾花
石竹葛花加
藤袴朝颜外
女郎花不差

[《万叶集》第八卷，
译文引自杨烈译《万叶集》下，湖南人民出版社(1984)]

山上忆良的这首秋七草歌家喻户晓。按照顺序分别为胡枝子*、芒草*、石竹花、葛花、泽兰，这里的朝颜指的是桔梗*花，而最后的女郎花则是指黄花败酱草。这些花都有各自独特的韵味，但如果问哪一种才是人见人爱的万人迷，答案则会是石竹花，即抚子。抚子恰如其名，有爱抚孩子之意，它的魅力就在于具有每个人都会喜欢的楚楚风姿。据说它是《万叶集》的代表诗人大伴家持所钟爱的花朵，也是清少纳言所爱之花，《枕草子》第六十四段中写道："草花当属抚子。唐之石竹自不必言，大和抚子亦甚清妙。"中国传入的唐抚子（石竹）虽然得到盛赞，但"大和抚子"（日本原产的抚子花）后来也受到很多人的喜爱，并渐渐开始变成一个形容理想的日本女性的词语。

果子里的抚子，多用刻痕的方式来表现花姿的美妙，以淡红色居多，气质淑静。经常使用的果铭是"抚子"或者其古名"常夏"（因花期长，即使秋天开花，也让人联想到夏天花季时的繁茂景象）。

随着时代的变迁，仅凭"大和抚子"已经无法囊括理想女性的魅力。但是，抚子所象征的温柔善良和谦逊内敛的品格仍然是我们渴望珍惜的东西……品尝着和果子，人们也会自然而然地思考这样的问题。

季语·夏

菜花
NANOHANA

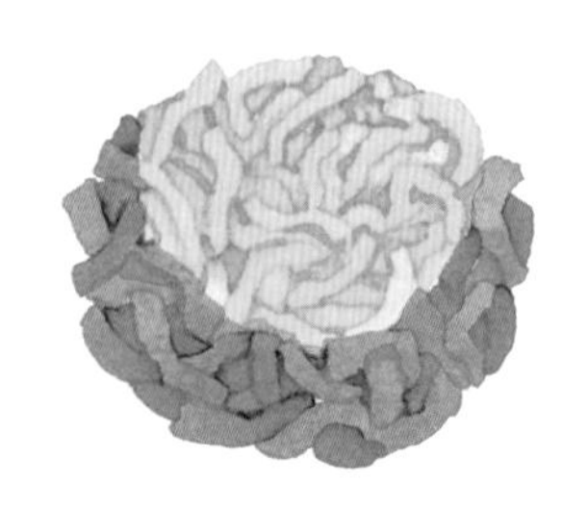

油菜花开

月亮在东

日在西

芜村

油菜花漫山遍野盛开的景象，让人体会到春天的闲适宁静，心生感动。望着油菜花田，不由得想沉浸到那个梦幻的世界中，但是当听到友人告诉我说："菜花田是为了获得菜籽油才存在的哟"，不觉一言惊醒，转身又回到了现实世界。这样说来，司马辽太郎《菜花冲》里的主人公高田屋嘉平卫，那个被称为江户时代的航运之王的人，就是大量栽种菜花的淡路岛出身。位于大海对面的本州在菜花田的延伸线上尽情铺展，让他对那里以及更远的异国展开想象，成为航运业者，在历史上留下功绩无数。在阳光下熠熠闪光的黄色菜花田，也许正在放射出使人元气满满的能量光圈。

菜花用在果子里，春光烂漫的印象仍然很强烈。由绿色和黄色果泥组成的金团＊是其经典款，被称为"菜种金团"或"菜花金团”等。

茶席上的果子比较著名的有松江名果“菜种之乡”(三英堂出品)。是一种寒梅粉加糖制成的黄色打物，撒上炒米，用来象征白色的蝴蝶在菜花田里飞来飞去的景象。用手随意掰下一块食用，可以欣赏到它自然的形状，还可以品尝到微微的咸味，很是奇妙。据说这个果铭是由茶道造诣极深的松江藩第七代藩主松平治乡(号不昧)所取。

季语·春

南天

NANTEN

南天的汉语名称包括南天竹、南天烛和南天竺。按照顺序来说明的话，“竹”是指叶片形状比较近似于竹子；“烛”意味着果实呈红色，闪耀着光泽；而“竺”则表示其来自印度。而渐渐地，末尾一字被省略，开始称之为南天。

南天不仅可用于观赏，因其发音还带有困境转折的含义，所以备受日本人的喜爱。据称，古时候武士在上阵之前会在铠甲上插戴南天的叶子，还要吃“捣栗”以祝胜利[1]。现在，它仍然作为一种防火防贼的标志被种在花园里，而放在红豆饭上、以防食物中毒的风俗也一直流传至今。坐果时节的南天通常被用于新年装饰，因为寓意吉祥，也经常与松*和福寿草*组合在一起。

在果子里，南天是冬季特别是新年常用的图案造型。制作成生果子时，会在绿色的叶形果坯上放置红色果实形状的材料，或用绘画的形式来表现，在羊羹*的表面上使用纸样画出南天图案，非常适合用作喜庆仪式的礼品。有时还会在最后撒上冰饼，或者将羊羹的质地做成白色，借以表达雪的风情。

生果子中，有一些造型会让人误以为是南天，但果铭却是千两、万两、薮柑子[2]。它们都有引人注目的红色果实，也都是用于新年装饰的植物，特别是薮柑子——紫金牛，也许因为经常用于盆景，所以让人感到亲切。

季语·果实＝冬

1 捣栗是用臼将干栗子捣去果壳和种皮，因“捣”字与“胜”字发音相同（kachi），所以也称为“胜栗”。过去是武士的吉利三肴之一，现在也多会在新年和祈愿胜利时食用。

2 依次分别为草珊瑚、朱砂根和紫金牛。

叶
HA

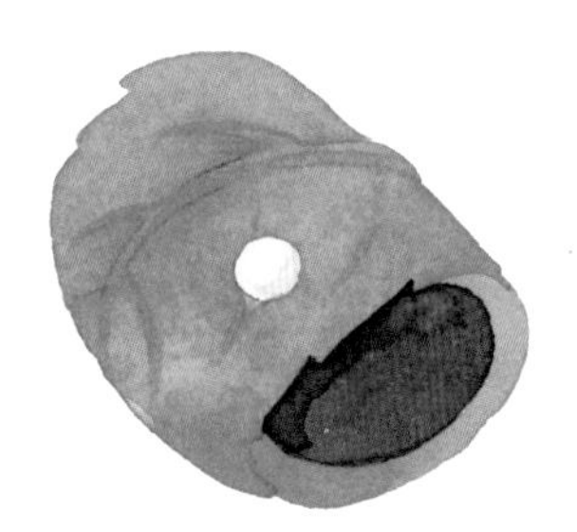

四时样态各不相同的树叶，在和果子的世界中最适合用来表现季节感。以地锦*、枫、卫矛的叶片为造型的果子，使用相同的叶片形状，但会在颜色上赋予变化，从初夏的绿色变为秋天的红色和黄色。如果再放上果泥颗粒或者撒上冰饼粉，使之看上去如霜*似雪*，氛围又会进一步发生变化，充满冬日风情。

在设计成叶片造型的果子中，初夏时节常见的“落文”尤其引人注意。这种果子是将绿色果坯做成叶子形状，卷上馅团而制成，有时会在叶子的角落粘上圆形的颗粒，用来代表露*珠。这种果子还有“寄文”“杜鹃落文”等名称，让人想赠送给许久未见的好朋友。

有关“落文”，流传着一个优雅的故事。相传兵败于保元之乱的崇德天皇（1123—1141年在位）在被流放到赞岐时，每当听到杜鹃鸟的鸣啼都会想起故都，遂叹而歌：

鸟鸣啁啾

闻者怨幽

慕都已久
故土难求
子规啼忧
此乡尤愁
惟愿鸣绝
但求声休

听到歌声的杜鹃从此便停止了鸣啼，而代之以丢落树叶，就像是寄来一纸信笺（《云锦随笔》）。

用实物叶片包裹着麻糬的果子，尽管难以和“落文”联系在一起，但是它的美味却不容错过。以樱树、槲栎树、箬竹等植物的叶子为代表，怡人的芳香渗透到糕饼之中，给果子更添一层风味。

萩（胡枝子）
HAGI

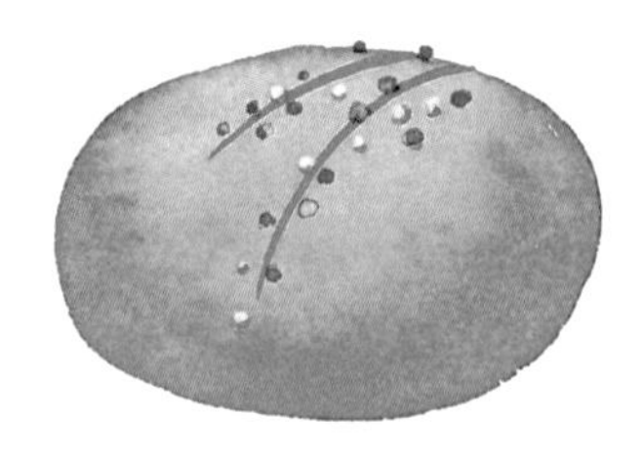

上小学时，听到胡枝子，即萩花，首先想到的就是花牌上的画（当时在小伙伴之间，花牌和歌牌扑克游戏一样，非常盛行）。胡枝

子给我的印象就是一种常常与野猪搭配在一起描绘秋天的植物。

也许是因为这些记忆，当我得知胡枝子是《万叶集》当中被咏颂得最多的植物时，竟完全无法将它们联系在一起。

白露
是秋日清晨
雄鹿伫立的原野上
胡枝子托着的
珠玉

（《万叶集》第 8 卷，大伴家持）

这是吟咏胡枝子的和歌之一，优雅无比。真正的胡枝子花是紫红色的小花，清秀雅致，富有内涵，我开始觉得花牌上的画未免太过单纯了。在果子里，会用荒粉和红豆来拟喻可爱的小花，利用木模绘画般地表现花朵的形状，果铭有“溢萩”，还有以胡枝子花闻名的宫城县地名“宫城野”以及来自清凉殿一个房间的名称“萩之户”等。

不过，在和歌里经常与鹿为伴被吟哦咏诵的胡枝子花，为什么在花牌中却总是与野猪共同出现呢？实际上，这背后有一个文字游戏。就像野猪肉火锅被称为牡丹锅一样，野猪肉在俗语当中叫作牡丹。牡丹自会使人想到牡丹饼，继而联想到萩饼 *，于是，萩花就这样被卷了进来。而“卧猪之床”（铺垫茅草、芦苇、枯草等物的野猪窝）一词，似乎也与“萩与野猪”的画面有所关联。

季语·秋

莲
HASU

象征着极乐净土的莲花是礼佛活动中必不可少的一种意匠设计，带着一缕沉香之气。莲花果子通常用于佛教仪式和彼岸节。特别是在彼岸节期间，连便利店里都堆着形状像莲花的落雁*。它主要用来供在佛坛，超出了作为食物的意义。而现在已经不太常见的丧仪中的三盛果子，也经常会使用莲花的造型设计。不仅是花朵，也可以见到设计成蜂巢状花托的木模。

另外，在邻邦中国也有莲花形状的果子木模，主要用于喜事庆祝。莲花的中文读音为“lian”，而恋也发音为“lian”，因此，莲也有恋人、情人之意。遗憾的是，在日本，这种解释很难传播开来。

如前所述，莲花形的和果子与丧仪紧密相关，但是使用莲子、莲藕和淀粉制成的果子却可以随时品尝。随着亚式甜品的推广，莲子粥和加了莲子的汁粉*开始渐渐为人所熟悉，而莲子制成的甘纳豆*也非常美味，一口大小的可爱造型和适度的甘甜令人着迷。此外还有用藕粉制成的羊羹*、麻糬*、莲藕蜜饯*，以及将切得薄薄的莲藕片放在小麦粉煎饼*上做成的果子。

有一种已经流于传说的莲藕果子，是从断面可以看见莲藕片的蒸羊羹。常见于江户时代的果子样品册，被冠以“水车羹”或者“车轮羹”之类的名称。莲藕的截面圆圆的，似乎像车轮一样可以旋转，古人丰富的想象力也令人由衷感佩。

季语·夏

葫芦

HYOTAN

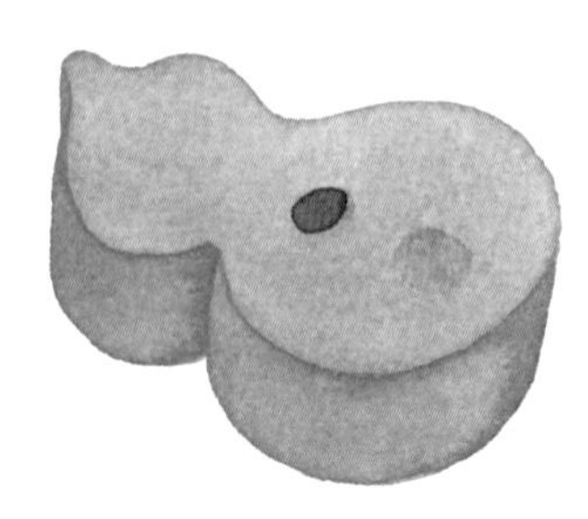

一种葫芦科植物，它的名字本身就非常诙谐生动。葫芦的形状奇妙，仿佛是造物主的玩笑之作，充满童趣，看着就让人感到心情舒缓。但与飘然不羁的气质相反，其颇具实用性的一面也让人对它钟爱有加。葫芦不仅是盛放清酒的好容器，它横切为碗，纵切成瓢，甚至，还可以变身为一种乐器。早在绳文时代前期的遗址中，就曾发掘出加工成器物的葫芦外皮，由此可见葫芦与日本人之间关系的深度。

随着时代的推移，到了丰臣秀吉时，将千成葫芦作为马印也是一段著名的史话。那是一种将群生葫芦作为图案的旗徽。因为葫芦可以带来胜利，也寓示子孙繁荣，是一件非常吉利的物事。

在果子里，通常使用模具或者手工制作来表现葫芦的外形。将琥珀羹倒在模具中凝固成形，晶莹剔透，非常具有夏日气息，里面像是饱含着纯净水一样充满凉意。

江户时代的果子绘图中，比较风雅优美的有果铭为“薄紫”的果子，淡紫色的羊羹＊截面上可以看到白色升斗和葫芦的形状（松屋常盘和二口屋能登的样品册）。淡紫色用来代表紫藤＊花，呈现一种在藤架下赏花饮酒的生活情趣。可惜的是目前已经不再制作这种果子了。

季语・秋

枇杷
BIWA

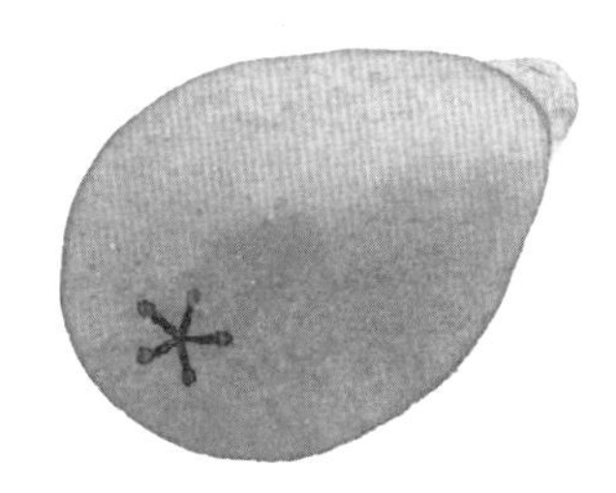

这种初夏成熟的果实形似乐器琵琶，因此得名。

日本自古以来就有果实小巧的天然野生枇杷。在《古今和歌集中》中，有一首以“箬竹 松 枇杷 芭蕉叶”[1]为词书（歌词前言）的和歌：

犹待微时

岁月在踌躇间

倏然流逝

[1] 这首和歌只取四种物名的发音，未取其意。故在此只译其诗文原意。

心意

却已昭昭若见

（物名 · 纪乳母）

此歌利用语言技巧，将枇杷织进了句子当中，寓歌于乐。但是，枇杷在当时并没有被食用。日本人懂得享用甘美的枇杷果肉的历史并不算长，相比之下，其叶却非常受到重视。将枇杷叶子晾干切细，与肉桂、甘茶等混合在一起，煎成汤汁服用，据称可以消暑祛热，属于一种民间药方，在江户时代非常受欢迎，甚至还出现在街市的路边摊上。但另一方面，因为枇杷树阴气较重，所以有“种在家中病人不断”的说法，给人的印象不是很好。

据说，现在知名度很高的长崎县茂木的枇杷是在幕府时代末期从中国带来的。该品种的果实大而甘甜，常用于和果子的制作，加在果冻和烘焙果子里也越来越受欢迎。

在夏季，经常会见到做成淡橙色琵琶果实形状的生果子。说到枇杷，还有一个难点在于它果核的大小，因此目前也正在向果肉多果核小的方向进行品种改良。不过，在果子当中，可以用馅料来代替果核部分，能够整只食用，实在令人欣喜。

季语 · 夏

福寿草
FUKUJUSO

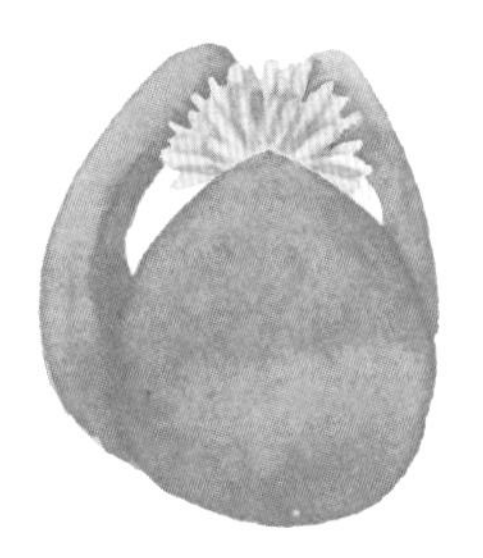

正如它的另一个名称元日草，福寿草适用于新年时壁龛中的装饰摆设。作为盆栽植物，它是一种供观赏的小花，但是在寒冷的空气中它会变成金色，熠熠闪亮，可以说是一种充满了新年祝福之意的吉祥植物。

在俳句中，也有“春天潜入花轮中 福寿草”（信德）“照得到阳光的纸拉窗 福寿草”（永井荷风）等佳句，多借福寿草来喻示新事物的开始。

也许是因为经常会出现在新年贺卡和杂志插图中，福寿草给人的感觉是初春的代表性花朵，即使在平安时代的古典文学世界里也应该是这样，但实际上，它是在江户时代初期才开始栽培的。后来经过很多改进，种类也有所增加。在使用农历的年代里，福寿草正好是在新年前后盛开。但是如今使用新历，所以人们悉心研究，采用温室栽培等措施，以赶上新年。为了使其名副其实而调整或干涉它的自然节奏，多少会让人感觉有些不妥，但另一方面，这却又能够给人带来一种奢侈的喜悦。

就果子而言，有的用绿色与黄色的果泥组合来代表它胡萝卜般的绿叶和可爱的黄色小花，也有的使用木模，造型精巧，看上去十分漂亮。作为新年的吉庆果子，在设计上自然也下了一番功夫。

季语·新年

紫藤

FUJI

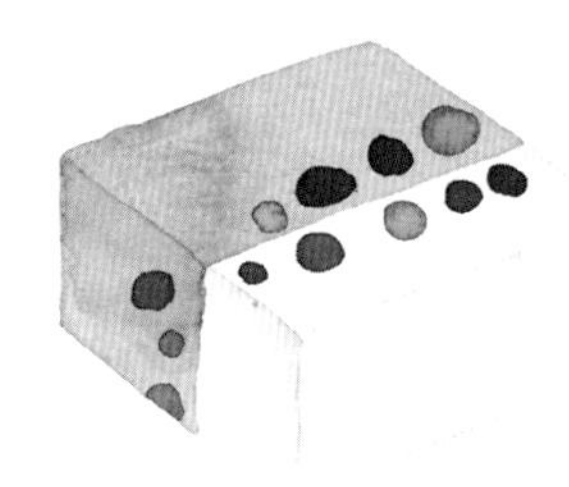

蝴蝶般的小花聚集在一起，像水晶吊灯一样营造出奢华的氛围。望着紫藤花，会让人想起平安时代荣华一世的藤原氏，想象贵族们的赏藤盛宴。而作为旅游纪念品大受欢迎的大津绘《藤娘》以及以此为灵感而创作的歌舞伎舞蹈《藤娘》，又会让人觉得紫藤虽然深得贵族的赏识，但同时也受到了平民的喜爱。它不仅花朵娇美，藤蔓的形态还充满了丰饶富庶以及子孙繁荣的意味，这大概是它能够成为一种吉祥植物的基础。

从江户时代开始就出现了以紫藤为设计题材的和果子。有的用红豆粒代表紫藤花朵，撒在羊羹*之中；有的以白色和紫色果泥的金团*来表现；还有的会利用木模精细地塑造出花簇的形态，多种创意花样繁多。而果铭也有“白藤”“藤波”“藤架”和“花藤”等，十分优美。

另外，有一种名为“藤之花”的果子，是用拧成螺旋形的新粉麻糬，点缀以红豆或者豇豆，来表现花串的形貌，虽然造型简单,却很形象地抓住了紫藤的特点,让人不由击掌赞叹。“藤之花”自古以来就有制作，也被称为“白丝饼”“寄水”，江户时代面向女性的实用百科全书《女重宝记》(1692)中曾有记述，言及“带有豇豆的糁粉 乃紫藤花”。如今在京都偶尔可见的螺旋形的“糁粉”，还可以让我们看到它的昔日面容。

季语・春

牡丹

BOTAN

牡丹原产于中国，据说是在奈良时代东渡到日本，如今依然带有浓郁的中国风格。自古以来，牡丹就以充满异国情调的华美之感而备受推崇，寺院和古城里的袄绘上那些华美艳丽的牡丹，可以让人体会到当时的权贵阶层有多么热爱这种花卉。

作为果子的造型，牡丹经常会出现在晚春至夏季。如果利用木模来取形，将多重复瓣的大花以绘画般的形式来表达并非难事。果铭有“富贵草”和“名取草”等，充满尊贵厚重之感。较为罕见的是一种百兽之王狮子与百花之王牡丹互为表里的木模（虎屋藏品）。天保十五年（1844）的年记中为这种木模取果铭为“友镜”，可以推断其与能乐《石桥》有关。《石桥》是能乐中的一段著名的狮子戏牡丹的舞蹈表演。在舞台上，文殊菩萨的使者狮子出现在清凉山的石桥上，周围是一大片盛开的牡丹，蔚为壮观。后来，以这部作品为基础，又创作出《连狮子》《镜狮子》等各种狮子舞。也许有的人喜欢在品尝果子的同时，回味这些传统的舞蹈艺术。

另外，经常会在盛夏看到一种名为“水牡丹”（如图）的果子。它用加了葛粉或寒天材料的果坯包裹红馅，透过半透明的外皮可以看到里面的嫩红，色泽娇艳。似乎是在用色彩来象征牡丹的华美。

季语·夏

松
MATSU

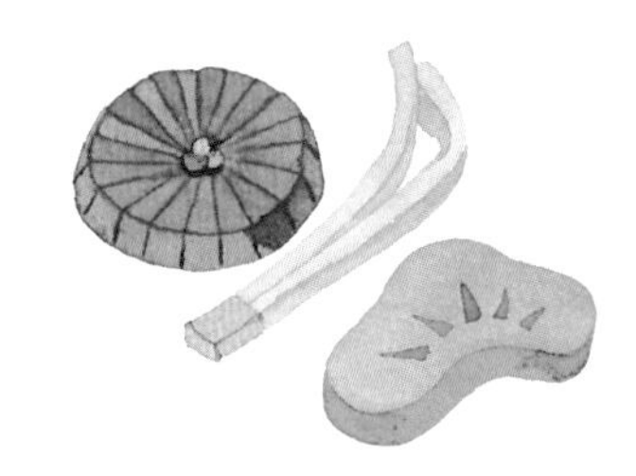

常盘松之翠葱茏
春来郁郁色更浓

（《古今和歌集》春歌，源宗于）

常青的松树是长寿不老的象征。作为一种有神灵寄宿的神圣植物，古来就受到称颂。作为松竹梅＊之首，给人一种最为吉祥的感觉。

在果子里，松也是新年和庆贺活动时喜闻乐见的一种图案造型，有做成松叶和松塔形状的干果子，几乎可以乱真，也有做成绿色的羊羹*和金团*，用颜色来象征松树。还有很多设计会将它与日出和雪*景结合在一起，让绿色显得更加鲜明。另外，还经常会使用“千岁松”“常磐松”和“千代松”等在过去常用来强调松树之永恒性的果铭，本文开篇那首和歌中的“松之翠（绿）”也非常受欢迎。江户时代的果子食谱中，在烘焙和蜜饯*两种类型的果子中都有松出现。前者也叫作“绿”（第197页），它是将小麦粉加糖的果坯切小，进行煎烤之后再挂糖（《古今名物御前果子秘传抄》）。后者是将春末的“立于松心之物”（或许是松花）先进行焯水，然后与砂糖一起熬煮而制成的果子（《鼎左秘录》）。《古今夷曲集》（1666）第八卷中，有词书为“坐读名绿之果的出现”，词曰“常盘松之绿葱茏 春来果子味更浓”，就是前面那首和歌的戏仿之作。

另外，说到“松风*”，是指小麦粉面坯焙烤之后撒上芝麻和罂粟籽的一种果子。各地都有形状和质感各异的松风。

红叶
MOMIJI

春天赏樱花谓之花见，秋天观红叶则称为“红叶狩”。不用见字而是用狩字，非常符合红叶的气质。感觉像是追逐猎物一般踏入深山，与耀眼夺目、非凡间所能有的锦绣之美悄然邂逅。

在果子当中，红叶是秋天的主题。人们可以在其中尽赏枫树、地锦、银杏＊和卫矛逐时渐染的景象。其中最惹人注目的要属枫叶。夏天有枫叶形状的绿色果子，充满若枫之风情，到了秋天，果子的颜色就变成了红和黄色，用“龙（竜）田”和“红叶之锦”等与红叶有关的果铭。其中“龙田”是地名，位于奈良县生驹郡斑鸠町，自古以来作为红叶胜地而闻名遐迩。

龙田尽作唐红染
神世千古未曾闻

（《古今和歌集》秋歌下 在原业平）

以这首和歌为代表，龙田川和龙田山在很多和歌当中出现，如果出现龙田之名，其主题一定是围绕红叶。尤其是枫和流水的组合，作为器物以及和服的一种纹样而为人所熟悉。

另外，也经常可以见到用红色、橙色和黄色的羊羹*或果泥对红叶进行抽象式表达的果子。干果子的话，推荐制成银杏和枫树形状的工艺云平*，将银杏果或者松塔等形状的打物组合在一起的什锦干果——吹寄*也值得一试。盛在小簸箕里的什锦干果，洋溢着秋日风情，让人沉浸在游山踏野的氛围之中。通过以红叶为主题的果子，来了解全国各地的红叶名胜，慢慢去体会秋天的季节推移，何乐而不为呢?

季语・秋

桃
MOMO

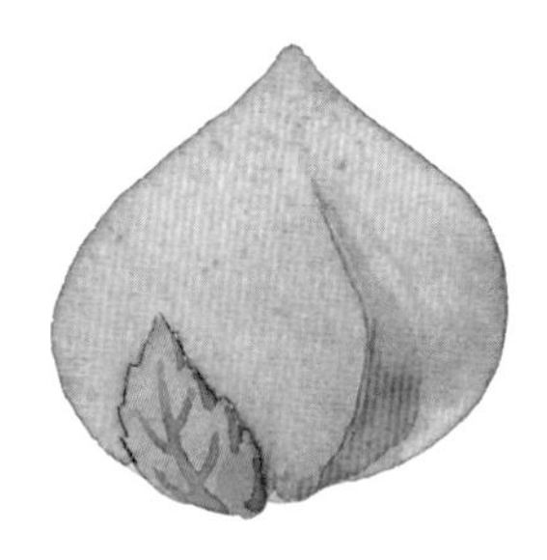

桃花对于雏祭（女儿节）来说不可或缺。在柔和的花色围绕之中，雏人偶看起来似乎也充满了喜悦。用桃花暗喻甜美的世界，会让人联想到《桃花源记》，想起中国诗人陶渊明笔下的桃源乡。

《桃花源记》讲述了发生在晋代的一个传说。相传武陵的一位渔人迷了路，最后走到桃林深处，却发现了一处理想住所。渔人在那里受到了村民们的盛情款待，欣然返乡。但是当他再次出行想故地重游，却再也找不到那个地方了。如果自己也能够误入这样一个和平而让人流连忘返的世界中去的话……这个传说总是会让人浮想联翩。

女儿节时制作的果子经常会以桃花为设计构想。与梅*和樱*一样，用烙印或者手工塑形来表现花的形态，但是由于桃花的花期较短，所以给人的印象比较淡薄。也许有人会嫌它土气，但是我却觉得，正是这种看似土气的野趣，才更适合一个乌托邦式的理想之乡。

不仅是花，桃的果实也备受果子设计者的青睐。这恐怕也与中国的传说关系很大。相传西王母坐拥的蟠桃园三千年结一次果，吃了园中的桃子可保人长生不老，由此，诞生了以“西王母”和“仙寿”等为果铭的桃形果子。同样，在中国料理当中，桃子形状的馒头*也经常会作为甜品出现，便是取其长寿吉祥之意。

在长崎，还有一种桃子卡斯特拉，是在卡斯特拉的表面用擂蜜做出桃子形，在女儿节的雏祭等庆典活动中非常受欢迎。这款将中国传统的馒头与南蛮果子*卡斯特拉巧妙融合在一起的糕点，是只有在长崎才会诞生的独特名果。

季语・花－春　果实＝秋

棣棠

YAMABUKI

装点着春末到初夏的棣棠花，拥有金黄色的华贵气质，与其小判和大判之别称恰相应和。自《万叶集》以来，棣棠就被看作是传统的和歌题材之一，而在果子当中，有许多也与棣棠花有关，例如“水棣棠”“棣棠饼”“八重棣棠”等，自江户时代就开始制作。其中“水棣棠”在虎屋元禄八年（1695）的果子样品册等资料中曾经出现，黄色、黑色和黄色的三层棹物设计是最经典的样式。“水棣棠”一词字典中查不到，大概是对经常在水边盛开的棣棠花姿进行的一种抽象化表达，似乎可以让人想象到河岸上群生的花丛。

另外，井手（京都府缀喜郡井手町）的棣棠久负盛名，因此“井手之乡”和“井手玉川”的果铭也经常会被用到。即使设计有所不同，但因为棣棠的颜色特点，果坯用栀子果染黄也是习惯的固定做法。

棣棠会让人想起室町时代中期的武将、江户城的建造者太田道灌的故事。有一天，道灌狩猎归来，路上遇雨，他向一户民家借蓑衣，民家的姑娘递过来的却是一枝棣棠花。道灌不解其意，心里有些气恼，直到后来通过一首和歌，才明白其中的奥秘——

七重八重棣棠开

却无一花结果来

怪哉[1]

（《后拾遗和歌集》杂五 · 兼明亲王）

用果实（mino）挂蓑衣（mino），一语双关，表示没有的意思。这种隐晦深奥的表达，让道灌自此顿悟和歌之机缘。不知怎的，突然也想请道灌品尝一下果子当中的“水棣棠”。

季语 · 春

1 也有的书以“悲哉”记。

柚子
YUZU

柚子的优雅香气在日本料理中必不可少。果子自然也不例外，使用柚子外皮或果肉制成的羊羹*、果酱、麻糬*和干果子等不胜枚举。

作为各地都有制作的名产，可以柚饼子*为例。它是一种柚子风味的麻糬，加入核桃和味噌等食材，做成四方形或者羽毛毽子（板羽球的羽毛）形。特别是在石川县轮岛市，会使用整只柚子果，挖出里面的果肉，塞入核桃和味噌、砂糖等蒸熟，制成的果子尤为著名。

柚饼子全年都有售，但柚子形的生果子却多是作为季节限定商品，在冬至左右进行制作和出售。最具代表性的就是馒头*，它是将以薯蓣为原料的果坯染成黄色，包裹馅料，表面用筷子头扎出痕迹，做出粗糙的感觉。蒸好之后再安上果蒂即告完成。因为果坯中加入了柚子皮磨成的泥，所以气味芬芳。另外，还有一种挖掉部分柚子皮，里面注入羊羹的柚子羹。

冬至的时候泡柚子澡，不仅可以享受它的芳香，还可以预防感冒，因为据说柚子具有药用特性。柚子的果子当中或许也包含了消除病痛的美好愿望。

季语・秋

百合

YURI

开在

夏日山野的

茂草之间

姬百合

不为人知的爱

是痛苦的

（《万叶集》第 8 卷 · 大伴坂上郎女）

尽管百合与玫瑰一样，通常被认为是一种西洋花卉，但古书《万叶集》中也吟咏了它令人印象深刻的身姿。另外，在和服设计和屏风画中也经常会用到百合素材，古语有云“立如芍药，坐似牡丹，行姿步态若百合”，百合经常会被拿来比喻美人的动作举止。令人惊讶的是，日本有很多种百合以供鉴赏，甚至被称为百合花的王国。百合与日本,或者说与日本人之间有着很深的渊源。

虽然百合自古以来就受到人们的喜爱，但奇怪的是很少能在果子的图案设计中发现百合的身影。虽然有百合造型的木模和濑户模等模具，但却鲜为人知。而生果子当中则更为少见。也许它从细细的花茎横向张开的开花方式、娴静的花瓣以及雄蕊和雌蕊形状，具有难以制成果子的特征。通过查阅，我发现在家纹当中使用百合的例子也是少之又少。也许在武士社会中，横向开花或向下开花都很难受到推崇，但这只是一种猜测，真相依然是个谜。

季语・夏

若菜

WAKANA

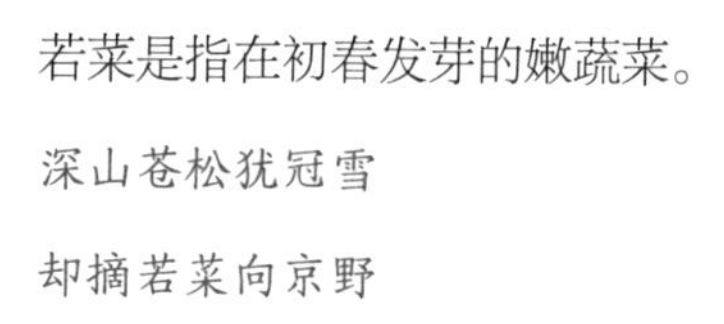

若菜是指在初春发芽的嫩蔬菜。

深山苍松犹冠雪

却摘若菜向京野

（《古今和歌集》春歌上 · 佚名）

正如歌中所咏，过去有在野外采摘嫩菜，在一月的初子之日和七日的白马节会（宫廷仪式之一）上食用的习惯。为驱除一年的邪气，祈愿长寿不老，似乎与现在的七草粥有一定的关联（水芹、荠菜、鼠鞠草、繁缕、野芫麻、芜菁、白萝卜）。

而且在平安时代，有着到达某个年龄节点要举行庆祝的习惯，比如四十贺、五十贺等。作为贺礼，会举办赠送若菜的仪式。在《源氏物语》的《若菜》帖中，源氏四十贺的庆祝会上，养育了玉鬘的双亲也向他进献了若菜，此帖因此而名。这个习俗的意义，大概在于渴望感染到若菜新鲜的生命力。

在果子世界里，自江户时代起便开始制作“若菜饼”。可以在食谱书中发现它的做法，是用求肥*包裹馅料，然后放入青大豆粉（《古今名物御前果子图式》）、高粱粉（禾本科的唐黍）、蕨*粉和白砂糖混合之后蒸熟，再撒上青海苔（《鼎左秘录》）。而用绿色果泥做成的“若菜饼（金团）”和可爱的小芜菁形状的“若菜”等果子，在江户时代的果子样品册中也可以见到。

季语·新年

蕨

WARABI

生长在山野的蕨菜，可以说是春天到来的象征。记忆中首先出现的就是《万叶集》中的和歌。

湍流岩上奔

蕨芽初萌垂水畔

忽而已逢春

（卷八 · 志贵皇子）

蕨菜的形状独特而有趣，让它具有其他早春植物所没有的吸引力。乍看之下，形似卷拳而握的婴儿手指，令人印象深刻。铜铎、武器、佛具上也可以看到这种蕨手的纹样，但最令笔者难忘的是据传为本阿弥光悦所做的“樵夫莳绘砚箱”（由 MOA 美术馆收藏），在盒盖的内侧，有一幅形象生动的蕨草图。也许自然界造物之风趣激发了光悦的创作欲望。

在日常生活中，蕨菜大概会让人想起礼封上的“熨斗”[1]字样。因为与蕨菜的样子近似，所以也叫作“蕨熨斗”。

在果子里，经常可以看到蕨形的烙印和木模设计或者州滨*，

---

[1]（第 46 页）日常馈赠时，礼品包装上通常用“熨斗”的平假名字样代替礼签，写成花体字，形似蕨菜。

在雪白的薯蓣馒头的表面打上印记，营造出雪地里冒出的早蕨的风情。另一方面，做成一口大小的蕨形州滨，会让人联想到采蕨菜的场景，不由得想将它们一个个摘下，收罗到器物之中。

季语·春

鲇（香鱼）

AYU

鲇即香鱼，体态苗条，即使在鱼类当中也算是身形姣好的一个品种。其在清澈的水流中优雅游动的泳姿实在是令人赏心悦目。

很多果子都做成香鱼的形态，特别是在夏季，名为“若鲇”“烧鲇”的烘焙果子尤其引人注目。将加了鸡蛋的小麦粉果坯烘烤好，夹入求肥*，用烙印或烙铁做出眼睛和鱼鳃等部位，再折出尾鳍，做工极为精细。香鱼的外观形态因店而异，也令人兴味大增。如果用作手信或礼物，推荐青竹篮包装的鲇果子，非常适合香鱼肥美的季节。

另外，夏天还经常可以见到香鱼形的小羊羹*漂浮在晶莹透明的锦玉羹*中，以及形态逼真的香鱼炼切*生果子。不拘泥于季节的还有制成香鱼形的最中*和煎饼*，通常在新潟县鱼野川和岐阜县长良川等以钓香鱼而闻名的观光胜地，作为当地特产制售。

鲇是夏天的季语，但如果说到押鲇（食盐腌渍的香鱼）时，则与新年有关。香鱼的寿命大约一年，别名也叫“年鱼”，所以有新年食用的风俗，用于新年果子花瓣饼*中的牛蒡，也是取其外形用来拟代香鱼。

季语・夏

兔子

USAGI

“追过野兔那座山……”（《故乡》），“兔子兔子在看啥 蹦蹦跳跳在看啥……”（《兔子》），对于每个人来说，兔子都是一种再熟悉不过的小动物，连童谣中都经常会唱到它们。果子的木模或

烙印的设计也有各种形态姿势，或跳或坐。做馒头＊时，将面坯做成蛋型，用烙印的方式印上耳朵，用筷子头点出红红的眼睛，就像用南天＊的叶子和果实做出的雪兔一般可爱。在圆圆的麸烧煎饼中，有的只画出耳朵和眼睛的形状来代表兔子。兔子图案因为容易辨识、形态乖巧，深得孩子们的喜爱，所以也经常用于幼儿园的入园典礼和生日庆祝、七五三节等场合。虽然兔子并没有红色的，但如果是馒头，出于庆祝目的，有时会制作红白兔子套装。

在过去的木模设计中，有奔跑在海浪之间的兔子。这是寓意经常成为诗歌与歌谣题材的竹生岛。竹生岛位于滋贺县的琵琶湖中，周围约两公里水域，自古以来就被人们奉为神岛，累积了深厚的信仰。在海浪中奔跑的兔子是来自禅僧自休在访问竹生岛时写的诗歌，当中有一句："绿树沉影鱼木上，月落清涛兔奔波……"也许那种奇幻的景象受到人们的喜爱，这种独特的设计在江户时代也经常用于手工艺品，但现在已经很少有人知道它的含义了。如今比较喜闻乐见的应该是玉兔配明月＊，这也是一种非常古老的经典组合。有一些干果子的设计就是将圆圆的月亮与兔子和芒草＊搭配在一起，用于赏月最受欢迎。

季语·冬

鹌鹑

UZURA

在禽类中，鹌鹑饱满而圆滚滚的外形独具特征。受到中国的影响，鹌鹑自古以来就是日本绘画和工艺设计的题材之一，但在江户时代，鹌鹑也被当作宠物饲养，人们热衷于通过判断它叫声的优劣来进行比赛。

因为鹌鹑是一种常见的动物，所以很早就出现在果子世界里。战国时期的公卿山科言继留下的《言继卿记》，在天文二十二年（1553）三月七日的条目中，记载了收到“鹑饼”的记录。这究竟是一种什么样的糕饼虽然不甚明了，但在虎屋宝永四年（1707年）的果子样品册中，有关于鹑饼的描画——它拥有鹌鹑的可爱外形，连眼睛和喙都齐备。另一方面，果子食谱《古今名物御前果子图式》中，也有以滚圆的形状来代表鹌鹑的鹑饼，并可见到名同形异的鹑饼存在。由于这种鹑饼量实易饱，所以也被称为腹太饼，并得到普及。此外，烤制的鹑饼被称为“鹑烧”，但在先前提到的书中的食谱里，鹑烧的制法是用雕刻成鹌鹑羽毛形状的烙铁印在麻糬饼上。著名的弥次喜多游记《东海道中膝栗毛》中，有这样一段情节：到达今村（今爱知县安城市）的喜多八经过一番讨价还价，将三文钱的“鹑烧”用两文钱买下。不知他买的鹑烧究竟是什么样子的。

另外，前面所提到的样品册中的那种鹑饼和用烙铁印出图案来代表羽毛的鹑烧，现在仍有制作。

季语·秋

虾

EBI

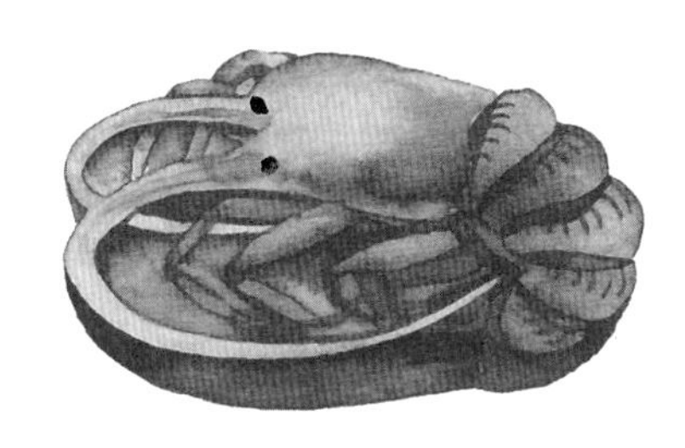

虾也是新年的吉祥食物之一。在雪白的镜饼上与交让木和橘子一同装饰，显得十分威严庄重。歌舞伎《助六》中，主人公助六的恋人花魁扬卷出场时的服装纹样，也设计成镜饼的图案，其中红色的大虾豪奢气派，非常引人注意。

在果子当中，虾用作喜仪也很受欢迎。因意味着“活得长长久久直到腰弯背驼”，所以喻示长寿，又因其弹跳力强而被视为出人头地的象征，因此魅力非凡。但如果以木模为例，在数量上则不及鲷 *。大概是因虾的级别不如鲷鱼那么高，就像“以虾钓鲷”（以较少的劳力获得较多的收益）、“虾鲷交杂”（无价值的东西和高价值的东西混在一起）等谚语所表达的那样。但从虾的特征上来看，也许是因为细长而稀疏的胡须以及威严的气势很难在果子上进行较为形象的表达。不过，在极少数情况下，会看到气势堂皇的虾木模，能让人感受到雕刻师的精湛技艺。和歌山县总本家骏河屋的木模“老之寿”（和歌山市立博物馆收藏）便是其中之一。它制作于天保七年（1836），有脚有须，眼睛部分也雕刻得活灵活现，风格独具。

另一方面，很多果子都很善于利用虾的鲜味。比如用刚刚打捞上来的鲜虾加工烘烤成的煎饼 *，或者鲜虾口味的霰米果 *，用来作为下酒的小吃最为适宜。

贝
KAI

贝类当中，与果子关系最紧密的大概是文蛤。有的果子用它的贝壳作容器，可以用来注入原料，制作饴*或锦玉羹*，也很容易携带。另外文蛤的贝壳比较独特，不能与其他的贝类随意配对，所以自古以来，它就被视为夫妻和睦的标志而经常出现在果子当中。文蛤造型的亮相节令是三月三日女儿节。一个是因为它非常适合这个与婚礼有关联的女孩子的节日，再有就是在这一天人们还会去赶海，做文蛤汤，想必这之间都有一定的关联。另外还有蛤形的馒头*,会让人联想起王朝贵族的优雅游戏“贝合”[1]。

用作雏果子的有各种可爱的螺贝、平贝形状的干果子，为女儿节增色不少。在色彩上，以红色、黄色和橙色等极富春天气息的暖色系为主，到了夏天多制成白色和浅蓝色等冷色系的各式贝壳形状，给人带来清凉感受。有的使用木模制作，有的用有平糖*制成，形态各不相同。

另外，还有一种比较少见的是做成海螺形状的果子。海螺壳

---

1 贝合，一种古老的贝壳游戏。平安时代起在贵族间流行，在成对的文蛤贝壳内壁涂上同样的源氏绘风格的金银绘画，根据贝壳上的彩绘寻找与之相配的另一半，只有合上后严丝合缝者才算过关。

是山中僧侣用来驱散恶疫而随身携带，用时吹响的东西。京都圣护院门迹在每年二月三日的节分会上都会供奉法螺贝饼。是以小麦粉为原料做成带状，烤熟之后再卷上插着牛蒡的味噌馅，柏屋光贞继承了圣护院门寂的做法，至今仍有制售。

季语 · 春

鲣 · 鲤

KATSUO · KOI

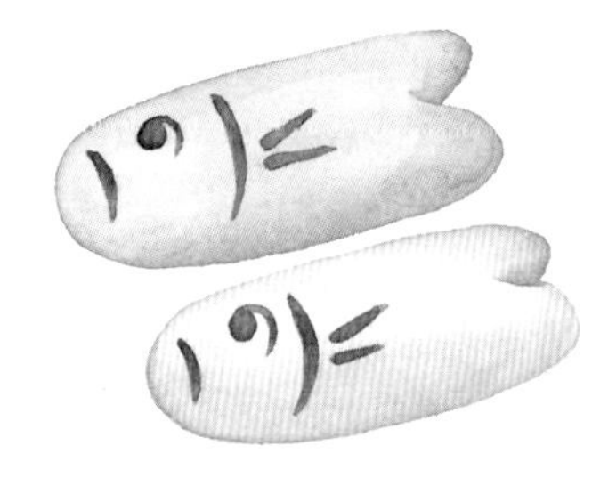

说到鲣鱼果子，首先会想到的大概是名古屋的“初鲣”（美浓忠出品）。它是一种浅红色的蒸果子，从断面切口看上去像是鱼段。让人想起“青叶悦目 山杜鹃 初鲣”[1]（素堂）的诗句，生动有趣，适合初夏时节。而在高知县，有一种做成鲣鱼干形状

---

[1] 让人眼前一亮的绿叶，鸣啭悦耳的杜鹃，美味可口的初鲣。从视觉、听觉、味觉角度，将春夏期间江户人最喜爱的东西放在一起，吟成诗句。此歌一出即成名句，在江户人之间，初夏季节食用初鲣也成为一种有品味的证明。鲣鱼每年有春秋两季渔期，从春到初夏随黑潮顺着太平洋沿岸北上的鲣鱼为初鲣。

的饴*，叫作“松鱼粒”（山西金陵堂出品），非常有名。这里的“粒”是土佐方言，意为饴糖。这种糖果要用专用的小锤子敲碎食用，原料中加了肉桂，风味甚佳。现在自家用鲣鱼干刨鱼花的家庭越来越少，但可以认为那种令人怀念的形式依然存在。此外，在过去，鲣鱼干曾经是嫁妆之一，在果子木模中也可以看到这种独特的形状，也许它曾经也被用于婚礼和雏祭女儿节。

另一个是鲤鱼，根据中国传说，鲤鱼逆瀑而上，跃过天界龙门即可幻化成龙，因此自古以来，鲤鱼就作为飞黄腾达的象征而受到尊崇。端午节时挂上鲤鱼旗，就是来自望子成龙的父母心。由于这种象征意义，似乎让它更适合成为果子的设计题材，但却意外地少见。在长崎及其他地区，配合儿童节，仅有寥寥几家店铺制作鲤鱼形的果子。再加上柏饼*和粽子*是儿童节的必备食品，鲤鱼的存在感就变得更加淡薄了。

另外，章鱼、鱿鱼等因为外形活泼可爱，经常用作最中*或煎饼*等果子的外形。想必全国一定还有更多的鱼形果子。

季语·鲣=夏

龟
KAME

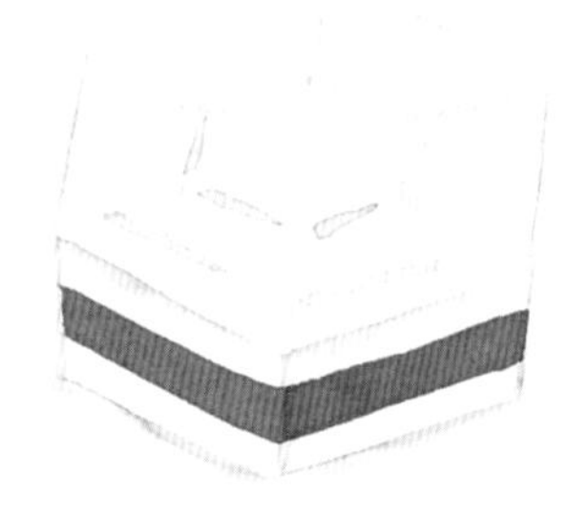

俗话说“鹤千年，龟万年”，两者都是长寿的象征，经常会被组合在一起使用。

说起来对养龟作宠物的人似乎有些不礼貌，但如果仔细观察，龟的样子是怪诞的。在制作果子时，如果采用写实手法的话很难让人觉得美味，在生果子里，常用的是古来人们就很熟悉的正六边形的龟甲图案。将果子本身制成龟甲形，再在表面印上几何学形式的龟甲纹样，也是其中一例。回想起古代中国人烧龟壳来占卜的算命习俗，总是会给人一种神秘感。

木模中经常取用的是吉祥物之一的蓑龟（灵兽，因长寿龟甲上长出长长的绿藻披下来像蓑衣而得名）。它既可用来做干果子，亦可用来做生果子，有的还将白色的仙鹤＊和红色的蓑龟做成一套，装入喜仪用的盒子里。另外还有将蓑龟做成一口大小的干果子，出现在茶道的初釜中，非常惹人喜爱。

最可爱的是静冈县御前崎市的龟型烤馍“龟馒头”（龟屋本店出品）。这家店最初是一家面包店，而这种馒头跟熊猫或考拉形状的面包一样，是夹馅的烘焙果子。除了让人想起熟悉的浦岛太郎的故事，平添亲切感，也因其个头较大，可以拥有与家人共享的乐趣，非常受到孩子们的欢迎。这样的果子也只有在红海龟产卵而登陆的地域才会诞生。

雁

KARI

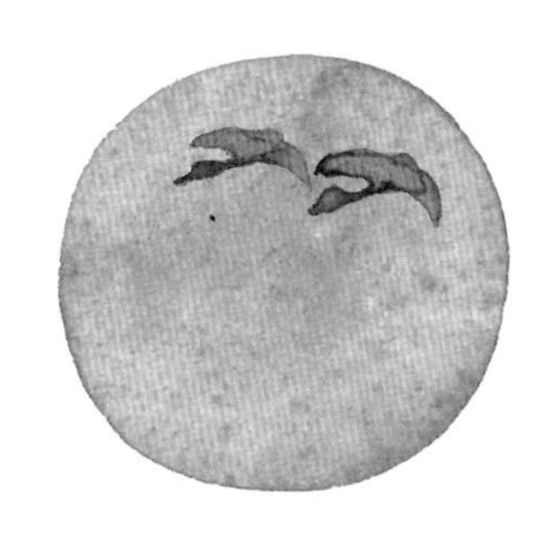

白云映翼羽交叠

历数雁只秋夜月

（《古今和歌集》秋歌上 佚名）

大雁是一种候鸟，在秋天飞来，于春天离去。它们列队群飞的景象非常美，古来就经常出现在诗歌和绘画中。以“雁音”而为人熟知的雁唳，关关之声划过长空，充满哀愁。如今，能够看到雁群的机会越来越少了，但关东煮里的雁拟据说是因为口感近似于雁肉而得名，可见在过去，大雁曾是一种日常常见的动物。

大雁的风情似乎在果子当中也很受欢迎，将人字形的烙印印在馒头 * 和烧果子或白色的麸烧煎饼上，来表现大雁飞行时的风姿，或者用红豆的豆粒代表大雁，制成羊羹 * 等果子。作为秋天季语的“初雁”（每年第一次见到的大雁）、“雁音”等果铭也经常被使用。

在埼玉县川越市，“初雁烧”（龟屋出品）是当地名果。它是将川越产的“红赤”品种的甘薯切成薄片，撒上黑芝麻在铁板上烤制，表面淋擂蜜。这种果子拥有类似薄烧煎饼一般的轻盈口感，芝麻与红薯的质朴风味搭配和谐，香甜可口。因雁舞之典故，川越城被称为初雁城，而用芝麻来隐喻大雁，则与落雁 * 别无二致。

季语・秋

狐狸 · 麻雀 · 水鸟

KITSUNE · SUZUME · MIZUTORI

狐狸

说到狐狸，在民间故事里，它经常作为一个善于欺骗和喜欢搞恶作剧的形象出现。另一方面，因为狐狸也是稻荷神的差使，所以有的店铺会在初午[1]时制作狐面干果子。作为地方的名果特产，京都伏见稻荷神社门前的狐煎饼和山形县鹤冈市的狐面干果子非常有名。这两种果子上的狐狸都是眼角上吊的形象，神秘的表情别具魅力。

季语 · 冬

麻雀

麻雀对于农民来说，是会破坏谷物的害鸟，但是就像《剪舌麻雀》的故事那样，麻雀也是一种可爱得让人恨不起来的鸟。在纹样中也有"竹雀"和"稻穗雀"等图案。特别是表现麻雀鼓溜溜的身材的"膨膨雀"，经常被用于孩子们的服装和玩具上。在果子里，有膨膨雀与稻穗组合在一起的干果子，形象可爱，令人莞尔。"膨"字发音通"福良"（fukura），也不乏喜庆之感。另

1　二月的第一个午日，稻荷神社举行祭典活动。

外，冈山县仓敷市的“村雀”（橘香堂出品）果子，则是代表丰年舞蹈中的编笠造型。

水鸟

水鸟是在水边嬉戏的鸳鸯、红嘴鸥、鹡鸰等鸟类的总称。在果子里，会用天蓝色的炼切*或粉成的果坯做成小鸟的形状，刻出条纹，用芝麻粒当眼睛（如图）。特别是鸳鸯鸟，寓意情深意笃的恩爱夫妻，经常被用于结婚典礼和周年纪念日礼物的设计，或者做成雄鸟和雌鸟形状的粉成，或者用纸样刷印在羊羹*上来表现鸳鸯之姿。另外，还会制作报春的树莺以及象征着初夏的杜鹃鸟，与水鸟生果子的制法相类似。

季语・冬

鲸

KUJIRA

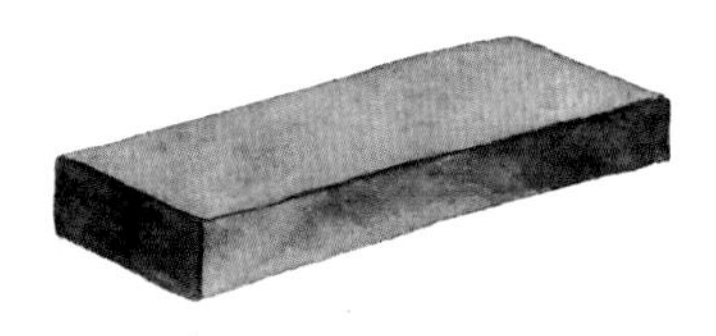

鲸在日本人的生活中必不可少。

在果子中，从江户时代就开始制作“鲸饼”“鲸羹”，利用黑白两色分别代表鲸的外皮和脂肪层。在食谱和果子样品册中可以找到它们的名字，多为双层棹物，在白地之上搭配用墨或者海带染成的黑地，做成像外郎＊一样的蒸果子。用于凶丧之事的黑白幕帘被称为“鲸幕”，一面是黑缎子，另一面配以白布的腰带称为“鲸带”，在过去，黑白相配就是和鲸鱼息息相关的一种配色。

目前，以黑白双色代表鲸的鲸羊羹，除了是宫崎县名产，在广岛县（中屋出品）也有制作，作为一款珍奇的果子，它偶尔还会在杂志和电视上被介绍。

在山形县新庄市及东北地区的其他地方制作的“鲸饼”，是一种加了红糖、味噌和核桃等材料的类似外郎的果子。因其配色比较像鲸鱼肉，故而得名。但是不知从何时起，音为“kujira”的鲸开始用“久滋良”的汉字来表记，以表示富于滋养的健康食品之意，鲸的形象就这样渐渐地在果子中消失了。

季语·冬

鲷

TAI

说到喜庆之鱼首先会想到的大概就是鲷鱼。它色泽美艳，味道上佳，名字的发音又包含在“可喜可贺”（omedetai）一词中，每一个因素都充满喜庆之意。

在果子里，做成鲷鱼形状的落雁*或者金花糖*也常用于庆祝活动。在还没有电冰箱的过去，这些果子被用来代替鲜鱼，在民间很广泛地被使用。除了方便携带、利于保存，与真正的鱼肉不尽相同的新鲜红色与甘甜的口味也受到人们的喜爱。

在江户时代，如果有谁得了天花，做成红色鲷鱼形状的落雁就是一件非常好的探病手信，因为按照风俗来说，红色可以驱除病魔，穿红衣、吃红色食物被认为是有益处的。因此，鲷鱼形状的木模在各地都有留存，也是基于这种传统习俗。鲷鱼具有令人生畏的表情，看上去具备了十足的与疾病作斗争的威力。

从外观来看，鱼头在左的横向造型居多，但如果要表现精力充沛的“跃鲷”，有时会把头部放在右侧。跃鲷的设计，在渔民庆典服装——大渔半缠中也可以看到，但最近或许是因为知之甚少，即使在店铺的商品说明中，有时也会看到一些鲷鱼上下颠倒放置的图片，不免令人觉得遗憾。因为这样一来，鲷鱼看起来像是在弯腰行礼，原来那种威风凛凛的气势荡然无存。我想，如果能在鲷鱼烧 * 中，增加鲷鱼这方面的设计，出现类似错误的概率或许会少很多。

千鸟

CHIDORI

近江之海阔

千鸟鸣夕波

闻啼心郁悒

古昔忆磅礴

（《万叶集》卷三 柿本人麻吕）

千鸟是鸻科鸟类的总称，是指冬季聚集在海边和河岸的小型鸟类。正如开篇这首诗中所现，那带着哀愁的鸟鸣声，自古以来就被许多和歌咏诵，在波涛之间飞舞的姿态也被许多绘画和手工艺品所描绘。千鸟的图案设计有很多种，或是表现它们成群聚集时的律动感，或是展现它们翱翔在空中的姿态。

和果子也喜欢千鸟设计，有“矶千鸟”“波千鸟”“滨千鸟”“友千鸟”等各种果铭。用红豆的豆粒来代表千鸟的道明寺羹、印有千鸟烙印的馒头*以及千鸟形状的干果子等，种类繁多。由此可见，千鸟的形象非常受人喜爱。

在夏季，经常会见到的是刨冰店门帘上的千鸟。千鸟与浪花水沫的组合较为常见，目前尚不清楚这种图案设计出现于何时以及如何被传播。在炎热的夏天，看到浪花飞溅的图案会让人想起大海，但未免会显得单调，是因此才把千鸟加入其中的吗？或许，作为冬季鸟类，千鸟形象会自然地生出一种凉意。但令人感到遗憾的是，现在有些年轻人会将这种鸟与小鸡混为一谈。

酒醉之后摇摇晃晃走路的步态被形容为“千鸟足”。如今，人们虽然知道千鸟足，但对于其中最为关键的千鸟，知之者却日渐稀少了。

季语・冬

蝶

CHO

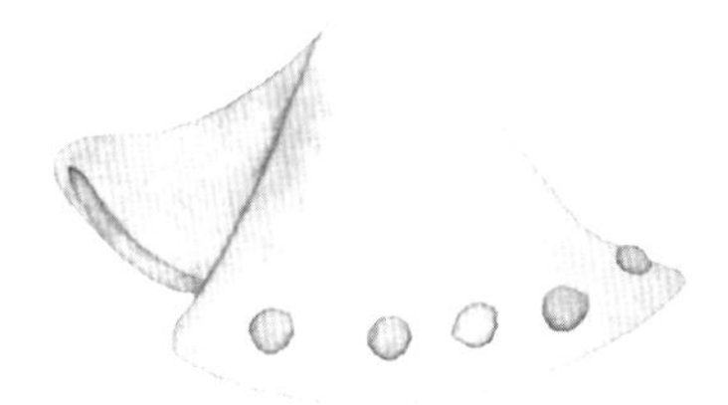

有一个中国故事叫作庄周梦蝶，讲的是中国战国时代的思想家庄子，梦见自己变成了一只蝴蝶，尽情享受飞翔之乐，醒来后却不知是庄周做梦变成了蝴蝶，还是蝴蝶做梦变成了庄周。这则故事的有趣之处在于它揭示了存在之神奇，让人考虑现实与梦境之间的差别。受到这个故事的影响，在和歌的世界里也会用蝴蝶来表达一种无常之感。西行的这首和歌就是其中一例：

蝴蝶
恋慕开在篱上的
花
缠绵而舞
令人歆羡
也让人觉得
虚幻

（《山家集》）

另一方面，在果子的世界里，蝴蝶造型却与无常的思想相去甚远，多表现为沐浴在春光下悠然飞舞的蝴蝶。将黄色的外郎*折成翅膀形，再用烙印印上斑点，或将有平糖*拧成蝴蝶型，做出飞翔的姿态，精巧可爱。

在工艺品图案中，多以华丽的凤蝶为题材进行设计，但是在果子里，只是很简单地用黄色或者白色的纯一色来表现。不过，如果像昆虫标本一样带有华丽花纹的蝴蝶变成了果子，确实让人难以下咽。倘若只有蝴蝶会感觉寂寞，不妨试着将它与设计成春天花朵形状的干果子组合在一起。

季语·春

鹤

TSURU

鹤与龟*同为长寿的象征，寓意吉祥，但与龟相比，鹤的设计显得更多元化一些。仙鹤拥有美丽的白色羽毛，细长的脖颈和修长的腿，无论是展翅飞翔的形态还是端庄的站姿，一举一动皆可入画。

西方传入的华丽的花鸟纹在平安时代成为日式风格的松鹤纹样。于日本美术而言，鹤自古以来就是一种很特别的存在。每当看到以鹤为题材的数量众多的美术品时，都会由衷地发出感慨，如果没有鹤的存在，日本美术的魅力就会减半。

甚至在果子木模中，也有很多鹤的设计。经常出现的是翅膀展开呈扇形的样子。以日出为背景的设计则带有与新年气氛相得益彰的神圣感。

馒头*或煎饼*、生果子，多会在果坯上印有眼睛或者长喙，头部点上红点。这是在表现一只丹顶鹤合上翅膀伏卧的姿态，具有红白双彩，吉祥喜庆。

有些特别的，比如来自福冈县的“鹤乃子”（石村万盛堂出品）是加了蛋黄馅的蛋形棉花糖，盒子上也画着鹤的图案。这是一款祝愿成长和发展的果子。

季语·冬

萤火虫

HOTARU

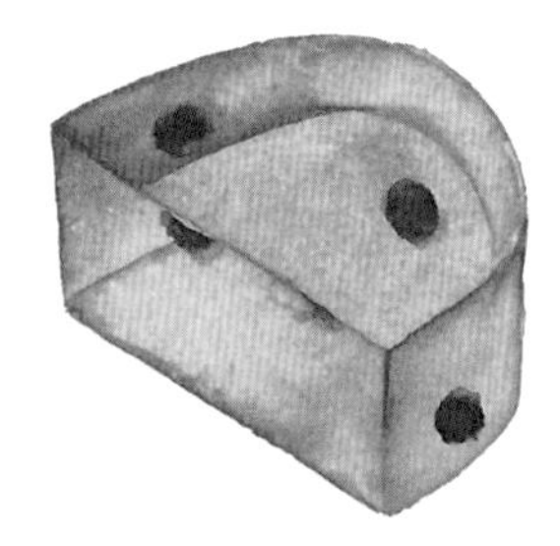

出神地望着在草丛中闪着点点光亮的萤火虫，想必拥有这种回忆的人不在少数。它是美丽的“夏日风物诗”，对于过去的人来说，那神秘的光亮一定也是某种奇异的火焰。就像为爱情而生的歌人和泉式部曾经咏诵的那样：

千回百转之间

河泽的流萤

也仿佛

是

从我的身体中

游离而出的

灵魂

（《后拾遗和歌集》杂六）

萤火虫经常出现在爱情诗里。据说萤火虫之名也由“火垂”“火照”而来。

但是果子里的萤火虫之光则要柔和许多，多用包裹着黄色馅料的葛馒头、琥珀色的锦玉羹*来表示。后者的锦玉羹上浮现出大德寺纳豆，看上去就像萤火虫被它们自身的柔和光线包裹着一样。另外，用有平糖*制成的萤火虫，造型可爱精妙，让人叹赏不已。这些果子，都会因萤火虫的诗意形象而受到加倍的珍惜。不由得想起童谣里的一段：“萤、萤、萤火虫飞来……”

季语·夏

雨

AME

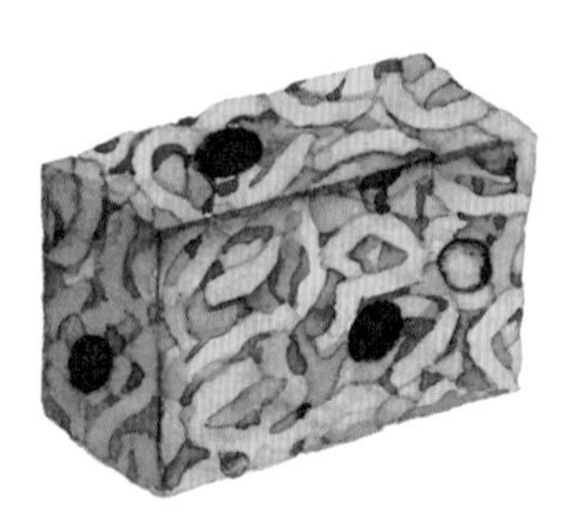

连日阴雨让人厌烦，但是久旱逢雨时，那淅淅沥沥的声音却让人心情舒爽。大地滋润，草木更加生机勃勃，全赖雨水的恩典。细细一想，小雨、雾雨、春雨、雷雨、时雨、阵雨，等等，在日本，雨的表达方式也不拘一格。

想起学生时代学过的一首和歌：

愁思辗转
花色渐褪长雨间
此身凝望
今生虚度逝红颜

（《古今和歌集》春歌下 · 小野小町）

根据老师的释义，此歌中的“凝望”扣“长雨”，同音双关，吟咏怅然心绪，“其中包含有双重意思……”的解说，让人不禁也沉浸于诗意之中。

果子里经常使用“春雨”“五月雨”和“时雨”等果铭。春雨是春天的细雨，五月雨是梅雨的别称，“五月”二字给人一种轻盈之感。虎屋分别用红黄红、白黄白的三层棹物来表现雨的感觉。另外，时雨是指断断续续、时晴时雨之意，但在果子里，也是一种制法用语，指将馅料用筛子过滤，做成果泥再蒸实（如图。时雨羹、村雨、高丽饼、湿粉等。第 60 页），不受季节限制。适度的潮润和松散的感觉正合雨之情趣。

石
ISHI

曾在法国的一家果子店里，见到过一种像鹅卵石一样的巧克力。制作精巧，与石阶街道的氛围正相吻合，灰色、茶褐色、半斑点、带条纹，每一颗都很有特色。而像这种对石头的艺术表现，日本的果子相比起来也毫不逊色。

例如，加了石子形炼切 * 的锦玉羹 *。将白色、黑色、棕色的果坯搓圆，做成小鹅卵石形状，放入模具中，将加糖煮溶的寒天液从上面倒入……一款让人想到水底世界的清凉果子就此诞生。也可以放上香鱼*形的羊羹*，打造出浅滩透明的水中映现出鹅卵石的情景。

用白糖和蛋清制成的蜂窝糖*石头（图左）也很漂亮，一个个小气泡呈现出石头的粗糙质感。除了酥脆的口感之外，扩散在口中的甘甜与其外观之间的强烈反差也是它的特点。作为夏季的干果子而制成的小粒状果子，通常与流水形的有平糖*组合在一起。此外，在果子博览会上展出的工艺果子*中，也可以见到表皮粗糙、外形较大的石块。这种果子被称为岩石或石山，是云平*和工艺馅平制成的雄鹰的落脚处，做工极为精巧。

无论什么季节都能够看到的还有石衣*。圆形的小小馅团外面裹着擂蜜，一口即可品尝。还有一些用黑色和白色的小粒饴糖*来代表小石子的果子。看来日本人对石的依恋非同一般。

霞·雾

KASUMI · KIRI

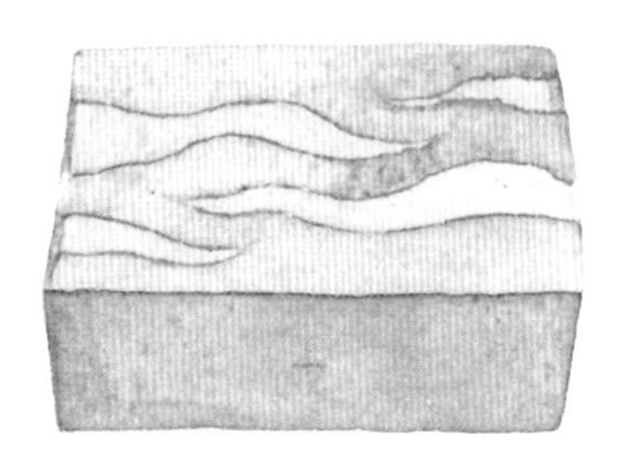

飘浮在空中的细微的水滴或灰尘，使远处的景物看起来模糊，这叫作霞。听说在气象用语中没有这个词，而是代之以雾。也就是说，霞与雾实际上是同样的自然现象，但是在文学界，自平安时代以来，却通常会根据氛围，以春霞秋雾来分别使用。

因此，即使在季语上，“朝霞”“晚霞”和“八重霞”指的是春天，而“山雾”和“川雾”则代表秋天。将春天和秋天区分开，像镜中镜一样相互映衬着使用。但是在绘画中，云蒸霞蔚的景象是最常表达的。卷轴和屏风画等艺术作品在表达画面的切换或者时间流逝时，霞是非常有效果的一种表现手段。

在果子里，绘画中可见的霞的样子常被做成棹物。另外，也有的会在煎饼*上浇淋擂蜜，使之看上去具有披霞的风情。

如果要表现雾，则会在果坯表面撒上荒粉，或者在棹物上做出纤细的纹路，虽然也下了一番功夫，但却没有起雾时的明显特征，所以如果不在果铭上加以提点，则很难理解。喜爱《源氏物语》的读者，大概会由雾字想起源氏和葵的儿子夕雾。如果用在果铭上自会别具风情，但却不曾见到。或许因为，夕雾娶了青梅竹马的云居雁为妻，但是又对落叶宫动了心，让人感觉他优柔寡断，似乎是一个不可靠的男子。

季语・霞 = 春 雾 = 秋

冰
KORI

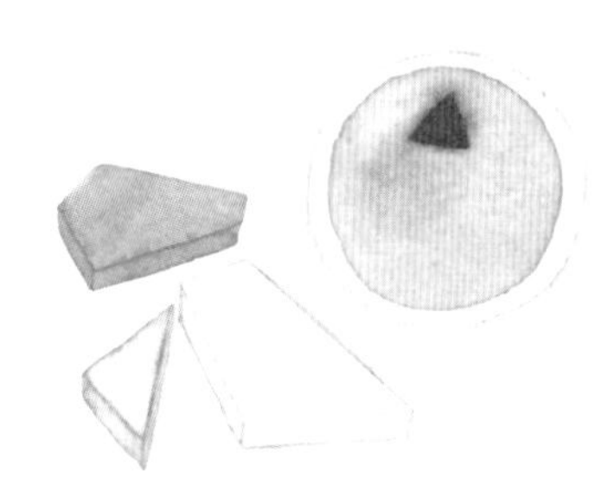

冬季里，将麻糬饼 * 切成薄片，在寒冷的空气中晾干，叫冰饼、冻饼。作为一种易保存的食品，自古以来就有制作的传统，看上去发白而又硬邦邦的样子与冰的形象极为吻合。另一方面，作为果子用语，也经常听到冰饼一词，它是将水磨糯米粉得到的米汁煮开，倒入模框中，进行冷冻、干燥，压碎而成。这种冰饼作为撒粉，将其用在核桃柚饼子等果子上，与富有弹力的果坯十分匹配，具有独特的口感。在生果子里，可以将其撒在麻糬和求肥 *

的表面，看上去似雪*或霜*。糕饼被洁白的薄片覆盖，感觉清凉无比，不仅在冬季，在夏季果子中也经常使用。

作为果子的设计构想之一，生果子中的冰室也具有一定的知名度。所谓冰室，是指储存冰块的房间。有的果子是将模拟冰块的三角形红色羊羹*放在白馅之上，用葛糕包裹，制成馒头*。这样的设计能够让人感受到古人对贵重的冰块所怀有的珍惜之情。

此外，还可以看到用锦玉羹*或寒冰*来表现碎冰块的做法。特别是艳干锦玉（干锦玉），锋利的锐角就像冰一样，甚至会让你有种留恋，担心随着时间的流逝，它会融掉。清爽的口感也与冰块极为相似。此外，富山县的“薄冰”（五郎丸屋出品）是将和三盆（日本的一种传统砂糖）蜜浇在薄煎饼*上，可谓是巧妙地表现出冰裂感觉的杰作。

季语·冬

霜
SHIMO

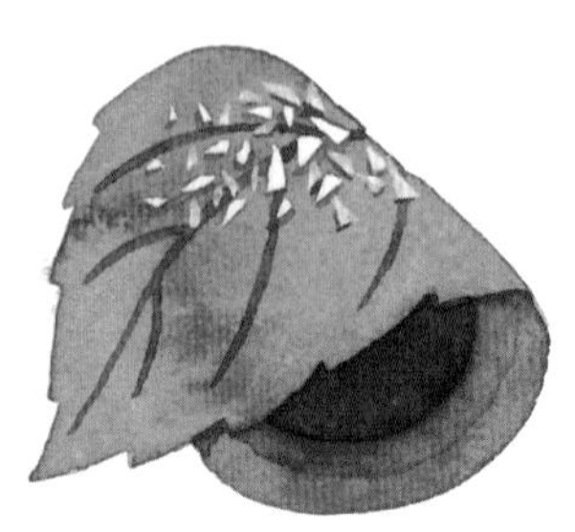

像锦缎一样美丽的秋日山野，到了霜降时节，树木的叶子渐次凋落，形成一片物哀之景，让人难免触景生情……象征冬天到来的霜，总会带着些寂寞。

但是，在果子里，霜的表达似乎没有太多寂寥之感。在叶*形和梅*形的果坯上轻撒白色的新引粉或冰饼的撒粉等，就像是在用霜给果子化妆。

在各地的果子中，长野县诹访地区制作的“初霜”极美。它是长方体的冰饼外裹擂蜜，易剥落的冰饼形态就像薄薄降下的寒霜。还有宫城县的“霜柱”（九重本铺出品 玉泽制），是一种以砂糖和水饴为原料，反复拉伸而制成白色晒饴*。饴糖拉丝细密，看上去像极了霜柱，入口即化的感觉也非常曼妙。这是一种富有诗意的果子，让人想起小时候踩在霜冻的地面上行走时，脚下脆脆的感觉，借此重温那些充满童真的快乐。

还有一些名为“霜柱”的果子，是用糖衣包裹棒状的小麦粉果坯制成，从江户时代开始就有制造。此外，虎屋也有名为“霜柱”的生果子，是一种以薯蓣为面皮、薄薄地包裹着馅料的棹馒头*（像羊羹*一样条状的馒头*）。它的横截面看起来像是覆盖地表的纯白色的霜，也是一款有趣的设计。

季语·冬

月

TSUKI

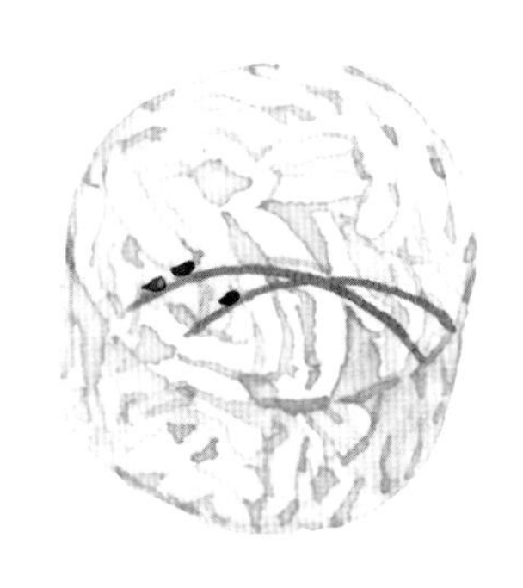

遥望冷月明

千愁万绪却难平

人间共秋色

我身自飘零

（《古今和歌集》秋歌上 · 大江千里）

与今日不同，在过去，太阳下山以后世界会变得漆黑一片，月光看上去就显得无上神秘。月亮的形象不仅被用于艺术品，在果子的绘图中也经常可以看到。最具代表性的是将山*与满月搭配在一起设计的棹物。月亮部分由山药制成，果坯呈白色（现在是用白羊羹）。果铭也各有其含义，有的叫“三五夜”，意为十五的夜晚，有的则叫“更级（科）”，是指信浓地区的一个赏月名所。而制成圆形的棹物常冠以“月羹”或“名月”之类的名称。以月亮为主题的果子，多制成满月而非新月形状，大概与赏月的风俗有关。

此外，中华果子月饼也会在中秋节时出现，据说月饼制成圆形意喻满月。而另一种京都名果中的“月饼”（月饼家直正出品）则是白馅的圆形烧果子，请注意其读音并非月饼，而是月麻糬饼。

能够与月亮组合在一起的不仅有山，芒草*和兔子*也非常常见。印在黄色的麸烧煎饼上的芒草和兔子图案，看上去甚至可以直接用作和服的纹样。

季语・秋

露

TSUYU

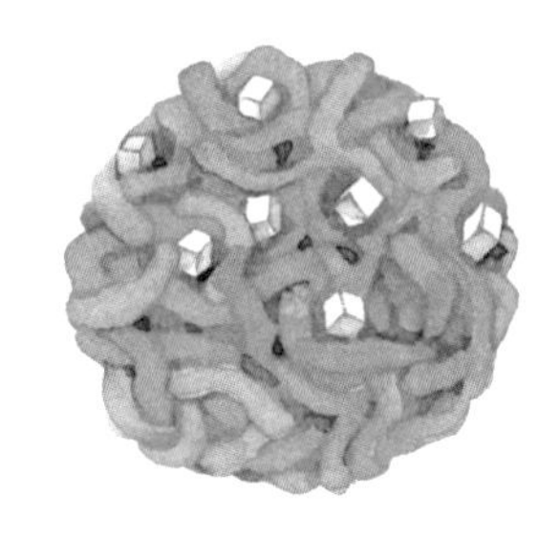

露珠疾疾走 犹残小粒哉

——川端茅舍

附着在地面或凝结在草木叶片上的露珠就像一颗颗宝石。在清晨的阳光下更是光彩倍增，美得耀眼。露多会出现在无风的晴朗秋夜，所以是秋天的季语。但是在果子当中，露则会现身于初夏到夏季之间，因为用以表现露珠形态的葛以及寒天等属于夏季食材。尤其是葛，仅仅是做成圆圆的茶巾绞，那种清新水润的感觉也会让人想起露珠的光芒。用箬竹叶包裹的葛果子名为“箬竹之露”，形象贴切，令人叹服。

将以寒天为原料的锦玉羹＊切成骰子块，也可以用来隐喻露珠。放在绿色的金团＊果泥上，就是草丛上的露珠，与朝颜＊花形的生果子搭配在一起，展现晨露之风情，清凉养眼，品味不凡。

露草纹样是一种传统花纹，表现的是草坪上的草叶之间散落着一个个小圆珠的画面，活泼灵动，在和服纹样中经常可以见到。虎屋文政七年（1824）的果子样品册中有一种羊羹＊，仿佛就是受到该样式的启发。它是将山药切成细条和小圆粒，从断面看起来就像草和露珠的组合，名字叫“晨露”。

季语·秋

山
YAMA

若要形容四季的山景，有“笑山”“山滴”“山妆”和“山眠”等各种不同的季语。这种表达，让山也呈现出与人类一样的表情。在果子里，羊羹*等棹物会使用山形的模框，利用果坯的颜色制造出变化，春天做成樱花般的浅红*，夏天做成嫩叶的绿，秋天做成红叶*的红，到了冬天，果坯是纯白的，自然是用来比喻雪*。而在果铭方面，正月新年是神圣的“富士山”，春天是樱花娇美的“吉野山”（奈良）和“岚山”（京都），秋天是红叶名所“高雄山”（京都）和“龙田山”（奈良），题材丰富，人们可以一边品尝一边神游，去体会想象中的山间旅行。

如果说到常年销售的名为“山”的果子,应该算是三笠山（三笠）。它可谓是铜锣烧＊的代名词，因奈良县春日大社背倚的三笠山而得名（第142页）。

同时可以邂逅时令植物的山路也被用作果子的果铭。“山路之雪”“山路红叶”“夏之山路”等就是其中的例子，着重表现山间小路的美。古语“入山之路”意为佛教修行。以出家遁世之身来看山路上的风景，又会是一种什么样的感受呢?

雪
YUKI

风花雪月之雪，可以说是与日本人的诗情雅意息息相关的一种自然现象。自古以来，在文学与绘画的世界中，对雪有各种各样的表达方式，而说到果子,《日葡辞典》中有段记述值得注意：

“Yuqimochi（雪饼）通常制成方形 有时制成三角形 白米麻糬。”在那个时代，只有一些最简单最朴素的果子，却已经开始在其中表达雪的风情，先人的风雅实在令人感佩。

也有的雪饼与《日葡辞典》中记述的制作方法不同[1]，现在人们最熟悉的是用筷子将薯蓣原料的颗粒状果泥堆在黄色馅团周围的一种果子。将牙签插入白色的果泥中，馅料看起来美得宛如雪光。此外，还有的生果子会在表面撒上冰饼或者放一块白色的果泥来表现雪的意境。

除此之外，还有雪花的结晶纹样，常见于烙印或干果子的木模。江户时代出版的《雪华图说》（1832）在今日仍然是设计的参考。“风花”（风吹雪起，远远看上去就像花一样在飘舞）或“雪文样”“六花”（以晶体为六角形命名）等果铭，让人心潮涌动，感觉在“寒冬中也有快乐”。

此外，将蛋清打出泡沫，加砂糖和寒天液，混合之后凝固而成的果坯叫作淡（泡）雪羹[2]。倾入模具中凝固即为棹物，液状的也可以用来浇在鹿子＊等生果子的表面。

在北陆地区经常可以见到雪花图案的果子，例如，新潟县的“越乃雪”（大和屋出品）是用和三盆糖与糯米的寒晒粉制成的干果子，完美地表现出转瞬即融的冬雪风情。还有福井县的“雪瓦”

---

1 《料理物语》（1643）中可以看到“雪饼”，它是将粳米粉和糯米粉混合，加入柿饼、栗子、榧子等材料蒸制而成。做法类似于韩国蒸糕“teok”。

2 淡雪羹，广岛县三次市、爱知县冈崎市和山口县下关市的名果。

（龟屋制果出品）是将切成正方形的海带稍作烘烤，一遍又一遍地涂上糖并烘干，看起来像白雪堆积在民居屋顶的黑瓦上，意味深长。

季语·冬

歌枕
UTAMAKURA

所谓歌枕，通常是指和歌中吟咏的名胜。经常用于果铭，将古来在当地被赞美的植物或相关事物进行精心设计。

岚山

京都市西京区。作为红叶*的名所经常在和歌中出现，如今作为赏樱胜地而蜚声于世。

井手（井出）

京都府缀喜郡井手町，以棣棠*闻名。

宇治

京都府宇治市附近。位于平安京的东南。作为抹茶产地而闻名，因此是“宇治羊羹”“宇治金时”等使用抹茶的果子常用的果铭。

嵯峨（嵯峨野）

京都市右京区西部一带。让人联想到秋草中的芒草*和女郎花（黄花败酱草）的地名。

佐保

奈良市的佐保山。相对于秋女神“竜田姬”，春女神被称为“佐保姬”，经常用于以樱花为主题的果铭。

更级（更科）

长野县的地名，赏月*名所。因姨舍山传说而闻名。

须磨

神户市须磨区。因《源氏物语》中《须磨》和《明石》帖的关系，会让人联想到松*、月和海岸。

龙田（竜田 · 立田）

奈良县生驹郡斑鸠町龙田。因红叶而著名。

二见浦

以三重县伊势市的夫妇岩为设计题材的果子经常使用该名称（如图）。

八桥

爱知县知立市。因《伊势物语》第九段，多用杜若*和桥来组合表现（第223页）。

吉野

奈良县吉野郡。著名的赏樱胜地，另外也作为葛粉的产地而知名。

团扇 · 折扇

UCHIWA · OGI

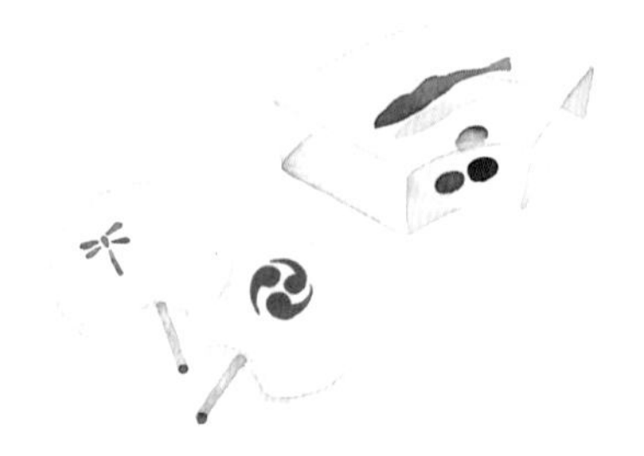

据说团扇原产于中国，于奈良时代传入日本。团扇和折扇都是纳凉之物，但团扇更具平民气息。使用纸样，用着色的擂蜜在果坯表面画上朝颜花＊和名所图，再插上牙签，这样的麸烧煎饼（加藤皓阳堂出品）看上去酷似装饰用的迷你团扇，让人不由自主地想拿在手上。

而折扇则是日本人的发明。在平安时代，贵族们就开始使用一种用线绳连缀着扁柏薄片的桧扇。后来，又设计制作出今天看到的纸扇，并逐渐普及。

因其由窄及阔的造型象征着繁荣发展，寓意吉祥，所以折扇作为新年伊始或结婚等场合的赠礼，也用于舞蹈表演或一些正式场合。果子的木模设计也喜用扇形，配以日出和季节性植物。有一款极富雅趣的设计，是用朝颜花搭配折扇（总本家骏河屋 · 虎屋）。会让人想起《源氏物语》《夕颜》帖中的那段场景——一把熏过香的白色折扇被递到源氏面前，折扇上放着一朵朝颜花。

此外，也经常可以看到地纸（糊扇子的纸）的形状。在这种模具中放入花朵或香鱼＊形状的炼羊羹，再倒入锦玉羹＊和道明寺羹，色泽清凉。

季语·同为夏

织部烧

ORIBEYAKI

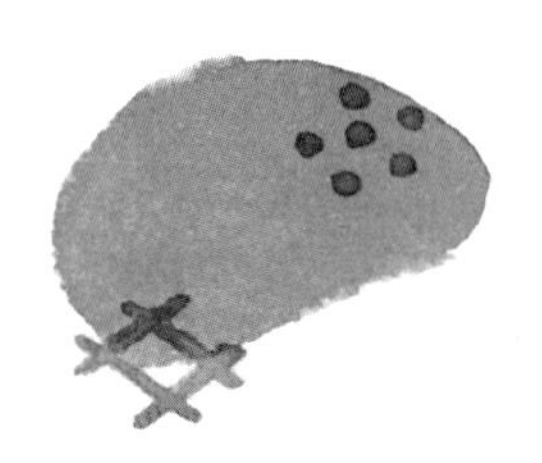

曾师从千利休学习茶道，在师尊去世后，向江户幕府第二代将军德川秀忠以及诸大名传授茶道的古田织部，相比他的茶人身份，大概织部烧这种果子让他更加为人所熟知。

织部烧是在尾张、美浓地区烧制的一种陶器，因古田织部曾指导制陶而得名。它以新颖的造型、大胆的设计以及幽雅的绿色琉璃釉上的几何学图案为特征，现代感十足。将这种陶器的感觉表现在果子上的“织部馒头（织部馒）”多在冬季到初春时节制作。在雪白的薯蓣馒头上涂染鲜艳的绿色（上彩），暗喻绿釉，再印上梅钵或井桁、木贼草形状的烙印（第 350，351 页），在江户时代后期曾有制作。

另外在江户时代还有一种名为“织部饼”的麻糬。元禄九年（1696）出版的《茶汤献立指南》（茶食指南）中可以见到，它是将粳米和糯米磨成粉，加水揉捏，团成蛋形，放入热水中煮至浮起，立刻捞出。这种果子的由来不明，但也许与菜谱书中的“织部味噌”“织部豆腐”等一样，因以著名茶人的名字来命名尤显风流雅致，便索性以此而名。

织部之名曾经广为人知，但在现在已经很难听到这种料理的名称，只有织部馒头还有一定的知名度。人们可以从果子中领略到现在也常见到的器物的风情，这大概是其受欢迎的秘诀。不打烙印，只在薯蓣馒头上涂染绿彩，设计简洁，似乎抓住了器物的本质，更显得品位非凡。

衣砧

KINUTA

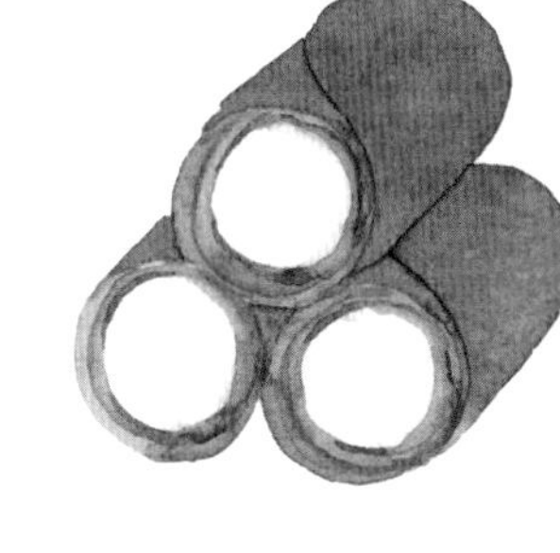

秋风吉野山

夜更古里寒

只闻衣砧响

捣布声绵延

（《新古今和歌集》秋歌下 · 藤原雅经）

砧是捶衣板的略称。是一种类似于台座一样的物品，可以将布缠于其上，用木槌捣练，使布料（特别是真丝）变得柔软并具有光泽感。在秋天的长夜里，木槌敲打衣砧的声音意境风雅，是很多诗歌以及绘画的创作素材。

在果子里也有“砧”及“砧卷”之名。江户时代，深川仲町（今东京都江东区）越后屋的砧卷非常有名，曾有用高脚托盘将越后屋的松风煎饼、琥珀饼（大概是琥珀色的麻糬饼或琥珀羹）、砧卷等果子盛放在一起上席的记述（《仕悬文库》）。

不知这种砧卷是不是因卷布的衣砧而名，将小麦粉面坯擀薄烤制再卷成卷，或者用粉成 * 的果坯包裹馅料卷起，也许近似于现在烧果子中名为“绢卷”或“卷绢”的卷式煎饼，或者中间放入一根棒状有平糖＊的有平卷（如图）。如今，随着衣砧的含义已经被淡忘，砧卷的果子名也渐渐地很少使用了。

京都的棹物“砧”（长久堂出品）很有名。它是将圆形的红羊羹用薄薄的求肥＊层层卷裹起来，让人想起在衣砧上捶打的布料，据说这款果子是初代店主在他的家乡丹波听到了捶布的声音，由其风雅的情趣获得灵感而制作出来的。如今虽然已经听不到砧声，但是那种诗情雅趣却在果子的世界里继续生息。

季语・秋

源氏香图
GENJIKOZU

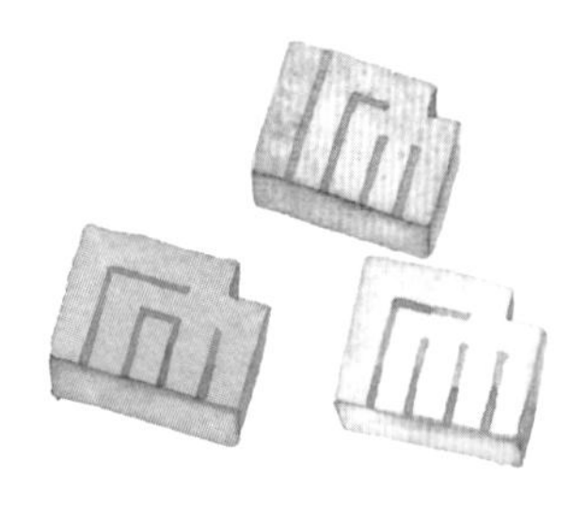

所谓源氏香图,是指香道中“源氏香”所使用的符号（如图），属于闻香之乐的组香之一。五种香各备五包，即准备总共二十五包香，从中任取五包，依次点燃，闻嗅之后出示结果。游戏时使用五条直线，将香气相同的香用横线水平连接起来，一共有五十二种组合，每一种都用《源氏物语》中的帖名来称呼，例如“葵”“夕雾”等。原著共有五十四帖,香图略去最前面的“桐壶”以及末尾的“梦浮桥”。或者将“桐壶”与“贤木”做成同样形状，将“行幸”图案稍作修改，变成“梦浮桥”。

或许物语故事的联想与几何学图形的趣味受到欢迎，从江户时代开始，源氏香图就开始作为和服以及工艺品的设计图样而为人所知，也用于果子的木模和烙印图案的设计。不单使用图形，也有“桐壶”配泡桐花、“常夏”配石竹花＊等将源氏香图和植物相结合的雅致佳作，现在也受到《源氏物语》迷的喜爱。用于法事的果子还会使用香图中的“御法”形状，而正是在该帖中，源氏最爱的女人紫之上香消玉殒。可见，人们在香名的使用上也花费了一番心思。

曾为江户幕府及大名御用的果子店金泽丹后的绘图中，作为“源氏香（糕）”[1]，可以看到源氏香图配桧扇，或松＊与藤＊、蕨＊的精致设计（《金泽丹后江户果子纹样》）。据推断，这应该是用于庆贺的赠礼，但由于该店的木模所在不明，实物不得而见，令人遗憾。

1　糕是将米粉蒸熟成形，再压实的一种食物。

幻	野分	蓬生	帚木
匂宮	行幸	関屋	空蟬
紅梅	藤袴	絵合	夕顔
竹河	真木柱	松風	若紫
橋姫	梅枝	薄雲	末摘花
椎本	藤裏葉	朝顔	紅葉賀
総角	若菜上	少女	花宴
早蕨	若菜下	玉鬘	葵
宿木	柏木	初音	賢木
東屋	横笛	胡蝶	花散里
浮舟	鈴虫	蛍	須磨
蜻蛉	夕霧	常夏	明石
手習	御法	篝火	澪標

（香图 竖排右上起）

帚木、空蝉、夕颜、若紫、末摘花、红叶贺、花宴、葵、贤木、花散里、须磨、明石、澪标

蓬生、关屋、绘合、松风、薄云、朝颜、少女、玉鬘、初音、胡蝶、萤、常夏、篝火

野分、行幸、藤袴、真木柱、梅枝、藤里叶、若菜上、若菜下、柏木、横笛、铃虫、夕雾、御法

幻、匂宫、红梅、竹河、桥姬、椎本、总角、早蕨、宿木、东屋、浮舟、蜻蛉、手习

光琳纹样

KORINMONYO

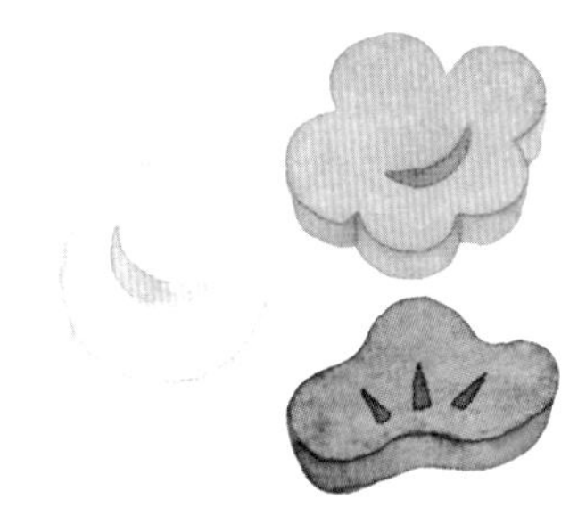

光琳纹样，又叫作光琳模样。光琳是指活跃于江户中期的画家尾形光琳，他的《红白梅图屏风》（MOA 美术馆藏）、《燕子花图屏风》（根津美术馆藏）等作品明亮多彩，洋溢着町众[1]阶层的活力。另外，菊*、水、梅*、波、松*等光琳风格设计的图案过去就很流行，经常被用于和服、手工艺品的设计中。果子也不例外,如今依然会见到很多“光琳菊”“光琳松”等果铭或图案。

令人感兴趣的是，虎屋至今仍保留着光琳的一份果子订货单，上面是光琳用作礼品的果子，送给自己的支持者——银座官员中村内藏助，日期是宝永七年（1701）五月二十一日。其中有“色木之实”“友千鸟”“冰雪烧”“松风”“源氏榧”“花海棠”等，包括用有平糖制作的干果子在内，共十种之多，装在两套杉二重物（杉木制作的双层曲木食盒）里。其中“色木之实”是做成树叶和坚果形状的两种生果子，“友千鸟”是用红豆来代表千鸟*的一种棹物果子。光琳是怎样挑选果子的呢？这真让人好奇。也

1　町众，室町时代到战国时代京都的富裕工商业者，是应仁之乱后复兴京都的重要阶层。进入近世江户时代成为町人阶层的基础。

许他对果子的设计也非常感兴趣，对颜色和果铭都经过了精心的挑选并提出要求。实际上，在光琳的后代、京都小西家代代相传的画稿中，就有印笼和莳绘的草图，可以用于和果子的图案非常之多。特别是寿字和菊花的型纸等，看上去甚至可直接用于木模设计。真希望能找到更多材料，来帮助我们了解光琳与果子之间的关联。

词语

KOTOBA

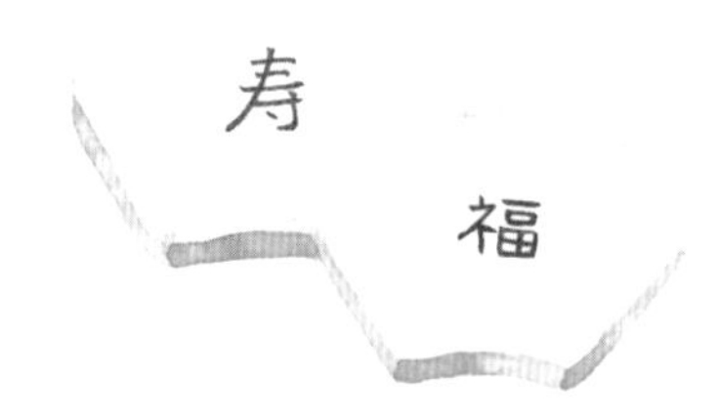

在这里列举一些经常使用的带有喜庆和祝贺之意的果铭。

千代（千世）

说到千代，会想起《君之代》。

我君千世复万代

细石成岩覆青苔

（《古今和歌集》佚名）

根据这首和歌，“千世”即代表极其漫长的岁月。在果铭当中，祝愿幸福长久也常用“千代之菊”“千代结”等字样。另外，具有相似含义的“千岁”“常磐（常盘）”“万代”“千寻”等也经常被用到。

玉

玉是指球形的贵重宝石或珍珠等，有尊贵物品之意。在果子里也有“玉椿”“玉帘”等玉字打头的果铭，给人一种优雅而特别的感觉。最可爱的莫过于“玉手箱”。也许人们通过浦岛太郎的传说，会想象玉手箱是一个装饰精美的小盒子，但是在果子里常见的玉手箱，就是将馅团放在正方形的果坯上，四面折叠成三角形包裹起来。将中间的圆形馅料拟作贵重的玉，自有一番兴味在其中。

寿

这是代表永久生命力的文字。它也被写成“壽”，最初代表田地的起伏，有祈愿丰收之意。尽管比不上本家中国，但日本人也非常喜欢寿字，会以各种形式用在很多场合，例如礼金封、订婚宴席上装饰喜酒的折纸、器皿的设计。寿字可以说是和果子中使用频率最高的文字。还有做成寿字形的落雁*、印了寿字的麸烧煎饼、馒头*等。吃在嘴里，感觉离幸福又近了一步。

福

是与寿字比肩的吉祥用语。因黄门神而知名的德川光国，于元禄十三年（1700）曾在虎屋订了一百个写有红色“福寿”字样的馒头，作为送给官家中院通茂的生日贺礼，真是一份暖心的礼物。

衣
KOROMO

春过尔
夏犹来哉
白布衣干
天之香久山

（《万叶集》卷一 · 持统天皇）

说到衣，上面这首和歌人们耳熟能详。从绿叶丛中的点点白衣而知夏天的到来，非常具有视觉效果，令人耳目一新。

果子用语里，在果坯的表面浇淋擂蜜的制法叫作“挂衣”，大概也是从这样的和歌中得到的灵感。石衣＊的制作方法也少不了挂衣的程序。在看上去像麸烧煎饼一样的果子中，有的薄薄地刷了一层糖蜜，就像穿了一件白色薄衫，感觉十分优雅。它还会让人联想到仙女身披的羽衣，不自觉就被吸引。“挂衣”还有夸饰之意，“表现出超过事实更多的夸张”，但是在果子用语中，也许将其定义为“表现出更丰富的诗意”，才更为妥当。

另外，生果子也经常使用带衣字的果铭，例如“春衣”“花衣”和“夏衣”等。多是用炼切＊等果坯将圆形的馅料像布匹一样卷裹，色彩和裹衣纹样各店不同。春天多表现樱花＊盛开的景象，勾起人们出门赏樱的欲望。在夏天，多使用道明寺果坯，透过外皮可以看到里面的馅料，视觉清凉。

或者，粽子＊、柏饼＊、樱饼＊等也可以说是以树叶为衣的果子。突然发现，在日语中，“叶衣”与“羽衣”的发音相同。

松竹梅

SHOCHIKUBAI

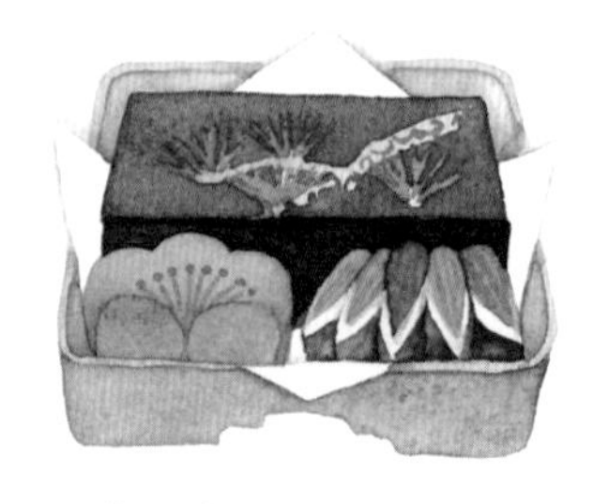

如果留意一下寿司店和天妇罗店的菜单上对于松竹梅的用法，你会发现松的地位最高，价格按照顺序逐级下降，感觉似乎是分了等级。其实它们原本都是同等的。在中国,松竹梅作为“岁寒三友”，各自都有其尊贵的地位。起初松 * 树因为能抵御严寒，并且常绿，所以被视为长生不老的象征。竹 * 因其笔直的躯干，用来形容清廉正直的君子，梅 * 则因为它的香气和品质受到喜爱。松竹梅作为一种喜庆吉祥的图案被用于和服和手工艺品的设计，是从江户时代开始的。

在果子的世界里，它也是用于传统的庆典设计的首选，特别是在正月新年，不仅很多生果子会用到，做成一口大小的干果子也经常会用到它们。

过去作为婚礼上的纪念品，经常会用一个大块的羊羹 * 配两块生果子，放在高沿的方托盘里，叫作“三盛”。例如，利用纸样印出松枝图案的羊羹，搭配箬竹形状的炼切 * 和红梅花造型的求肥 *。果子的大小是店售生果子的三倍，既庄重又气派。但因为分量太足，一次很难吃完，笔者也曾有过被它的分量所惊到的记忆。不过，也许是因为蛋糕卷等西方糕点的使用有所增加，这种三盛果子也变得罕见起来，松竹梅出场的机会似乎越来越少了。

瑞兽

ZUIJU

一些来自中国的传说中的动物也被视为吉祥物。

猩猩[1]

身体覆盖着朱红色的长毛，长着人类的面孔，声音像是小孩子的哭声，嗜酒如命。猩猩与酒总是会被联系在一起，能乐的《猩猩》也围绕着同样的元素讲述了一个喜庆的故事：在大唐的浔阳江，有一位名叫高风的青年，猩猩对他的一片孝心大加赞赏，送给他饮之不尽的酒壶，一起尽情舞蹈。袱纱当中也有猩猩们围在

---

1 指古语中的猩猩。《尔雅》有云："猩猩，小儿啼。"（封溪出猩猩，状如貛豘，声似小儿啼。）《礼记》曰："猩猩能言，不离禽兽。"《山海经》中的奇异怪兽狌狌亦指猩猩："有兽焉，其状如禺而白耳，伏行人走，其名曰狌狌，食之善走。"

酒壶周围享用美酒的图案，在果子木模的设计中也有猩猩造型，过去曾做成红色落雁*，是探望天花病人时带去的手信。在生果子中有一种“猩猩饼”，用丝状的红色果坯代表猩猩的毛发；还有红“猩猩”金团*，与同样形状的白色“共白发”（亦称友白发）组合在一起，用于喜仪贺礼。

凤凰

神鸟凤凰，拥有金色的野鸡翅膀和一条华丽绚烂的孔雀尾巴，据说会作为君子诞生的吉兆而现身。相传，凤凰栖于梧桐，吃竹果，因此在图案设计上经常会与梧桐和竹子为伴。在果子的世界里，可以在木制模具中看到其高贵的造型。它非常适合用于获奖纪念的贺礼，气质华丽而隆重。

四神

自从四神于高松冢古坟和龟虎古坟中被发现而成为话题以来，其知名度日益上升。四神是东西南北的守护神，青龙、白虎、朱雀（似凤凰）、玄武（蛇缠龟的外形）。或许带有国家安泰的愿望，现存的非常罕见的果子木模“四极”（虎屋收藏），就是在十六瓣菊花的四面配以四神的设计。

帘子
SUDARE

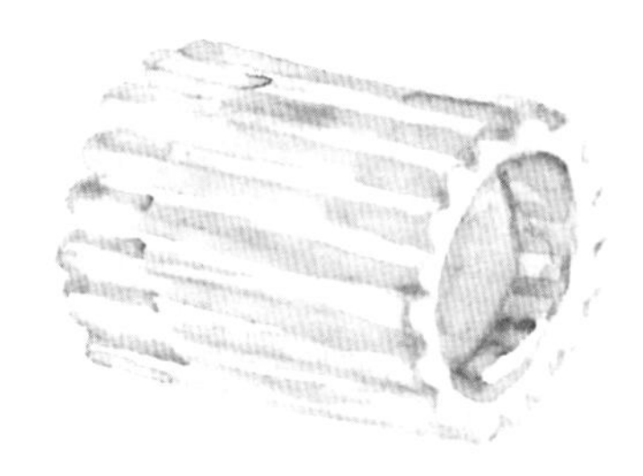

帘子是用细长的苇草或竹篾编织而成的。它不仅具有遮阳的效果，其色调和气氛也会使人暂时忘却暑热。夏天，在老街区的小巷里，看到在朝颜*花盆的簇拥下挂着帘子的房子，会让人感到莫名的治愈，感觉老式的生活智慧依稀尚存。

在果子界，夏天经常会看到诸如“青帘”“玉帘”“夏帘”等果铭。多是将葛粉和糯米粉与锦玉羹*混合之后做成果坯，用波形刀（千筋刀，也叫帘厨刀）切成五毫米厚，包裹馅团。条纹的形式非常具有帘子的特征，给人清凉惬意之感。

比较雅致的应该是如《源氏物语绘卷》中所描绘的那种高级的御帘。王公贵族用于遮阳的是一种纹路更为纤细的帘子，可以在木模的设计中看到。边缘也设计得很美的御帘，搭配红叶*和樱花*等具有季节特征的风物，引人遐思——帘内住着个什么样的女子呢？当时的服装是叠穿风格的五衣唐衣裳，对于这些因织物交叠而呈现出的色彩之美，贵族们以“棣棠重（袭）”“松重”“红叶重”等四季的植物来命名，乐享其中。就像衣服露出一点袖口或袜尖，御帘的下面也会调配适衬的颜色，非常优美。

从帘子展开联想，这样的袭色目也被运用到了和果子的设计当中，意外的是，很多人并没有意识到这一点（第 224、227 页）。

季语 · 夏

百宝汇

TAKARADUKUSHI

由中国传入的百宝汇的图案在果子（主要是干果子）中也可以见到，每一种似乎都寄托着人们对幸福的渴望。

从图案来看主要有以下几种（在上图中，左上起顺时针方向依次为如意宝珠、小槌、丁香、秤砣、隐笠）。

如意宝珠

可以使人称心如意、心愿达成的神奇的珠子，也是佛德的象征。在果子中，有时只表现出珠子的形状，并没有刻画出火焰。

小槌

一个敲一敲就可以使愿望成真的小槌，让人想起一寸法师凭借小槌的神奇力量，最后不断变大的童话故事。

丁香

指的是作为香料而为人所熟知的“clove”。在过去，这种芳香很少能闻到，所以被视为珍贵物品，成为宝物之一。

秤砣

用秤称重时的标准砝码。左右两侧呈圆弧形状,拥有对称的美。

隐笠 · 隐蓑 · 唐人笠

有魔法的斗笠和蓑衣，戴上或穿上就会使自己身形消失。

钥匙

造型为打开仓库门的钥匙，福德的象征。

经卷

知识宝库的象征，也称为卷轴或宝卷。

法螺贝

打仗时发信号用的工具。据说其独特的音色还可以驱除恶灵。

荷包

用于存放钱币、护身符、香料等物的小袋子。该图案也被称为金囊纹、金币纹或荷包纹。

茶巾
CHAKIN

果子中的茶巾有两种。一种叫作“茶巾绞”，是将煮熟的马铃薯、栗子等馅料或者粉成 * 用布巾包好并拧绞而成形。

另一个被称为“茶巾包”或“茶巾饼”。它是将馅团放在烤好的小麦粉面皮上然后包裹起来。与使用蛋皮制作的茶巾寿司一样，在上部可以扎出漂亮的褶皱。

茶巾原本是擦拭茶具的布巾，为什么要使用这个名称呢？在调查过程中，《俚言集览》（1797—1829 编成）中的一段文字引起了我的注意——“砂金饼 砂金囊形之故而云 其俗茶巾饼云应成误”。据此，原本是由放碎金的碎金袋（囊），也就是荷包的形状而来。实际上，《男重宝记》（1693）中也有形似荷包的“沙（砂）金饼”的图片，似乎更加支持了这一说法。原来它叫作“沙金”，或许后来渐渐地变成了与人们生活更加接近的茶道中的“茶巾”之名。

另外，《浪华百事谈》中有大阪专营茶巾饼的店铺“播磨屋”的记述。果坯是白红黄三色，里面包裹红糖馅。一个两文钱，因为价格便宜而热卖一时，但是在明治时代之前，该店就关闭了。

蓬莱山

HORAISAN

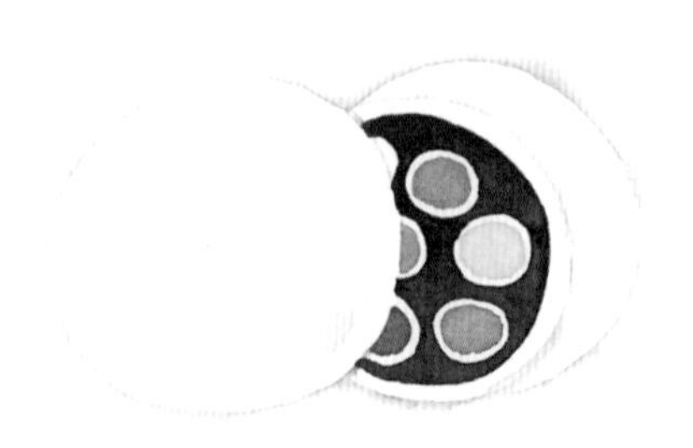

蓬莱山是源自中国古代思想的世外桃源。位于东方的海上，居住着永生不老的神仙，在日本，这种设计意象自平安时代以来，就开始用于漆器和镜子的制作上。被用作典礼和宴会装饰的蓬莱台（也称为洲滨台），也是以这座传说中的海岛为依据，加上松竹梅*和鹤龟造型，豪华气派。现在它仍然被用作歌舞伎和文乐等舞台上的小道具。

在果子里，有“蓬莱馒头”“蓬莱岛”“蓬嶋”等名称的果子，它们通常被制成包着小馒头*的大馒头。小馒头的馅料是红色和黄色、白色、绿色、紫色等，将大馒头对半切开，可以看到里面的多彩画面。它还有个别称叫作“子持馒头”，或许代表着对子孙繁荣的渴望。

虎屋的“蓬嶋”是宝历十二年（1762）十月六日，时任摄政近卫内前取的名字。根据史料记载，当时的馒头中包着二十个小仓馅的小馒头，但是据说在小馒头之间还装满了“栗之粉”（或许是栗子馅）。读后不仅会惊讶于小馒头的数量之多，对于栗粉的味道也充满好奇。

有关蓬莱山，在这里我还想介绍一种叫作“蓬莱豆”（也称为“源氏豆”）的果子，它是将炒熟的大豆裹上糖衣的一种豆果子，呈现红白两色。红白二字，与吉祥的“蓬莱”一词发音相近，也通“宝来”的语感，毫无疑问是会受到欢迎的。因此在京都芦山寺的追傩式鬼法乐的仪式上，驱鬼之后，要撒蓬莱豆和“福饼”。

▷参考文献：虎屋文库编著《热爱和果子的人们》，山川出版社（2017）。

小栏目

日常生活中的造型图案

编笠

用灯心草、苔草、稻草等编织的斗笠。在果子里，将包裹着馅料的果坯对折成斗笠状，称为编笠饼。在烘焙果子中，有时还会用烙铁在坯料上印出线条，使其在外观上更加像斗笠。

线轴 · 丝线

七夕时，会举办名为“乞巧奠”的传统仪式（第 205 页），祈愿心灵手巧，获得更高的裁剪缝纫等技艺。由此，看起来像丝线或线轴的果子就能被制作出来。此外，细长的丝线象征着永恒，同时，也让人联想到“结”字，寓意祥福，有时被用作新年或婚礼上的贺果造型。

稻穗

金黄色的稻穗是丰收的象征。在木模的设计中会见到（图右）。

色纸·草纸

“小色纸”和“色纸饼”的果铭经常出现在江户时代的果子样品册中。即使是简单的正方形，如果被命名为“色纸”，人们也不由得会关心要用什么样的书籍和和歌才能配称。而将正方形的果坯中夹裹馅料的果子取名为“草纸”，可能是因为它使人想起将纸折叠成小册子状的造型。也会让人联想到物语和日记，不乏优雅之感。

绘马

绘马作为一种许愿签，奉纳在寺庙和神社。它的形状经常会出现在新年的干支果子*中，在绘马煎饼*上烙印干支图形，再用海带做挂绳。因为祈愿考试合格、升学录取，经常会用到绘马，所以通常作为二月果子进行制售。

小判·大判

是指古时候的钱币，在现代也饱含着普通百姓的财运愿望，所以依然可以在煎饼的模具中找到它们的身影。这些钱币如今已经不再使用，也许正因如此，才更容易作为梦想的寄托。

粮草袋

用秸秆编织而成的袋子，用来装稻米等谷物。作为财富的象征,可谓是宝船设计中必不可少的元素。从粮草袋形状的干果子，会想起《斗笠地藏》，讲的是作为斗笠的谢礼，地藏菩萨送来米袋子和财宝的故事。

鸣子

在果实成熟的秋天，安放在稻田中用来防鸟（第 343 页图左）。在一片金色的稻穗中，鸣子随风摇摆的样子曾经是秋天的风物诗。鸣子形状的馒头 * 和煎饼，让人怀旧，勾起满腹乡愁。

升斗

节分撒豆子时常见的用来装豆子的容器。有一种生果子就做成倾斜着的升斗形状。

民居

将小麦粉原料的果坯进行焙烤，加馅料并折叠，使用烙铁打上印记，用来表示用木头和稻草搭建的简朴小屋。

红叶无影花无踪
海浦茅屋览从容
日暮秋夕中
（《新古今和歌集》秋歌上 · 藤原定家）

这首和歌所展现出来的风情，正合茶人的趣味。

小栏目

有用的纹样知识

日本传统纹样经常被用于烙印以及干果子的设计与包装中。这里笔者介绍几种典型的图案。

麻叶

因形似大麻叶而名。常用于刚降生的婴儿的首件衣服。

闪电纹

也叫作雷纹。代表雷光。过去常用于雷兴售卖者的服装纹样。

市松纹

也叫作石叠文。江户中期的歌舞伎演员佐野川市松曾将其用在戏服上，从此流传。

青海波

波浪图案的一种。据传是江户时代中期的涂漆师青海堪七创制的一种图案。具有律动感的绵延曲线十分美丽。

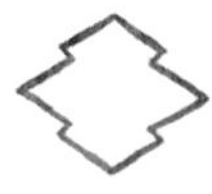

松皮菱

在菱形的上下又各带一个小菱形的图案（上）。因为像松树的树皮剥下来的状态，因而得名。像下图的羊羹*设计也叫作松皮菱。

巴纹

将鞆（弓箭用具）的侧面进行图案化设计而得名。也有的解释为水的漩涡、蛇和勾玉的形状。

七宝继

指将四个纺锤形连结在一起形成椭圆的图案，有的会在中心加入花形。也可简称为七宝。

纱绫形

将“卍”字形拆开后接续在一起的纹样，因用于丝织品纱绫而得名，也叫菱万字。

观世水

因能乐流派之一观世大夫的家纹而得名的一种旋涡图案。经常见于云平*、有平糖*、打物中。

井桁

用方形表示水井上部的边缘。是织部馒头等果子爱用的图案。

鳞文

一种三角形的组合图案。因为用来象征蛇，在“巳”等干支果子*上常用。

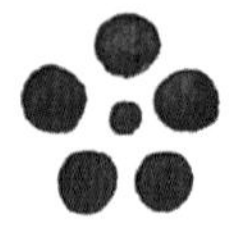

梅钵

一种梅花图案，将单瓣梅花设计成纹样。常见于织部馒头。

蛇笼

装满了碎石的竹笼，用于河川的护岸工程和水流控制。也有与千鸟*造型组合在一起设计的实例。

鸟居

将神社的鸟居图形化。用于七五三节和满月参拜神社的果子。

木贼草

该图案代表多年生常绿蕨类植物木贼草。木贼草也叫作锉草，可用于抛光硬木。

辔

安装在马的嘴部，代表用缰绳来控制马匹的一种马具。用于干支果子“午”最为适合。

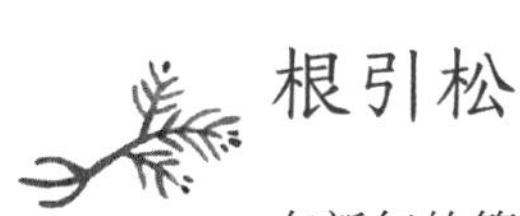

根引松

在新年的第一个子日，有若松拔根、祈愿延年益寿的风俗。这个图案表示拔出根来的松树，适合用在庆贺新年和祝福长寿的果子。

小栏目

世界的果子木模

在谈论果子的造型设计时，一定不能忘记木模的存在。世界各地有各种类型的木制模具（下文中的照片仅为其中一例），代表不同国家的特征。日本的木模图案是四季植物、鹤龟之类的吉祥图案或风景名胜，种类繁多，而中国多为吉祥汉字或者桃*、鱼等吉祥物。韩国是几何图案，欧洲多以《圣经》为设计主题。这些模具分别用于下列果子中。

日本

落雁*、炼切*等上生果子。

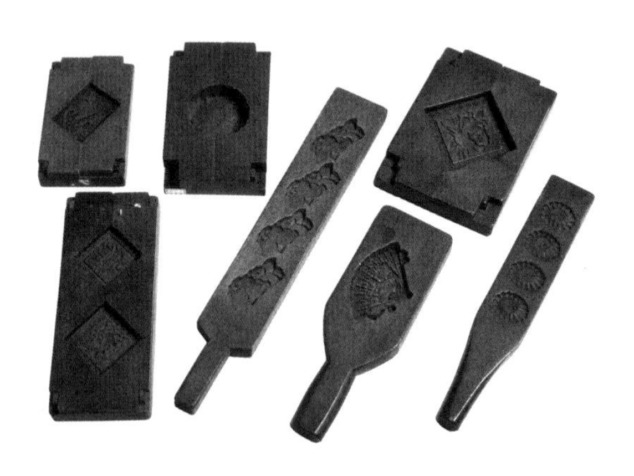

日本（江户时代）：虎屋收藏

中国

月饼、与日本相类似的干果子、蒸制的葛饼等。

韩国

茶食（将蜂蜜、芝麻油等添加到谷物和豆类粉中，用模具拓出的果子）和用蒸米粉舂捣出来的糕饼（在木模上刻有图案）等。

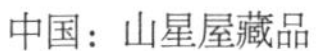

中国：山星屋藏品

韩国（李朝时代）：山星屋藏品

印度尼西亚

是将豆子、米粉和砂糖混合之后制成的，类似于日本干果子的东西（图片为巴厘岛的古木模）。

欧洲

以蜂蜜果脯饼 lebkuchen（将加了香料的小麦粉与蜂蜜混合揉制，利用模具做出图案和形状进行烘烤）为代表的烘焙果子。

印度尼西亚：山星屋藏品

欧洲：山星屋藏品

果子木模和匠人技艺

日本的果子木模主要由山樱桃树的木材制成。这种木材硬度适中，较少变形，一般放置三年以上再使用。木模有很多种形式，有的是单枚木模，有的是两块板子（也称为下司、下框）合在一起的双枚木模，用来做出一定的深度。另外，还有的是三枚木模，便于做出更加立体的形状。以图案为基础进行雕刻，需要考虑到果子成品与木模花纹的凹凸和左右是相反的，要使成品果子

使用木模制作落雁。《古今新制名果秘录》
（1862，虎屋收藏）

的样式达到预期设计的效果，对雕刻技术也有一定的要求。但是如今木模匠人的人数越来越少，利用3D数据的制作越来越多，工匠的减少或许与落雁和金花糖*的需求减少有很大关系。

由优秀的工匠制作出来的木模线条清晰，植物和动物形象栩栩如生，做出的果子成品具有手工艺品的味道。有的艺术家受到这种木制模具的造型美的启发，甚至单独创作和发表作品。

一些不再使用的木制模具随着果子店关闭而流落民间，最终消失，这种例子不在少数。如今，作为地域文化遗产，资料馆和博物馆会对现存的木模进行调查、保存和展示，我们只能寄希望于举办类似活动时的介绍。

永田哲也“伴舞花王”
是用和纸制作的仿木模的作品

第三部 原料·用语篇

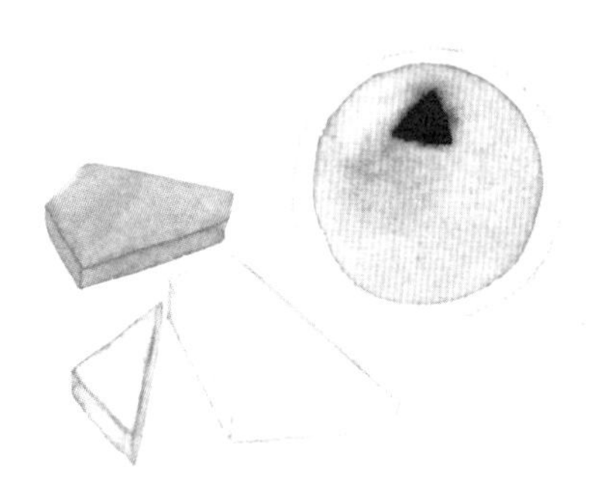

馅

将红豆、芸豆、南瓜、栗子、芋头等食材加糖熬煮炼制而成。原本用作馒头*等果子的馅料，不仅限于甜口，但如今给人的第一印象应该是甘甜的红豆馅。下文，笔者将列举一些除了红豆馅之外的具有代表性的馅料。

粒馅（小仓馅）

有红豆粒口感的馅料。

小仓被认为是指京都市右京区的小仓山。

小仓秋色染峰岭
红叶若有情
可待再行幸

（《拾遗和歌集》杂秋 · 藤原忠平）

因这首和歌，人们将粒馅喻作与红叶颇有渊源的鹿身上的“鹿子斑”，并赞其美味“可待再行幸”（行幸 = 天皇出巡），而冠以小仓馅之名（《日本国语大辞典》）。此外，也有将加入蜜煮的红豆、保留豆粒完整形状的馅料叫作小仓馅，以使其与粒馅区分开来。另外，也可以见到红豆豆粒的羊羹*也被称为小仓羹。

豆沙馅（御膳馅）

去除红豆的外皮制作的口感绵软的馅料。御膳馅是进献给身份高贵的人的上等馅料之意。

饴馅

加入水饴的馅料，也叫作杵（neki）馅[1]。主要用于夹在最中＊和押物[2]里。

白馅

说到白馅，一般使用的都是白豆等菜豆类（第363页），但在上生果子中，多使用价格昂贵、风味上佳的白小豆来制作白馅。一般直接使用或者上色之后使用。

味噌馅

白馅中加入味噌（以白味噌居多）搅拌而成。用作柏饼＊和花瓣饼＊的馅料。

莺馅

使用青豌豆（莺豆）为原料的绿色馅料。

---

1 杵馅之名，有说是源于过去用杵来搅拌饴糖。

2 押物，放入模具中压实制成的果子。后文的“打物”中也有提及。

蛋黄馅

白煮蛋的蛋黄筛滤之后加入白馅中，或者白馅中加生蛋黄，加热熬制。用于馒头或黄身（味）时雨*。

晒馅

红豆煮熟之后去皮，加热烘干，磨成粉状。用于怀中汁粉等果子。

豆打馅（豆泥）

使用毛豆粒或蚕豆制成的馅料。

此外，还有白馅中加入芝麻或者柚子、抹茶等原料制成的各种馅料。

豆类

红豆

和果子的主要材料，主要用于制馅。在日本，北海道的红豆产量居首位。豆粒较大的叫作大纳言。红豆中富含蛋白质、维生素B1、铁、多酚以及食物纤维，因此作为一种健康食品而备受瞩目。

白小豆

是一种色泽乳白、产量稀少的小豆。风味浓郁，用于制作上生果子的馅料。

白豆

菜豆的一种。一般的白馅多使用白豆或福白金时豆。

豌豆

有用于制作蜜豆、豆羹、豆大福的红豌豆和用于绿色莺馅的青豌豆等。

毛豆

指嫩大豆。将煮熟的毛豆碾碎，加糖，拌入麻糬糕饼中，称为豆打饼（糂汰饼）,以东北地区为中心,作为零食点心常有制作。

盐渍纳豆

蒸熟的大豆用曲霉菌发酵之后，浸入盐水之中露天晒干，具有近似于味噌的风味。发祥于京都大德寺的大德寺纳豆以及诞生于滨松的滨名纳豆（滨纳豆）比较有名。

砂糖类 · 甜味剂

上白糖

一般称为白砂糖。是指家庭中最常使用的砂糖，很多和果子也使用。上白糖颗粒细小，质感绵润。

白双糖

结晶体较大的纯砂糖，用于羊羹*和馅料。

中双糖

在白双糖的精制阶段用焦糖上色之物。风味佳，多用于制作饴糖*和生果子。

红糖

也叫作黑糖，是将甘蔗汁熬煮之后制成的黑褐色的砂糖。因为未经过精炼，所以富含维生素以及矿物质，并具有特别的香气。除了制作饴糖以及花林糖*等杂果子*，也用于羊羹、生果子的制作。其主要产地在冲绳奄美大岛。

和三盆糖

是指在四国的德岛县、香川县的部分地区用传统制法制作的一种砂糖。将甘蔗汁熬煮而得的白下糖中的多余蜜汁撇掉，制成颗粒细小的砂糖结晶，这项作业要由技艺高超的匠人专心完成。和三盆糖口感好，香气风雅，多用于干果子，或撒在果子表面。

白下糖

是指和三盆糖制作过程当中的半成品。甘蔗汁一边熬煮一边撇去浮沫，冷却之后的茶色物质即为白下糖，呈偏干的糊状，用于制作生果子等。

水饴

液体饴糖的总称。有将马铃薯、玉蜀黍、稻米等原料中含有的淀粉进行化学分解或者酵素分解而制成的水饴，也有在淀粉中加入麦芽而制成的水饴。水饴不仅会为原料增加甜味，还会在果子口感的水润度和外形的光泽度方面起到一定的作用。

擂蜜

砂糖加水或水饴熬煮，冷却之后搅拌至发白的一种糖料。

甘葛

应该是用地锦*的汁液熬煮而成的一种古代的甜味剂。《枕草子》的“高雅之物”中有“甘葛加入刨冰中，盛在崭新的金碗里”的描述，可见也可以浇在冰品上，但应该是只有贵族才能够享用的昂贵食品。如今人们时而会带有实验性质地试着再现这种甜味剂，但是已经不再批量生产了。

▷参考文献：石桥显《传说中的甜味剂甘葛煎研究》，小仓草药研究会甘葛调查部会（1988）。

粉类 · 谷类

新粉 · 上新粉 · 上用粉

新粉又写作糁粉，是用粳米为原料制成的粉。其颗粒按照上述名称的顺序逐渐变细。新粉加水揉和，蒸制之后舂捣而成的糕饼就是新粉麻糬饼。

糯米粉

直接用生糯米磨成的粉，用于求肥＊和麻糬果子等。

道明寺粉

将糯米蒸熟烘干，粗磨成大小均匀的颗粒。根据颗粒的大小，又有三割、五割等称呼。最早由大阪的尼庵道明寺制作（道明寺糒），因此而得名。关西地区的樱饼＊主要是以道明寺粉为原料。

新引粉（真挽粉）

将道明寺粉磨细煎熟[3]之物，也叫荒粉、微尘（味甚）粉、伊良粉。用来制作打物或用作果子上的撒粉。

寒梅粉

将麻糬饼烤成煎饼*状，磨成粉。有的地区也称之为味甚粉。因为是在梅花盛开的寒冷季节制作，故得此名。

上南粉

指较细的新引粉。又称为极味甚粉。

白玉粉

将水磨糯米时得到的米汁进行脱水、切割、烘干等工序后而成。主要用于白玉*或者求肥的制作，也叫作寒晒粉。

冰饼

在果子材料中，是指水磨糯米的米汁煮熟注入模子中冷冻之后烘干捣碎而成的一种原料。主要在长野县诹访地区制作，多用作果子上的撒粉。

3　汉字有写作“煎”“炒”“熬”等字，本书用煎字。

粢

白米（通常为粳米，有时也使用糯米）用清水浸软之后，舂捣或者用石臼磨成粉。可以直接食用，也可以加水揉圆作为供品。滋贺县大津市的小野神社每年十一月二日都会将粢饼扎裹成稻谷“苞”，以之为神馔，举行粢祭节，祈愿五谷丰登。

小麦粉

根据面筋（麸质）的强度，分为高筋粉、中筋粉、低筋粉。和果子常用的是低筋粉。

大麦粉

大麦炒熟磨成的粉。也叫麦焦，用于麦落雁等果子。

荞麦粉

荞麦粒磨成的粉。可以用来制作荞麦馒头、荞麦煎饼、荞麦芳露等果子。

黄豆粉

大豆炒熟磨成粉状。使用青大豆磨成的粉叫作青黄豆粉。

小豆粉

红豆炒熟制粉。用于类似秋田县名为“诸越”的干果子。

葛粉

捶打葛根后将其过水，如此反复操作，将得到的淀粉质烘干之后制成的粉，便称为葛粉。奈良县的吉野葛作为高级品自古知名。葛粉主要用于夏季的生果子、蒸羊羹、葛切等。纯粹的葛粉因为价格昂贵，所以多与马铃薯淀粉混合在一起使用。

原料中使用葛粉的粽子*或馒头*又叫水仙粽、水仙馒头。因为葛切过去被制成黄色与白色的长签状，会让人联想到水仙*花，故名水仙（《贞丈杂记》）。

片栗粉

原本是指猪牙花的根茎，即片栗根的淀粉，现在通常是指马铃薯粉。用作制作麻糬饼果子等物的手粉，防止面团粘黏。

蕨粉

从蕨根中提取到的淀粉。近年来因为难以获得，所以市面上销售的“蕨粉”“蕨饼粉”多为甘薯淀粉或者木薯淀粉。

粟米

有糯粟米和粳粟米，果子经常使用的是糯粟米。粟善哉、粟饼*等较为常见。

黍

有糯黍与粳黍，黍团子等使用的是糯黍。

香料·调味料等

肉桂

樟木科常绿乔木，树皮和根皮烘干之后可做香辛料。也称为桂皮，为八桥（第197页）和饴糖*添香之用。

芝麻

磨细混入馅料中，或者撒在果子的表面。

生姜

擦成泥后挤出生姜汁用于饴糖、煎饼*、烘焙果子的果坯中。

山椒

叶与果实具有特殊的芳香和辛辣。切山椒*和山椒饼较为常见。

紫苏

用盐渍的红紫苏叶子包裹求肥*，或者切碎之后混入馒头*的外皮。

味噌

味噌当中麹多味浓的京都白味噌，用于松风*等烘焙果子或制作味噌馅。

罂粟籽

撒在红豆面包*或者生果子上。

抹茶

也叫作挽茶。除了用于羊羹*、团子*、馅料、卡斯特拉*、冰淇淋之外，近年来也经常用于西式果子。

薯蓣芋

山药的一种，也叫作捏芋。擦成芋泥，与加了上用粉和砂糖的原料混合在一起，用于制作馒头皮（薯蓣馒头）。也有将薯蓣浆倒在木模中蒸制而成的果子。

寒天

寒晒心天（太）* 的略称。将天草（石花菜）煮熟做成心太，反复进行冻结融解，使其干燥之后得到的一种物质。一般在长野县和岐阜县的山里制作。有寒天丝和寒天棒（块），果子店多使用的是寒天丝，近年来使用工业寒天（寒天粉）的地方也日益增加。因为零热量，富含食物纤维，所以作为健康食品非常受欢迎。用于炼羊羹和锦玉羹 * 等果子。

鸡蛋

在以植物性原料为主的和果子中，鸡蛋是唯一的动物性原料。用于烘焙果子或蒸果子。

和果子的分类 · 制法用语

主要的分类、制法用语以日语五十音顺序排列（除去名称篇中已有的）。

馅平

是将馅、小麦粉、糯米粉等混合在一起的果坯，用于制作工艺果子*。与不使用馅料的云平*相比，容易出现裂痕，但也更容易做出光泽感。

浮岛

馅料中加入鸡蛋、砂糖、粉类蒸制而成的果子，类似卡斯特拉*、口感潮润。最初的制法中会在果坯的表面撒上核桃仁，使其具有浮岛之风情，因此而得名（《制果和图案》1925 年 8 月号；《制果做面包》1962 年 6 月号）。

打物

又称为打果子。是寒梅粉和大麦粉等原料中加入砂糖，倒进木模中打制而成的一种干果子。有时也叫押物、落雁*。押物是指压实制成的果子，或者像盐釜*以及村雨等果子那样压实挤出之后再切开的，分类为切物。

缘起果子

通常是指带有除厄招福之意的果子，与吉祥物相通。从旧时起在寺院神社的神道两侧的商店，或者境内店铺当中可以购得，近年来由于果子店开运除厄的营销点子，具有现代感的商品也在增加。作为有历史的东西，有爱知县津岛神社神道附近售卖的炸果子“赤团”“锵”、京都市今宫神社门前售卖的名产“炙饼”，以及名古屋市热田神宫颇有来头的“藤团子”等。各地都有各种不同的缘起果子流传下来，龟井千步子所著的《缘起果子・庆贺果子》（淡交社 2000 年）中记录得甚为详尽。

岗物

像最中*或鹿子*那样将不同的原料组合在一起制成的果子。因为不用火，在台面上作业就可完成，故称为岗物。

主果子

茶席上用于搭配浓茶的上生果子称为主果子。多饱含季节感。

挂物

挂糖衣或者裹擂蜜的果子。有金平糖*、雏霰米果以及挂衣煎饼等。

数物

也叫作数果子。是指像馒头*和生果子那样一个一个做出来的果子。

片栗物

干果子的一种。是以砂糖为主要原料，加片栗粉、芋泥，混合干固之后，利用模具裁切出来的果子，也叫作云锦。

棹物

也称为棹果子，是像羊羹*或外郎*那种做成长条形的果子，过去也曾经将棹用作量词，“一棹、两棹”地进行计数。因制作时会将原料注入名为舟的器皿中，棹乃舟之必配，故诞生了棹物之名。

式果子

婚丧嫁娶、红白仪式上所用的果子。最近已经很少听到这个名称，大概是因为多用喜仪丧仪的礼饼*之故。式果子也包括缘高三盛，即用高沿托盘盛装的三盛果子。

雪平

求肥*中加入蛋清和白馅等搅拌而成。用于上生果子的果坯。制成之后颜色发白，所以易着色，一经上色，色彩更显明丽。也适合用于工艺果子。

蛋羹

蛋清和炼羊羹混合而成。在为羊羹刷印图案花纹时使用。

流物

加入寒天等原料注入模具中制成的果子。有羊羹、锦玉羹*等。

生果子

制成时含水分 30% 以上的果子。麻糬饼果子、水羊羹*、团子*类都属于生果子。具体有如下分类：

上生（果子）

上等生果子。在茶席上被称为主果子。有炼切*和金团*等。

朝生（果子）

当天早上制作的、保质期只有一天的新鲜果子。也称为并生。包括麻糬饼果子、团子、葛果子等，相对来说价格比较便宜。

中生（果子）

比朝生的保鲜期略长。有蒸物或烤物的区分。

半生（果子）

介于生果子和干果子之间，含水分在 10%-30% 之间。包括石衣*、最中等。

炼物

也写作练物。会让人联想起鱼糕。果子中的炼物有求肥、雪平、炼切等，制作工序中带有揉炼作业。对于需要用火的作业，原来多使用炼字，但现在经常使用的是“练”字，比如“练羊羹”“练切”。

干果子

制成的果子水分含量在 10% 以下，保鲜期较长。有饴糖 *、落雁 *、煎饼 *、兴米 * 等。

凤瑞

又写作宝瑞。打出泡的蛋清中加入锦玉液（由寒天、糖和糖浆加水煮成）混合凝固之后，用模具拓出菊轮、梅花、雪轮等形状，撒上寒梅粉晾干。感觉上很像和式棉花糖。根据京都三浦凤瑞宗家的三浦永太郎的小册子《凤瑞》(1953 年，虎屋收藏）的记载，凤瑞的制作始于明治三十三年（1900），是大正天皇大婚时的纪念果子，由东京的果子店新杵创制并进献（名为新杵的果子店至今尚存，但是是否与文中的同名店铺有关联不得而知）。

莳物（果子）

邀请友人观看日本舞蹈、长歌、古琴等演出的时候，送给友人来宾的礼物。莳物之名或许因莳字亦通播撒，有分发之意。像播种一般，让人感受到守护成长的意义。莳物果子的设计多与演出的节目有关。例如演出清元的“青海波”就会用青海波图案，如果是舞蹈《藤娘》，果子则会设计成藤花加斗笠的感觉。多是两个果子为一套装在盒子里，有时还会使用与节目相关的漂亮的包装纸。

味甚羹

锦玉液加味甚粉注入模具制成，也有一些是凝固之后从模具中取出晾干而成。

蒸物

也称为蒸果子。有馒头、羊羹、轻羹*、外郎等蒸制而成的果子。

村雨

砂糖中加入红豆馅、寒梅粉等原料，嵌入成型用的木框中，用盖子压实之后，再切成适当的大小。关西地区多将时雨*（羹）称为村雨。高丽饼（第59页）也是同样的制法。

烧物

也称为烧果子、烘焙果子，是使用平锅、烤箱等焙烤而成的果子。包括金锷*、铜锣烧*、桃山*等。在过去，将小麦粉原料的面糊倾倒在铁板上做成的“落烧”、将面糊流注成文字或图案的“文字烧”非常受欢迎。

有职果子

原意是宫廷或官家举行仪式时的果子，主要用于供奉、进献。但是其意渐渐不明确起来，京都三条若狭屋第二代店主藤本如泉在《日本的果子》（1968）中描述道：“小笠原流的容器中盛放着的大名果子或供果等陌生的果子也叫作有职果子，但我认为它们应该叫作礼式果子才更为准确。”“大名果子”是几乎没有听过的名字，不知是否是指在进献大名时用到的规格较高的果子。礼式果子应该与式果子意思相同，但近年来已经不大常用这种词语了。

寄物

在果子的制法上，是指用寒天等将水果或豆类凝固在一起而制成的果子。

小栏目

和果子的历史

果子就是坚果与水果

有时会被问到“最古老的和果子是什么”，这个问题比较难回答。所谓和果子[1]，是“日本的果子”“和式果子”之意，原本果子是指水果和树木的果实[2]。如果以《日本书纪》和《古事记》中的传说为重，那么，田间道守从常世之国带回来的、进献给垂仁天皇的“非时香果”，即橘的果实应该算作果子的起源。

另一方面，从原材料的角度来看，我们今天看到的日本果子的原型应该是麻糬 * 和团子 *。在绳纹时代后期，日本已经开始了水稻的种植，为了便于去山野劳作时携带和保存，人们使用火

1 目前看来，在明治四十三年（1910）的《家庭实用百科大苑》中见到的“和果子”一词是最早的例子。

2 关于果子的原义和水果，请参阅原田信男的《试论“果子和大米”》虎屋文库机关杂志《和果子》第 11 期，（2004）收录。

将稻米煮熟、舂捣、握成团子，这些都是非常自然的举动。相对于主食来说，可以想象，这样的食物更接近于间食或副食，有时会用植物的蜜汁或水果的汁液来进行调味。

在日本的饮食生活中，水果、麻糬和团子[3]得到了继承，同时，还从国外引进了新的饮食文化，从而改变了果子的历史。

其一是飞鸟至平安时代由遣唐使等传入的唐果子*，其二是在镰仓至室町时代留学中国的禅僧和来到日本的中国僧侣与饮茶习惯一起带入日本的羊羹*、馒头*等点心*，其三是室町时代末期至江户时代初期由葡萄牙和西班牙传教士以及贸易商人带来的卡斯特拉*和金平糖*等南蛮果子*（详细内容请分别参照对应内容）。

此外，在果子历史上不可忽视的是其与茶道的联系。在经历了由村田珠光到武野绍鸥的草庵风格的茶道流派之后，16 世纪后半叶，千利休集侘茶之大成。根据《天王寺屋会记》《松屋会记》《利休百会记》等茶会记资料的记载，16 世纪茶道中使用的果子，可以见到栗子、榧子等坚果，柿子、梨、葡萄等水果，炖煮的昆布、蔬菜，以及麻糬和馒头等物的名称。令人惊讶的是它们不仅限于今日这种甜品，或许在当时，果子作为一种茶食食品的意识更为明显。当时，南蛮果子虽然已经传入，但仍然很少见，茶会上主

3　在奈良时代的"职员令"大膳职中，有一个负责管理水果和麻糬饼的职务，叫"主果饼"（水果司）。另外，在《令义解》（833）和《延喜式》中也有"果饼"字样，可以认为当时是将坚果、水果和麻糬饼类的食物作为同类。

要还是主人手工制作的质朴食物。此外，由于砂糖[4]是一种昂贵的进口产品，因此可以想见，当时的馒头也不像现在的那样甜。

果子文化蓬勃发展的江户时代

江户时代，在德川幕府的统治下，社会安定，商品经济发展，以平户和长崎为窗口，砂糖的进口量上升。在街市上、寺庙和神社前以及黄金地段，果子专门店的数量也随之增加。到了17世纪下半叶，在充满活力的元禄文化的背景下，以京都为中心开始制作上果子（上等果子之意），很快便作为一种高级食品大受欢迎。上果子使用了昂贵的白砂糖和冰糖，与今天的上生果子比较相似，其特征是拥有诸如“唐衣”“春霞”“胧夜饼”等文学色彩浓厚的果铭以及围绕着四季的自然风物而展开的设计。可以说，对于这种上果子的诞生，茶人功不可没。在当时，符合茶人品味的器具被制作出来，甚至连茶勺和茶碗都被取了名字。室町时代，从八

4　长期以来，砂糖一直是奢侈品。根据史料记载，唐招提寺的开山祖师唐僧鉴真渡海失败时所携物品清单品（743）中可以找到“蔗糖”和“甘蔗”的名称。另外，天平胜宝八年（756）的正仓院宝物《种种药帐》中，记录了圣武天皇常用的药物，其中有“麝香”和“犀角”等六十种药物的名称，还有“蔗糖二斤十二两三分”的字样。蔗糖应该是接近于红糖的一种东西，可知在当时被视为药品。后来，白砂糖通过与中国及其他国家的贸易而引入，但白砂糖被认为是奢侈品，被用作礼物。在整个江户时代，白砂糖一直是一种昂贵的食品，很少见于普通人的手中。

代将军足利义政时期开始，出现了使用知名茶具款待客人、重视铭牌的倾向，而到了江户时代早期，小堀远州又将茶具的风情与和歌联系在一起，人们开始热衷于富有文学性的冠名。到了后来的元禄时代，上果子更加普及起来，在和歌和古典文学成为民众的基本素养时，人们听到“立田饼”这样的果铭，看到以红叶为题材的果子，就会很自然地联想起和歌“红叶漫织龙田川 涉渡锦将断”（《古今和歌集》秋歌下・佚名）的句子，可见这种知性的游戏曾经颇为兴盛。

上果子用于皇家、幕府将军的府邸、大名、官家以及有影响力的寺庙和神社等上层社会举办的活动和仪式，或用作礼物和茶果子。一些上果子店因此与上层社会产生关联，于是开始被称为御用果子屋。在京都，有内宫御用的二口屋能登、虎屋近江（今虎屋）、松屋山城（今松屋常盘），在江户，有幕府御用的大久保主水、金泽丹后等赫赫有名的店铺。这些果子店开始经常接到大笔订单。另外，一些在京都设有总部的上果子屋也开始在江户和其他地方开展业务。

另一方面，在繁华街区出售的价格实惠的麻糬、团子等糕点果子,让平民百姓也能够一饱口福。这些果子主要使用的是红糖。享保年间（1716—1736），八代将军德川吉宗鼓励国内种植甘蔗，发展制糖业，并从国外增加了砂糖进口量，到了 18 世纪后期，砂糖变得越来越容易获得，果子的制造技术也得到提高。在天保年间（1830—1844），不仅限于江户和京都等地，从城市到乡村，跨度广泛的各阶层都可以享用到属于他们自己的果子，渐渐培养出日本独特而丰富的果子文化。

到了江户时代，人们已经能够制作出我们今日所看到的大多数果子，现在我想通过以下几个方面，对果子的发展分别进行补充说明。

果子食谱的出版

在出版文化得到发展的背景之下，享保三年（1718）出版了第一本果子食谱《古今名物御前果子秘传抄》。其后，在宝历十一年（1761），出版了《古今名物御前果子图式》，天保十二年（1841）出版了《果子话船桥》。除了食谱之外，一些记录有果子设计构想的手稿和抄稿，也使果子的知识和制造技术得到了广泛传播。

制作技术的提高

从中国传入的馒头和羊羹，从西欧带来的南蛮果子卡斯特拉以及金平糖、有平糖等，仰赖工匠的创意和技术，开始成为符合日本人口味的独特产品，逐渐固定下来。例如，很多有平糖都被制成条纹模样或工艺品形，作为礼物而受到青睐。此外，在宽政年间（1789—1801），由寒天[5]炼制凝固而成的炼羊羹开始在江户制造并得到推广，具有划时代的意义。炼羊羹不同于以往的蒸羊羹，它光滑细腻的口感和耐保存的特性获得好评，从而赢得声誉，其制法很快就传遍了整个日本。

年节祭典和人生仪式

可以看出，从平安时代起，人们就开始在三月三日的上巳节准备草饼*，五月五日端午节准备粽子*，但是到了江户时代，上述节日分别成为祝福女孩和男孩健康成长的日子，并增加了菱饼*和雏果子、柏饼*等节日糕点，在普通百姓的生活中固定下来。此外，果子也开始被广泛用于红白之事，是祝贺新婚和凭吊葬礼时的礼饼。果子很容易通过其颜色、形状和果铭来表达招福除灾的愿望，因此与各地的节日祭典紧密结合，开始出现很多地方色彩浓厚的糕点果子。

往来赠品

在江户时代，砂糖的价值之高，非今日可比，带有甜味的糕

---

5 关于寒天的起源流传着以下典故。讲的是在江户时代初期的万治年间（1658—1661），某年冬季，萨摩藩主岛津光久在参勤交代的途中，借宿于山城国伏见（今京都市伏见）时发生的故事。据说旅馆老板美浓屋太郎左卫门将晚餐时剩下的心天料理放到了屋外，几天后却发现变干了。因为是“寒晒之心天”，故隐元禅师为其取名叫寒天。

点果子是一种非常受欢迎的礼物。不仅大名和官家等上层社会，普通百姓也会把果子当作馈赠佳品，善加利用。例如，从江户时代后期的作家曲亭马琴的《马琴日记》(1826—1848)等资料中可以看出，用于伴手礼的羊羹、作为彼岸节礼品分发的牡丹饼、探望天花病人时的礼物红色落雁*等，各色果子作为馈赠佳品正在各显其能。果子频繁地被用作赠礼，大概与各地区在果子的设计和口味上所具有的独特创意不无关联。

繁华街的果子

以江户为例，很多知名的果子陆续亮相，其中有利用隅田川沿岸的樱叶制作的向岛的樱饼*，还有目黑的粟饼*、麴町的助惣麸烧等，都是出现在游客聚集的风景名胜、寺庙和神社的门前以及黄金地段。另外，在街市中，卖饴*人*以及卖心太*等果子的小商贩，或以个性十足的叫卖声，或以精彩的曲艺表演等方式进行销售，受到顾客的欢迎。一些流动商贩的舞蹈和歌曲，像捣粟饼和卖团子那样，有的甚至还被引用到歌舞伎作品中，从而引发广泛流行。

驿道名品的诞生

由于参勤交代等政务活动，街衢道路得以修建和整饬，普通百姓也可以以参拜寺院神社为目的享受旅行的乐趣。在驿站街和一些著名景点诞生了许多被称为名品的果子，促进了全国各地的果子发展。在茶馆里品尝果子是旅行者的乐趣之一。例如东海道骏河（静冈县）的安倍川饼*、草津市（滋贺县）的姥饼等，这些果子的相关店铺都在名所图会和游记等一些观光指南的书籍和锦绘中有介绍，成为人们津津乐道的话题。可以说，旅行者口碑的力量是巨大的。

童心玩兴

果子不仅美味可口，还可以激起人们的玩兴。有的被写进了《名代干果子山殿》（1778，第 8 页）等黄表纸中，有的像歌川广重的《太平喜饼酒多多买》（1843—1846，第 70 页）中那样，被画到了锦绘里，使人们可以尽享文字游戏和隐喻的乐趣。而在果子当中,加入占卜签和玩具（辻占煎饼*、大黑煎饼）的煎饼、模仿刀锷或胴乱（皮或布制的方袋子）形状制成的果子（金锷*、胡麻胴乱）等，一些充满幽默感的产品也应运而生。在《尾张名阳图会》（1836）中，因热田（爱知县）捕捉到的海豹成为当时的热门话题，引来人们竞相观赏，海豹落雁因此而诞生。很明显，我们今天看到的人物动物形象的果子从那时开始就有制作。

茶道

可以说，茶道的茶点因流派、阶层和地域而异。例如，千家的侘茶主要以主人亲手制作的朴素糕点为主，而远洲流的茶人远藤元闲的《茶汤献立指南》（1696）中的茶道怀石“茶果子”，使用的是由果子店特制的“友千鸟”和“鹑饼”等上果子。另外，从《御茶汤之记》可以看出，官家近卫家熙除了使用“菖蒲”“菊下之水”和“龙田饼”等上果子，还有“加势以多”和“卡斯特拉”等南蛮果子。令人惊讶的是，在秋天时会有“棣棠馒头”（享保十四年九月二十三日），冬天会有“菖蒲”（正德三年十一月一日）等，经常会使用一些季节外的果铭。从江户时代的虎屋御用记录里也可以看出，奉纳宫中的果子也存在着同样的情况，不由得让人关心那个时候人们对果子和季节之间的关系是如何处理的[6]。如今，往往会先于季节制备带有果铭和季节造型的时令果子。但是，对于这种偏好，应该综合近代以来岁时记的普及等因素，有必要做进一步考察。

有趣的是，在茶道上有着较高造诣的地方藩主也直接促成了该地区特有的茶果子的诞生。他们通过参勤交代，在家乡和江户之间往来，品尝过各种果子，有时还受到一些名果的启发。命名“菜种之里”（三英堂出品）的松江藩主松平治乡（不昧公），留下了《百果之图》[7]的平户藩主松浦熙等人就是其中的例子。

---

6 研究者指出，在季节感开始被融入茶会的背后，其与俳谐之间的关联也不容忽视。参见熊仓功夫《茶之汤——心与形》熊仓功夫著作集第 1 卷，思文阁出版，（2016）。

7 参见江后迪子《江户时代的平户果子》，莺屋总本家，（1999）。

和洋折中的明治时代
——和果子的现在

进入明治时代以后，在幕府垮台和迁都东京的背景下，果子业界也发生了变化。幕府御用的大久保主水和金泽丹后等果子屋相继倒闭，而京都禁里（皇室）的御用果子屋之一虎屋则在东京开设了分店。随着西式果子的传播[8]，果子专门店的增加，相对于西式的洋果子,开始使用“日本果子”“邦果”“和果子”等词语。在明治二十二年（1889）出版的《和洋果子制法独案内》一书中，还刊载了江户时代的果子食谱《果子话船桥》（1841）中的内容，并在西式果子中，介绍了松饼、柠檬布丁、果冻蛋糕和华夫饼等，或许这些信息在当时非常实用。次年出版的《东京买物独案内》中，除了包括号称“皇邦西洋御果子所”的风月堂，还有和洋果子采购所壶屋，可知当时经营的果子品种有“和制干果子、蒸果子数种、洋果子、饼干、面包、蛋糕数种”。

西化浪潮席卷果子业界之时，明治政府内务省在明治十年至三十六年（1877—1903）举办了五次全国劝业博览会，展出了

8　明治八年（1875），《东京风月堂米津》（米津凮月堂）首次制作了饼干（出自《明治文化史》第十二卷“生活”，原书房，1979 年）。

全国各地的各种果子[9]。各个地方充分利用当地特产，以及各自不同的风土历史精心制作，可以说，这是在各地开发当地果子的好机会。此外，明治三十三年（1900），在巴黎万国博览会上，京都的果子协会展出了工艺果子*，装在大篮子中的牡丹*装饰果子精致华贵，堪称一件取得了技术方面终极成就的作品，受到了海外人士的盛赞。在十九世纪末，巡游名胜古迹的团体旅行和修学旅行已变得非常普遍，作为旅游礼品，各地开始制作羊羹和饴糖[10]等特产。

另一方面，将日本和西方的原料组合在一起的新型果子也被发明出来。诞生于明治七年的红豆面包*就是其中的代表，此外，明治时代后期至大正时代，用卡斯特拉的果坯夹裹羊羹（或者馅料）的“西伯利亚”、饼干中夹馅的“饼干馒头”、巧克力风味的“巧克力馒头”等，也开始被广泛地传播。这些果子在明治四十三年三省堂出版的《日本百科大辞典》中被分类为“和洋折中的果子”[11]。

第二次世界大战后，在食品短缺的年代里，许多果子店关门停业，但随着经济的增长，果子的消费量再次增加，并开始出现

9　参见桥爪伸子《地域名果的诞生》，思文阁出版，2017年。

10　同8，参见《明治文化史》第十二卷“生活”，原书房，1979年。

11　该书中还有“根据最近的制作，和洋折中的果子包括红豆面包、唐馒头、果酱馅最中、碳酸煎饼、柠檬最中、巧克力兴米、氨麦馒头、酵母麦馒头等种类”（唐馒头从江户时代开始制作）。

各种用奶油和黄油等原料制成的和果子。此外，随着圣诞节和情人节等西方节日的传入，也发明创制了与洋节日有关的和果子，并且增加了诸如圣诞老人、康乃馨和心形等前所未有的新造型。

和与洋之间的界限正在逐渐消失的同时，自古强调植物性素材的和果子因继承了传统的制造方法，拥有日本独特的色彩和形状以及与古典文学有关的果铭，似乎正在重新引起人们的关注。不仅在国内，作为向海外介绍日本文化的一种方式，和果子也经常会被提及。其背景中，既有非常重视地域传统饮食文化的保护和传承的慢食文化运动的影响，也有平成二十五年（2013），日本料理作为联合国教科文组织非物质文化遗产登录等原因。红豆和寒天等和果子常用的植物性原料有益健康，也在方方面面成为人们关心的话题。从这个意义上讲，和果子可以说是暗示了未来饮食生活习惯的一种食品。

近年来，也出现了一些由年轻匠人以其独有的感性设计制作出的个性丰富的和果子，具有独特的艺术风格。此外，定制和果子的需求也在不断增加，人们希望能以独一无二的原创果子作为礼品赠送。将充满感恩之意的和果子作为小礼物赠与他人，会优先考虑包装设计上的美感。

曾经一度受人欢迎的大型落雁的需求减少，需要切开分食的羊羹或卡斯特拉等棹物也在向独立包装的方向发展，入园、入学典礼等庆典活动上的红白馒头已经渐渐不再使用，在和果子爱好者看来，不得不说这都是非常令人遗憾的现象。人应该珍惜在分享、互赠和果子中获得的快乐。如今，让我们重新审视和果子与日本人生活之间的联系，希望可以将它的美好传递给子孙后代。

▷参考文献：中村孝也《和果子的家谱》，国书刊行会（1990）。
青木直已《图说和果子的历史》图鉴，筑摩学艺文库（2017）。
虎屋文库编《和果子的历史》，虎屋（2010）。

附录

索引 395

和果子简略年表 416

和果子相关资料馆・图书馆 422

主要参考文献 425

索引

A

阿倍仲麻吕 142

阿古屋 3，46，202

安倍川饼 4，388

鹌鹑 284

餲餬 135

B

bolo 156

“百果之图” 389

《北野社家日记》72

《北越雪谱》182

《本朝食鉴》42，179，190

《本朝世事谈绮》61

《丙辰纪行》187

八桥 197，319，370

八桥检校 196

巴纹 349

白豆 361，363

白虎 334

白砂糖 364

白双糖 364

白丝饼 267

白下糖 365

白馅 361

白小豆 361

白雪糕 214

白饴 8

白玉 98

白玉粉 367

白玉团子 116

白蒸 153

百宝汇 336

百合 277

柏饼 47，171，203，361，386

半生果子 376

刨冰 167

薄皮馒头 163

爆米 9

北原白秋 50

贝 287

贝合 287

彼岸团子 116

餺饠 hichira 135

编笠 343

编笠饼 343

滨（名）纳豆 6，363

冰 308
冰饼〔饼〕308
冰饼〔撒粉〕308，367
冰室 204，309
饼（麻糬） 169
饼啖 136
饼干馒头 391
饼花 172，200
并生 376
馎饦 135
不见辛 196
不昧→松平不昧
餢飳 135

C

《草枕》182
《插柳》 25
《茶汤献立指南》322，388
《尺素往来》101，133
《厨事类记》134
《川柳评万句合》178
《春之若草》 126
粢 368
朝鲜饴 8，62
菜花 254
草饼 74，170，386
草加煎饼 107
草莓大福 110
草团子 116
草纸 344
茶子 133
茶巾 338
茶馒头 163
茶食 354
茶通 121
菖蒲团子 116
常磐（盘） 329
常夏 253
秤砣（砝码） 337
赤团 374
敕题果子 40
重阳（节） 206，232，235
崇德天皇 257
雏果子 202，386
雏祭 女儿节 66，154，201
雏霰米果 11，374
杵馅 175，361
窗之月 175
吹寄 什锦干果 155
吹雪馒头 163
吹饴 8

春日（野）馒头 153

椿饼 128，248

鹑烧 46，110，284

词语 328

村田珠光 382

村雨 59，305，373，378

嵯峨 318

嵯峨野 242，318

D

Dragée 糖衣果子 89

《淡路国正税账》170

《鼎左秘录》93，122，270，279

《东海道中膝栗毛》5，28，196，284

《东京风俗志》146，177

《东行话说》48

《多闻院日记》168

棣棠 274

达磨隐 213

沓形饼 170

打果子 183，373

打物 183，373

大伴家持 253，259

大岛馒头 164

大德寺金团 73

大德寺纳豆 6，363

大豆饼 170

大福 109，171

大久保主水 46，55，384

大麦粉 368

大纳言 362

大年宗奇 27

大判 345

大判烧 25

大田南亩 86

戴 3

戴饼 3，170

淡（泡）雪羹 222，316

淡岛寒月 191

蛋羹 376

蛋黄馅 362

道明寺糒 366

道明寺粉 366

道喜粽 120

稻花饼 20

稻花馒头 20

稻穗 344

德川光国 330

德川吉宗 4，384

德川家康 49

地黄煎 7，194

地锦 244

点心 131，382

鲷 296

鲷鱼烧 111

调布 123

丁香 337

冻饼 171，308

豆打饼 363

豆打馅 362

豆大福 110

豆金团 72

豆类 362

豆名月 125

豆沙馅 361

豆馅 106

杜鹃花 246

杜若 222

端午（节）203，386

E

二见浦 319

F

《夫妇善哉》101

《浮世床》20，149

《富贵地座位》25

法螺贝 287，338

芳露（捻头）156

飞龙头 215

飞团子 116

粉成 87

粉果子 183

粉寒天 372

粉类 366

粉熟 136

丰臣秀吉 176，262

枫 271

蜂窝糖 56，144，306

凤凰 334

凤瑞（宝瑞）372

奉天 54

麸馒头 163

麸烧 159，195

麸烧煎饼 107，175，192，320

佛手柑 93

浮岛 373

浮石糖→蜂窝糖

福 151，330

福白金时 363

福寿草 265

抚子 石竹花 252

富士山 314

腹太饼 109，284

G

“郭文章” 172

《甘薯百珍》 178

《古今和歌集》237，242，244，246，263，269，271，278，291，304，311，329

《古今名物御前果子秘传抄》13，18，49，56，73，80，83，90，107，157，194，195，212，270，385

《古今名物御前果子图式》55，73，129，159，179，190，228，279，284，385

《古今要览稿》92

《古今夷曲集》270

《古今著闻集》38

《果子话船桥》30，33，73，95，97，150，167，174，385

高腰馒头 163

甘葛 248，365

甘露梅 193

甘纳豆 6

干果子 377

干琥珀 67

干锦玉 67

干支果子 35，200，344

冈大（太）夫 188

岗物 374

高丽饼 59，305

高田屋嘉平卫 254

高雄山 314

糕 325

歌枕 317

葛饼 171

葛饼 78

葛粉 369

葛馒头 133，163

葛切 133，369

葛烧 80

葛樱 77

根引松 351

更极（科） 318

工业寒天 372

工艺果子 84，373，391

供品果子 153

宫泽贤治 15，231

共（友）白发 334

古田织部 321

谷类 366
谷崎润一郎 182
固饴 8
挂物 374
挂衣 331
挂衣煎饼 374
观世水 350
光琳纹（模）样 327
龟 290
龟山 100
桂皮 370
桂心 135
桧扇 320
桧叶烧馒头 152
果子 133
果子木模 356

H

《合类日用料理抄》63，179，184，192，195
《和汉三才图会》28，94，105，107，181，213
《和名类聚抄》7，38，106，119，134
《和泉式部集》75
《河海抄》128
《后拾遗和歌集》275，303
海参饼 171
亥子饼 23，208
寒冰 58
寒梅粉 367
寒晒粉 367
寒天 372，385，392
寒天棒 372
寒天块 372
寒天丝 372
和果子的历史 381
和果子分类 372
和果子节 204
和泉式部 302
和三盆糖 364
和洋折中果子 391
荷包 338
胡桃柚饼子 179
贺寿台 66
鹤 301
鹤子饼 104，171
黑砂糖 364
红豆 362
红豆饭 152
红豆面包 17，391

红梅烧 26，146

红豌豆 363

红叶 271

后阳成天皇 183

狐 293

狐煎饼 293

胡麻胴乱 213

葫芦 262

蝴蝶 299

虎屋 49，144，161，184，214，224，231，243，327，330，341，384

虎屋馒头 161

琥珀羹 67，262

琥珀糖 67

花瓣饼 147，200，282，361

花饼 158

花草饼 202

花芳露 158

花供曾 10

花祭 203

花见团子 116

花林糖 52

花球 158

怀中汁粉 99，362

环饼 135

荒粉 367

黄豆粉 368

黄豆粉棒 105

黄豆粉麻糬 4

黄味（身）时雨 59

灰汁卷 120

回转烧 25

绘马 344

馄饨 136

J

《集古图》 134

《甲子夜话》117

《建武年中行事》136

《江户买物独案内》175

《江户名所图会》110，173

《捷径太平记》51

《今昔物语集》69，107

《金金先生荣花梦》16，173

《橘庵漫笔》 159

《橘窗自语》 165

《蒟蒻百珍》168

鸡蛋 211，372

鸡卵素面 81

吉野 319

吉野山 314
极味甚粉 367
几世（代）饼 210
寄水 46
寄物〔点心〕132
寄物〔制法用语〕379
加势以多 191
嘉祥（定）果子 45，204
坚干 83
菅原道真 228
煎饼 106，377
煎饼芋 178
鲣 288
茧玉 172，201
剪菊 233
见目超 71
鉴真 383
酱油煎饼 106
节分 201
节会 199
节日 199
结果 135
今坂饼 211
今川烧 25，146
金（锦）玉糖 66
金锷 70，141，146，379
金花（华）糖 65
金平糖 89，143，374
金太郎饴 68
金团（金饨·橘饨）46，72，73，376
金泽丹后 14，184，194，325，384，390
锦（金）玉 66
锦（金）玉羹 66，376
近卫家熙 389
近卫内前 188，340
经卷 337
鲸 295
鲸饼 295
鲸羊羹 295
井桁 350
井手（出） 318
景（影）胜团子 116
镜饼 170
酒馒头 132，163
酒窝 151
桔梗 231
菊 232
橘 243
卷饼 83

卷煎饼 108

卷绢 323

絹卷 323

蕨饼 171，187

蕨菜 280

蕨粉 369

蕨熨斗 280

君时雨 60

K

《宽天见闻记》51

《宽政纪闻》110

卡斯特拉 48，144

卡斯特拉烧 145

烤红薯 177

口砂（沙）香 183

魁蒿饼 74

魁蒿大福 110

L

“栗烧”234

《浪华百事谈》71，108，185，339

《类聚杂要抄》136

《俚言集览》220，339

《料理物语》64，73，80，81，187

《料理早指南》192

《柳多留》10，47，51，63，94，99，158，174，193，235

《柳笼里》139

礼饼 151

岚山 314，317

姥饼 388

雷烧 146

雷文 348

雷兴 38

擂蜜 365

礼式果子 379

鲤鱼 289

利休（久）馒头 164

栗金团 72，234

栗馒头 163，234

栗名月 125

栗羊羹 234

栗子 234

粒馅 360

帘子 335

莲 260

炼（练）物 377

炼切 87，376

炼羊羹 182，321，376

恋川春町 16

良宽 214

粮草袋 345

料理果子 153

林净因 161

鳞文 350

灵签煎饼 126

菱饼 147，154，170，202，386

菱葩 147

菱万字 349

流物 376

琉球馒头 164

六方（宝）烧 185

龙田（竜田·立田）319

龙田山 319

胧馒头 153，163

鹿子（饼）51，234，360

路易士·弗洛伊斯 Luis Frois 90

露 313

露草纹 313

轮 216

轮挂 53，216

落文 257

落雁 212，231，260，296，330，334

绿 197，270

M

《马琴日记》43，184，387

《毛吹草》107，144

《面包超人》18

《名代干果子山殿》8，157，388

鸣子 345

麻地饴 190

麻雀 293

麻叶 348

麦焦 368

麦落雁 368

卖冷水的 98

卖饴涡松 9

馒头 46，132，160

馒头芋 178

慢食运动 392

芒草 241

毛豆 362

卯花 226

梅 228

梅钵 54，350

梅枝 134

蜜豆 19

蜜饯 93

民居 346

磨琥珀 59

抹茶 371

母亲节 204

母子饼 74

牡丹 268

牡丹饼 43，387

木芽馒头 162

木贼草 351

N

《男重宝记》157，339

《南蛮料理书》81，215

《年中行事秘录》154

《奴凧》86

《女重宝记》267

南部煎饼 106

南瓜挞 212

南蛮果子 143，382

南蛮渍 93

南天 255

年节祭典 199

鲇 281

黏脐 135

捻头 135

鸟居 351

鸟仔饼 104，170

捏芋山药 163，371

牛舌饼 61，170

糯米粉 366

P

葩饼 147，200

泡糖→蜂窝糖

辔 351

辔 kutsuwa 374

蓬莱山 340

枇杷 263

片栗粉 369

片栗物 375

平麸 46

Q

《七十一番职人歌合》138，161

《劝进帐》186

七宝继 349

七五三 117

七夕 206

乞巧奠 205，343

千代（世）328

千利休 3，133，159，195，321，382

千两 256
千鸟 298，350
千岁〔乌羽玉〕33
千岁〔词语〕329
千岁饴 8，117，208
千寻 329
欠饼 10，171
荞麦芳露 158，368
荞麦粉 368
荞麦煎饼 368
荞麦馒头 163，368
巧克力馒头 391
茄子 251
切饼 171
切块饴 8
切山椒 63，371
青差 210
青海波 348
青黄豆粉 368
青龙 334
青梅 218
青豌豆 363
轻羹 54，378
轻羹馒头 55
轻目烧 56
轻烧 191
轻烧煎饼 108
清少纳言 166，253
情人节 201，392
萩 胡枝子 258
萩饼 42，171，200，202
求肥 61
求肥饼 61
求肥饴（糖） 8，61
曲水之宴 202
曲亭马琴 43，184
屈原 119
祛痰饴 8

R

《日本果子宝鉴》152
《日本果子制造独案内》61，130
《日本书纪》7
《日本永代藏》90，145
《日次纪事》140
《日葡辞典》3，72，83，195，315
忍馒头 153
人形烧 145
揉 88
肉桂 370

肉桂饴 8
如意宝珠 336
瑞兽 333
若菜 278
箬竹 238
箬竹饴 7

S

《萨藩旧记杂录》143
《三十二番职人歌合绘卷》7
《三养杂记》61
《山家集》244，300
《善庵随笔》83
《拾遗和歌集》32，168，174，226，360
《食物服用之卷》132，181
《史记》180
《仕悬文库》323
《守贞谩稿》3，17，39，43，65，138，154，193
《随闻》43
三笠山 142，315
三日夜之饼 170
三盛 152，332，375
糁汰饼 363
色纸 344
纱绫形万字纹 349
砂金饼 339
砂糖类 364
砂糖馒头 132
砂糖羊羹 132
晒馅 362
山 314
山茶花 247
山椒 371
山椒饼 371
山科言继 147，284
山上忆良 234，253
山田宗徧 21
山药 371
闪电纹 348
善哉 100
善哉（红豆汤）99
上白糖 364
上果子 383
上南粉 367
上生（果子）376
上巳（节）75，201，386
上新粉 366
上用粉 366

上用馒头 163
烧果子 379
烧物 379
蛇笼 350
伸饼 170
神在饼 101
神馔 136
升斗 345
生八桥 198
生果子 376
生姜 370
生姜糖 96
生砂糖 34
圣诞节 208，391
圣一国师 133，160
十三夜 235
十团子 116
十字 162
辻占 53，126
辻占煎饼 签语饼 127
石 305
石叠文 348
石衣 22，306，331，376
时雨 304
时雨羹 305
时雨馒头 60
莳物（果子）378
市川团十郎 27
市松纹 348
式果子 375
柿本人麻吕 32，229，298
柿右卫门 230
柿种 44
柿子 229
释迦之鼻屎 10
瘦马 202
寿 151，329
壽 329
黍 365
黍团子 116，370
薯蓣馒头 163，322，372
薯蓣芋 371
数果子 374
数物 374
霜 310
水晶包子 133
水馒头 164
水牡丹 268
水鸟 293
水团 73
水无月 167，204
水仙 240
水仙馒头 163，

241，369

水仙粽 241，369

水纤 133

水羊羹 165

水饴 365

丝线 343

四神 334

四照花 249

寺田寅彦 87

松 269

松风 159

松露 22

松皮菱 349

松平治乡（不昧）255，389

松浦熙 389

松尾芭蕉 139，210

松竹梅 410

藪柑子 256

素甘・寿甘 104

素面 206

粟饼 15，171，387

粟米 370

粟米善哉 15

粟米团子 116

粟饴 8

算筹果子 214

碎蟾糟 133

蓑龟 290

索饼 136，205

T

“太平喜饼酒多多买” 70，388

《太阁记》144

《天言笔记》69

《庭训往来》131

《徒然草》234

《兔园小说》91

太鼓烧 25，146

太田道灌 274

碳酸煎饼 106

唐果子 134

唐馒头 122，164，391

唐人笠 337

桃 272

桃山 176，379

桃枝 134

陶渊明 272

藤 266

藤花（饼） 267

藤团子 374

藤原贞干 134

藤原忠通 38

醍醐天皇 188
天门冬 93
田道间守 243
田舍馒头 163
田舍汁粉 100
甜味剂 364
调味料 370
铁线莲 249
庭砂糕（香） 193
铜锣烧 141，379
透顶香 28
屠苏兴米 40
土茯苓 48
土用饼 140，206
兔 282
团扇 320
团喜 115，135
团子 115
团子花糕 102
駄果子 112
駄物果子 112

W

“畏馒头” 122
《万叶集》 124，221，229，234，240，252，259，274，277
《倭训栞》 210
《五人斩西瓜立割》 109
《物类称呼》 194，211，214
文蛤 287
瓦糕 176
瓦煎饼 106
外郎 27，171，375
豌豆 361
丸柚饼子 179
挽茶 371
万代 329
万两 256
尾形光琳 224，229，327
为永春水 126
味噌 371
味噌松风 159
味噌馅 361
味甚粉 367
味甚羹 378
温泉馒头 164
翁煎饼 108
翁饴 37
乌羽玉 32
五荷（箇）棒 86
五家宝 86
武野绍鸥 382

雾 307

X

《夕雾阿波鸣渡》172

《嬉游笑览》33，91，105，134，141，182，196

《馅蜜公主》19

《小麻烦千惠》57

《小纹裁》158

《新古今和歌集》95，323，346

《醒睡笑》162

《虚南留别志》57

新粉面塑 35，102

西伯利亚 391

西王母 273

西行 244，300

溪荪 222

袭色目 224，227，336

喜多村信节 134

虾 285

霞 307

夏目漱石 26，160，182

线轴 343

馅 360

馅饼 399

馅蜜 19

馅平 373

馅衣饼 171

霰米果 10

香道 324

香料 370

向日葵 249

小仓羹 360

小仓馅 360

小仓野 51

小仓汁粉 100

小槌 337

小豆饼 170

小豆粉 369

小林一茶 139，231

小麦粉 368

小年 200

小判 345

小芋头 235

笑万寿 151

笑颜馒头 151

心太 137，372，387

新粉 366

新粉麻糬 366

新引（真挽）粉 367

猩猩 333

兴米 38，377

幸运饼干 127

须磨 319

玄武 334

雪 315

雪饼 316

雪平 375

Y

《延喜式》7，38

《言继卿记》147，195，284

《一话一言》144

《伊势物语》98，198，223，319

《阴翳礼赞》 182

《银汤匙》112

《雍州府志》71，195

《玉兔月影胜》116

《御茶汤之记》389

《御汤殿上日记》62，180

《源氏物语》23，128，219，242，279，307，319，320，325

《云锦随笔》258

押鲇 147，282

押物 183，361，373

盐釜 95，373

盐煎饼 108

盐濑馒头 161

盐渍纳豆 363

艳袱纱 130，131

艳干锦玉 67，309

雁 291

羊羹 46，133，180，309，371，375，382，385

药馒头 132

钥匙 337

叶 257

一文果子 112

一休 101

伊达政宗 179

伊良粉 367

衣 330

衣砧 323

饴 7，377

饴细工——糖人儿 8，35

饴馅 175，361

饴粽 106

银锷 71

银杏 225

引千切 3

隐笠 337

隐蓑 337

印花羊羹 152，294，332，376

莺饼 30

莺豆 361

莺馅 361

罂粟籽 371

樱 237

樱饼 77，91，171，387

龑羹 166

萤火虫 302

永代团子 115

永井荷风 265

永井龙男 22

鱿鱼 289

有挂果子 212

有平卷 324

有平糖 8，13，144，385

有职果子 379

酉市 64

柚饼子 179，276

柚子 208，276

柚子羹 276

与谢芜村 254

宇治 318

羽二重饼 149

雨 304

玉 329

玉牡丹 60

玉子芳露 158

芋坚干 84

芋名月 125，207

芋头 235

郁金 姜黄 130

御（多）福饴 69

御币饼 170

御龟团子 115

御华足 153

御目出糖 152

御欠 10

御膳馅 361

御膳汁粉 100

御手洗团子 116

御所粽 120

御题果子 40，200

御芽出糖 152

鸳鸯 294

元日草 265

圆尔 133，160

缘起果子 373

源氏豆 341

源氏香图 324

远藤元闲 388

月 311

月饼 125，312

月见馒 214

月见团子 116，125，207

跃鲷 297

越夏之祓 167，204

云锦 375

云片香 34

云平 34

芸豆 360

熨斗 46

Z

《杂和集》 32

《赞极史》 34，174

《长崎夜话草》144

《贞丈杂记》73，132，369

《枕草子》 166，210，253，365

《正法眼藏》 161

《蜘蛛丝卷》30，182

《助六》 108，220

《筑紫纪行》 140

《卓子式》35

《酌并记》 72

《渍物秘传集》104

《最后一片叶子》245

朝生（果子） 376

朝颜花 219

朝颜煎饼 220

杂果子 112

杂煮 170

杂煮包 147

在原业平 153，223，271

葬礼馒头 152

占卜煎饼 126

章鱼 289

棹果子 375

棹馒头 310

棹物 375

折饼 171

折扇 320

着绵 207，232

蒸果子 378

蒸物 378

蒸羊羹 88，181

正冈子规 53，150，230

正月 200

汁粉 100

汁饴 8

芝麻 370

芝麻团子 116

芝麻饴 8

织部饼 321

织部馒头 163，321，350

织部烧 321

织田信长 90，143

织田作之助 101

祇园祭 120

直斋宗守 80

制法用语 372

炙饼 374

中村内藏助 327

中花 122

中华馒头 122

中勘助 112

中生（果子） 376

中双糖 364

种煎饼 107

种物 107

州滨・洲滨 105

朱雀 334

诸越 369

竹 238

竹笋 236

主果子 374，376

助惣麸烧 195，387

助惣烧 195

庄周梦蝶 299

装饰果子 84

子 135

子持馒头 340

紫金团 73

紫苏 371

紫阳花 221

宗徧馒头 21

粽子 120，203，386

最中 233，361，374

最中之月 108，175

佐保 318

佐野川市松格 348

和果子简略年表

时代	西历	年号	政治·社会·文化	和果子	西历
绳文时代	前1万		绳文文化 狩猎采集经济		
			开始种植水稻		
↓				麻糬和团子的创意	
弥生时代	前300		弥生文化		
↓			小国分立		
古坟时代	538		佛教传入		
	593	推古元	圣德太子摄政		
飞鸟时代	645	大化元	大化改新	坚果和水果等总称为果子	
				遣唐使带回唐果子	630～894
	710	和铜3	迁都平城京	"养老令"中有名为"主果饼"之官职	718
奈良时代	712	和铜5	《古事记》编成	在正仓院文书中，天平10年的《淡路国正税账》中有大豆饼、小豆饼、煎饼、浮馏饼等名称	738
	720	养老4	《日本书纪》编成		
	754	天平胜宝6	唐僧鉴真来到平城京	鉴真的行囊中可见石蜜、蔗糖、甘蔗等名称（该年未能来朝）	743
平安时代	794	延13	迁都平安京	在正仓院文书中，天平胜宝8年《种种药帐》中出现蔗糖之名	756
	901	延喜元	菅原道真遭贬职左迁		
	927	延长5	《延喜式》编成	平安京的市集开始售卖索饼、心太。糖（饴）、甘葛煎、果子（果实）	
	931	承平年中	源顺编撰《和名类聚抄》（～938）	《和名类聚抄》中可见梅枝、桃枝、桂心等唐果子名称	
				《枕草子》中出现青差、甘葛等记载	
	1005	宽弘2	紫式部侍奉一条天皇之中宫彰子	《源氏物语》中出现椿饼、粉熟等文字记载	
	1016	长和5	藤原道长摄政		

时代	西历	年号	政治·社会·文化	和果子	西历
平安时代	1086	应德 3	白河上皇开始院政		
	1156	保元元	保元之乱		
	1159	平治元	平治之乱		
	1167	仁安 2	平清盛成为太政大臣		
	1185	文治元	平家灭亡		
镰仓时代	1192	建久 3	源赖朝被任命为征夷大将军	荣西写作《吃茶养生记》点心由禅僧传入	1211
	1221	承久 3	承久之乱		
	1235	嘉祯元	圣一国师（圆尔）入宋	圣一国师传入酒馒头的制法。同年，道元《正法眼藏》中始有馒头的记载	1241
	1333	元弘 3	镰仓幕府灭亡		
南北朝时代	1334	建武元	建武新政		
	1338	历应 元 延元 3	足利尊成为征夷大将军	林净因自元来朝，带来馒头的做法	1350前后
	1378	永和 4 天授 4	足利义满迁居室町新邸（花之御所）	《庭训往来》中出现羊羹和水煎等点心名称	
室町时代	1392	明德 3 元中 9	南北朝统一		
	1467	应仁元	应仁·文明之乱（～77）		
	1474	文明 6	一休宗纯成为大德寺住持	《七十一番职人歌合》中出现卖馒头、卖心太、卖麻糬的绘图	1500前后
	1489	延德元	足利义政建造银阁寺		
				《食物服用之卷》中出现羹类的食用方法	1504前后
	1543	天文 12	葡萄牙人漂流到种子岛，枪炮传入日本		
	1549	18	方济·沙勿略到达鹿儿岛，基督教传入	南蛮果子传入，砂糖进口增加	
	1553	22	武田晴信（信玄）在信浓川中岛与长尾景虎（上杉谦信）初次对阵	《言继卿记》中出现鹑饼之名	1553
				传教士路易斯·弗洛伊斯为织田信长进献金平糖	1569
	1573	天正元	室町幕府灭亡	《松屋会记》《天王寺屋会记》等中可见坚果、水果、昆布、羊羹、烧饼等茶会果子	

时代	西历	年号	政治·社会·文化	和果子	西历
安土桃山时代	1576	4	织田信长开始建造安土城		
	1582	10	明智光秀于京都本能寺讨伐织田信长		
	1587	15	丰臣秀吉在北野举办大茶会		
	1590	18	丰臣秀吉统一天下		
	1591	19	千利休惹怒秀吉而自杀		
	1592	文禄元	文禄之役（～93）		
	1597	庆长2	庆长之役（～98）		
	1600	5	关原之战		
江户时代	1603	8	德川家康成为征夷大将军，开设江户幕府	《日葡辞典》出版。记录了羊羹、栗子粉饼、馒头等多种果子	1603
	1615	元和元	大阪夏之阵，丰臣氏灭亡		
	1637	宽永14	岛原之乱（～38）	《毛吹草》中记录有真盛豆、栗饼等京都著名特产	1638
	1639	16	葡萄牙船禁航	《料理物语》刊行。记载有鸡蛋素面、葛烧饼等果子的做法	1643
	1641	18	平户荷兰商馆迁至长崎离岛		
	1654	承应3	日本黄檗宗开山鼻祖隐元隆琦来朝		
	1657	明历3	德川光国开始编撰《大日本史》	（万治年间）发现了寒天并得以传承	1658～1661
	1668	宽文8	设置京都町奉行	桔梗屋有170余种果铭（《一话一言》收录）	1683
	1685	贞享2	德川纲吉发布生类怜悯令	《雍州府志》中记录有麸烧、银锷、馒头等京都著名果子	1684
				《人伦训蒙图汇》中有果子匠人的绘图	1690
	1702	元禄15	赤穗浪士讨伐	《男重宝记》刊行。约有250种果子品名	1693
	1704	宝永元	尾形光琳作《中村内藏助像》	图说百科事典《和汉三才图会》中记录有卡斯特拉、羊羹、州滨等果子的说明	1712

时代	西历	年号	政治·社会·文化	和果子	西历
江戶時代	1716	享保元	德川吉宗着手开展享保改革	《古今名物御前果子秘传抄》作为第一部果子食谱书刊行	1718
	1727	12	吉宗下令栽种甘蔗	《长崎夜话草》中出现卡斯特拉等南蛮果子的名称	1720
	1763	宝历13	平贺源内《物类品鉴》刊行。记录了有关甘蔗栽培的说明以及榨汁机的图片，介绍砂糖制法	德川吉宗从琉球引进甘蔗品种，分发到诸藩，为制糖技术的传播做出贡献	1727
	1765	明和 2	《诽风流多留》初刊 铃木春信首创锦绘	《古今名物御前果子图式》刊行	1761
	1772	安永元	田沼意次官拜老中	京都上果子屋联合会成立	1775
	1787	天明 7	松平定信官拜老中。开始着手宽政改革	在江户，创制以寒天为原料的炼羊羹	1789前后
				《东海道中膝栗毛》刊行，记录有鹑烧、馒头、外郎等茶屋中出现的果子	1802~1822
	1808	文化 5	间宫林藏进行桦太探险	《饼果子即席手制集》刊行	1805
	1825	文政 8	异国船只驱逐令	《嘉定私记》中出现幕府嘉祥的记载	1809
	1837	天保 8	大盐平八郎之乱	《嬉游笑览》中有关于果子的记载	1830
	1841	12	老中水野忠邦开始进行天保改革	《古今新制果子大全》刊行	1840
	1842	13	曲亭马琴完成《南总里见八犬传》	《果子话船桥》刊行	1841
				《鼎左秘录》刊行	1852
	1853	嘉永 6	佩里抵达浦贺，黑船事件	《守贞谩稿》中有关于饮食风俗的记载	1853前后
	1858	安政 5	日美签署友好通商条约		
	1860	安政 7	樱田门外之变	西式面包店在横滨开业	1860
	1862	文久 2	孝明天皇皇妹和宫亲子内亲王下嫁 14 代将军德川家茂	《古今新制名果秘录》刊行	1862
	1867	庆应 3	大政奉还		
明治	1869	明治 2	迁都东京	冰淇淋开始在横滨出售	

时代	西历	年号	政治·社会·文化	和果子	西历
明治				木村屋开始销售红豆面包	1874
	1889	22	颁布大日本国帝国宪法 东海道本线全线开通	京都果匠会成立	1888
	1894	27	日清战争（～95）	在巴黎万国博览会上展出装饰果子	1900
	1904	37	日俄战争（～05）		
				第一届帝国果子饴大品评会（现全国果子大博览会）在东京召开	1911
				这一时期，蜜豆馆大受欢迎	1912～1926
大正	1914	大正3	第一次世界大战（～18）		
	1923	12	关东大地震		
昭和	1931	昭和6	满洲事变		
	1937	12	日中战争	砂糖等原料开始限量供应	
	1941	16	太平洋战争	日本果子工业组合联合会（现全国果子工业组合联合会）成立	1940
	1945	20	第二次世界大战结束		
				全国和果子协会成立	1950
	1964	39	东京奥运会		
	1969	44	阿波罗11号登陆月球		
	1970	45	日本万国博览会在大阪举行		
	1972	47	札幌举办冬季奥运会 冲绳回归		
				《游起来吧鲷鱼烧君!》畅销鲷鱼烧风行	1976
				全国和果子协会将6月16日定为“和果子节”	1979
				草莓大福掀起销售热潮	1985～1990前后
平成	1989	平成元	意大利成立慢食协会		
	1995	7	阪神淡路大地震		
				《团子三兄弟》畅销	1999

时代	西历	年号	政治·社会·文化	和果子	西历
平成				自这一时期起，新式和果子以及和式咖啡馆开始受到关注	2006
				和果子制作的技术认定——“选·和果子职”正式启动	2007
	2011	23	东日本大地震		
	2013	25	“和食”入选国际教科文组织非物质文化遗产名录		
				第27届全国果子大博览会在三重县伊势市召开	2017

和果子相关资料馆 · 图书馆

（按照日语五十音顺序排列。截止至 2024 年 1 月的信息）

味之素饮食文化中心 饮食文化图书馆

108-0074 东京都港区高轮 3-13-65 TEL 03(5488)7319

营业时间：上午 10 时～下午 5 时 免费入场（借书卡首次登记费 100 日元）

闭馆日：周日 · 节假日 · 新年前后等 亦设有饮食方面的展览室

味之素株式会社 大阪支社 饮食图书馆（闭馆中）

530-0005 大阪市北区中之岛 6-2-57 TEL 06(6449)5842

营业时间：上午 10 时～下午 5 时 免费入场（借书卡首次登记费 100 日元）

闭馆日：周日 · 节假日 · 新年前后等

小豆博物馆（御座候）

670-8654 兵库县姬路市阿保甲 611-1 TEL 079(282)2380

营业时间：上午 10 时～下午 5 时（入馆截止于 4 时之前）门票 :1200 日元（成人）等

闭馆日：周二 · 新年前后以及设备检修时的临时闭馆

不仅展示和果子主要原料小豆的种类和营养价值、与年节祭典之间的关系等，也可以让参观者通过影片放映以及现场演示进行学习。馆内餐厅还可以品尝到以小豆为原料的餐食以及甜品。

石桥屋駄果子资料馆（2023 年闭馆）

展示著有《駄果子风土记》《陆奥的駄果子》《駄果子的故乡》等书作的石桥屋第二代掌门石桥幸作的駄果子复原品以及相关资料。馆内资料现已捐赠给仙台市历史民俗资料馆。

芋果子历史馆（里乃誉本铺 龟屋荣泉）

350-0063 埼玉县川越市幸町 5-6 TEL 049(222)0228

营业时间：上午 10 时至下午 5 时 免费入场 闭馆日：春季·秋季无休 夏季·冬季周三休馆（临时休馆除外）

在这座资料馆中可以了解到川越的先辈们在打造知名芋果子方面付出的努力。展示龟屋荣泉所收藏的制果工具以及进货记录等，介绍明治以后该店的历史。

果子美术馆（桔梗屋）

405-0077 山梨县笛吹市一宫町坪井 1928 TEL 0553(47)3700

营业时间：上午 9 时至下午 6 时 免费入场 全年开放

可以见到很多精致凝练的工艺果子，造型华丽，极具观赏价值。亦可以参观桔梗信玄饼等果子的制作现场，了解制作过程。

金泽果子木模美术馆（森八）

920-0912 石川县金泽市大手町 10-15 TEL 076(262)6251

营业时间：上午 9 时至下午 5 时 门票：200 日元（成人）等

闭馆日：1 月 1 日·1 月 2 日

展示江户时代流传下来的各种造型和尺寸的果子木模一千数百件。有日文以及英文语音导览，是了解和学习金泽果子文化的绝佳课堂。每天都有“落雁 手作体验（需要提前预约·两名起）”项目。

川越果子屋横丁

350-0062 埼玉县川越市元町 2 丁目 TEL 049(222)1386（玉力制果）

聚集了 20 家杂果子屋。制作并销售饴玉以及轻目烧、馒头、团子等。

桔梗屋甲府本館

400-0867 山梨县甲府市青沼 1-3-11 TEL 055(233)8800

营业时间：上午 9 时至下午 6 时 30 分（随季节调整）免费入场 全年开放

展出以工艺果子为主的木模、烙印等制果工具。制果工具原收藏于果子美术馆，后搬移到桔梗信玄饼的发祥地甲府本館。

Guild House 京果子 京果子资料馆（俵屋吉富）
602-0021 京都市上京区乌丸通上立卖上 TEL 075(432)3101
营业时间：上午 10 时至下午 5 时 门票：700 日元（含赠茶）
闭馆日：每周三・周四
展出有关京果子的古代文书资料、容器、木模以及工艺果子。

千叶县立房总村
270-1506 千叶县印旛郡荣町龙角寺 1028 TEL 0476(95)3333
营业时间：上午 9 时至下午 4 时 30 分 门票：300 日元（成人）等
闭馆日：周一・新年前后
再现并展示传统的商业街景象。也设有果子店，举办和果子制作演示以及体验学习活动。

虎屋文库（不对外）
107-0052 東京都港区赤坂 4-9-17 赤坂第一大厦 2 楼 TEL 03(3408)2402
E-mail: bunko@toraya-group.co.jp
营业时间：上午 9 时～下午 5 时 30 分（周六周日以及节假日除外）
创建于昭和四十八(1973)年的株式会社虎屋的果子资料室。除了收藏有虎屋历代的古文件资料以及古器物之外，也进行和果子相关资料的收集、调查研究，发行业内杂志《和果子》（年刊），通过官方网站主页、展示活动等发布和果子信息。虽然不提供资料查阅服务，但可以接受有关果子方面的咨询。

成田羊羹资料馆（和之米屋）
286-0032 千叶县成田市上町 500 TEL 0476(22)2266
营业时间：上午 10 时至下午 4 时 免费入场 全年开放（只在更换展品时休馆）

一楼的企划展举办米店以及果子相关展出。二楼的常设展厅中展示有图像资料形式的米店历史年表、羊羹历史的相关资料、全国各地的著名羊羹、羊羹的制作工具和原材料等。

村冈总本铺羊羹资料馆
845-0001 佐贺县小城市小城町 861　TEL 0952(72)2131
营业时间：上午 9 时至下午 5 时（元月一日为上午 11 时至下午 5 时）
免费入场 全年开放
紧邻村冈总本铺总店的砖砌洋房（过去的砂糖仓库）是一座资料馆。展出制作羊羹的工具以及资料等。

落雁文库（诸江屋）
921-8031 石川县金泽市野町 1-3-59　TEL 076(245)2854
营业时间：上午 9 时至下午 5 时　免费入场 闭馆日 :1 月 1 日
展出诸江屋所收藏的木模以及器物等。还举办加贺藩主前田家族果子等企划展。

主要参考文献

（按照刊行年顺序排列）

明治时代的果子制法书等资料也可以通过国立国会图书馆的官网进行查阅。网上公开的史料今后想必会越来越多。

果子 · 烹饪相关

冈本纯（半溪）《和洋果子制法独案内》魁真楼 1889
大塚长吉《改良果子五百品制造法》出版社不详 1893
久保利右卫门《日本果子制造独案内》又间精华堂 1904
梅田竹次郎《实验和洋果子制造法》大仓书店 1905

龟井牧子《和洋果子制法》博文馆 1907
小谷雅之编《家庭实用百科大苑》大日本家庭学会 1910
加藤春次郎《手作果物教材》家庭制果讲习会 1912
保坂幸三郎编《日本果子宝鉴》和洋果子新闻社 1916
藤泽文二郎《勅题干支新年果帖》卷之 18 万花堂 1918
藤泽文二郎《勅题干支新年果帖》卷之 21 万花堂 1921
松井喜次郎编撰《和洋果子制造大鉴》东洋制果新闻社 1925
果子研究会编《果子事典》上卷・和果子篇 三元社 1953
石桥幸作《駄果子风土记》制果实验社 1965
金泽复一编《金泽丹后江户果子纹样》青蛙房 1966
铃木宗康《闲话茶果子》淡交社 1968
藤本如泉《日本的果子》河原书店 1968
关根真隆《奈良朝食生活研究》吉川弘文馆 1969
古川瑞昌《麻糬博物志》东京书房社 1972
松崎宽雄《馒头博物志》东京书房社 1973
金子仓吉监修・石崎利内著《新和果子大系》上下、制果实验社 1973
德力彦之助《落雁（增补改订版）》三彩社 1975
赤井达郎《京果子》平凡社 1978
川上行藏编著《料理文献解题》柴田书店 1978
《城下町的果子（生活设计 127）》中央公论社 1979
《京都的果子（生活设计 传统系列 2）》中央公论社 1981
《和果子岁时记（太阳别册）》平凡社 1981
《宗家的茶果子（家庭画报别册）》世界文化社 1982
奥山益朗编《和果子辞典》东京堂 1983
农村渔村文化协会编《日本的饮食生活全集》全 50 卷 农村渔村文化协会 1984—1993
《古事类苑 饮食部》吉川弘文馆 1984
《日本料理密传集成》全 19 卷 同朋舍 1985

《日本的果子》全 6 卷 Direc 出版社 1985
《饮食文化相关用语集 和果子（第 3 版）》味之素饮食文化・史料室 1986
佐藤要人监修、住吉久美等著《川柳江户食物志》太平书屋 1989
铃木晋一《食物史話》平凡社 1989
主妇之友社编《和果子技法》全 7 卷 主妇之友社 1989
中田友一《喂、金平糖～》Akane 书房 1990
西山松之助等监修《四季的和果子》全 4 卷 讲谈社 1990
川端道喜《和果子的京都》岩波新书 1990
中村孝也《和果子系譜》国书刊行会 1990
川上行藏监修《日本料理由来事典》上・中・下 同朋舍 1990
松下幸子《庆祝的饮食文化》东京美术 1991
荒尾美代《南蛮西班牙・葡萄牙料理的奇妙探险》日本电视放送网 1992
渡边信一郎《江户川柳饮食事典》东京堂 1996
铃木晋一《食物嘶》小学馆 1996
亀井千步子《日本的果子——祈祷、感谢以及辟邪》东京书籍 1996
亀井千步子《缘起果子・庆贺果子》淡交社 2000
铃木晋一《食物东海道》小学馆 2000
小林彰夫、村田忠彦编《果子事典》朝仓书店 2000
大山真人《银座木村屋红豆面包物语》平凡社 2001
中山圭子《和果子趣味百珍》淡交社 2001
铃木晋一《做做御前果子吧——根据江戸名著古今名物御前果子秘传抄》Newton Press 2003
铃木晋一、松本仲子编译《近世果子制法书集成》1・2 平凡社东洋文库 2003
早川幸男《果子入门（改订版）》日本食粮新闻社 2004
山本候充编《日本铭果事典》东京堂出版 2004
赤井达郎《果子文化志》河原书店 2005
《和果子风土记（太阳别册）》平凡社 2005
村冈安广《肥前的果子》佐贺新闻社 2006

明坂英二《卡斯特拉 加寿底良》讲谈社 2007
佐藤康明编《卡斯特拉读本抄书》卡斯特拉本家福砂屋 2009
牛岛英俊《饴与卖饴人的文化史》弦书房 2009
细田安兵卫《江戸人果子屋小吃趣谈》庆应义塾大学出版会 2009
沟口政子、中山圭子《招福：果子护身符——从北海道到冲绳》讲谈社 2011
若菜晃子《地域特产果子》新潮社 2013
深野彰编著《从"外郎"看小田原——与早云公一起创造了城下町的老铺》新评论 2016
虎屋文库编著《热爱和果子的人们》山川出版社 2017
青木直己《图解 和果子的历史》筑摩学艺文库 2017
桥爪伸子《地域名果的诞生》思文阁 2017

虎屋文库机关杂志《和果子》1—25号 1994—2018
*本文中引用的宽永12年（1635）御用记录"院御所样行幸之御果子通"的翻刻版参照《和果子》第9期 2002
虎屋文库展示小冊子 1990-2014
《vesta》味之素饮食文化中心 1-109期 1989—2018

其他
《槐记下》(《史料大观》记录部 23 哲学书院 1900)
《御汤殿上日记》全11卷 (《续群书类从》续群书类从完成会 1932—1934)
千宗室等编《茶道古典全集》全12卷 淡交社 1956—1962
菊池贵一郎著、铃木棠三编《绘本江户风俗往来》平凡社 1965
平山敏治郎等编《诸国风俗问状答》《日本庶民生活史料集成》第9卷风俗 三一书房 1969
森铣三《明治东京逸闻史》1・2 平凡社东洋文库 1969
山中裕《平安时代的年节祭典》塙书房 1972
日本随笔大成编辑部编《日本随笔大成（新版）》吉川弘文馆 1973—1979

粟田添星《酒井宗雅茶会记》村松书馆 1975
菊冈沾凉《续江户砂子温故名迹志》小池章太郎编《江戸砂子》东京堂 1976
物集高见・高量《广文库（覆刻版）》全 21 册 名著普及会 1976—1978
人见必大著 岛田勇雄译注《本朝食鉴》1—5 平凡社东洋文库 1976—1981
冈田甫校订《诽风柳多留全集》全 12 卷・索引 三省堂 1976—1984
三田村鸢鱼编《未刊随笔百种》第 6 卷 中央公论社 1977
宗懔著・守屋美都雄译注《荆楚岁时记》平凡社东洋文库 1978
平出铿二郎《东京风俗志》原书房 1979
《明治文化史》全 14 卷 原书房 1979—1981
爱德华・摩斯（Edward・Morse）《日本每日游历》全 3 卷 平凡社东洋文库 1970
土井忠生等编译《日译日葡辞书》岩波书店 1980
片桐洋一《歌枕歌词语辞典》角川书店 1983
《河海抄》天理图书馆善本丛书和书之部第 71 卷 天理大学出版部 1985
伊势贞丈著、岛田勇雄校注《贞丈杂记》全 4 卷 平凡社东洋文库 1985—1986
寺岛良安著、岛田勇雄等译注《和汉三才图会》全 18 卷 平凡社东洋文库 1985—1991
《京之华》《新撰京都丛书》第 8 卷 新撰京都丛书刊行会 1987
新村出校阅、竹内若校订《毛吹草》岩波文库 1988
中村乔《中国的年节祭典》正・续 平凡社选书 1988—1990
小高恭《御汤殿上日记主要语汇一览》名著出版 1989
铃木棠三・小池章太郎《藤冈屋日记》8 卷 三一书房 1988
佐竹昭广等编《新日本古典文学大系》岩波书店 1989—2005
半泽敏郎《生活文化岁事史》全 3 卷 东京书籍 1990
根岸镇卫《耳囊》全 3 册 岩波文库 1991
〈尺素往来〉(《往来物大系》第 6 卷 大空社 1992)
喜多川守贞著、朝仓治彦・柏川修一校订编集《守贞谩稿》全 5 卷 东京堂 1992
长友千代治校注《女重宝记・男重宝记 元禄若者心得集》社会思想社 1993

松浦静山《甲子夜话》续篇 3 平凡社东洋文库 1993
黒川道祐《雍州府志》新修京都丛书第 10 卷 临川书店 1994
朝仓治彦、稻村徹元编《明治世相编年辞典》东京堂 1995
高桥干夫《江户商卖绘字典——从绘画看江户商卖》芙蓉书房 1995
《庭训往来句双纸》新日本古典文学大系 52 岩波书店 1996
喜田川守贞著、宇佐美英机校订《近世风俗志——守贞谩稿》全 5 卷岩波文库 1996—2002
川本重雄、小泉和子编《类聚杂用抄指图卷》中央公论美术 1998
千宗室监修《茶道学大系》全 11 卷 淡交社 1999—2001(特别是第 4 卷《怀石与果子》1999)
《醒睡笑——静嘉堂文库藏(本文编改订)》笠间书院 2000
林屋辰三郎等编《角川茶道大事典(普及版)》角川书店 2002
斋藤月岑著 今井金吾校订《武江年表》下 筑摩书房 2004
喜多村筠庭《嬉游笑览》(4) 岩波文库 2005
《从二楼》《冈本绮堂随笔集》岩波文库 2007
柴田光彦新订增补《曲亭马琴日记》全 4 卷・别卷 1 中央公论新社 2009—2010
筒井纮一《新版茶道大辞典》淡交社 2010
《蒐集之乐——由吉田收藏所窥见的和果子世界》虎屋 2012
《御茶汤记》茶汤古典丛书 6 思文阁 2014
中町泰子《辻占文化史——从文字化的发展看咒术的心性与游戏性》Minerva 密涅瓦书房 2015
大阪府立中之岛图书馆 人鱼洞文库数据
http://www.library.pref.osaka.jp/site/oec/ningyodou-index.html

图书在版编目（CIP）数据
和果子的世界 /（日）中山圭子著；米悄译．
上海：上海三联书店，2024. 8. -- ISBN 978-7-5426
-8511-7
Ⅰ. TS213. 23
中国国家版本馆 CIP 数据核字第 2024QP6451 号

和果子的世界

著　　者 / [日] 中山圭子
译　　者 / 米　悄

策划机构 / 雅众文化
责任编辑 / 张静乔　钱凌笛
特约编辑 / 赵行健
责任校对 / 王凌霄
监　　制 / 姚　军
装帧设计 / 方　为　阿部真由美
插　　画 / 阿部真由美

出版发行 / 上海三联书店
（200041）中国上海市静安区威海路 755 号 30 楼
联系电话 / 编辑部：021-22895517
发行部：021-22895559
印　　刷 / 北京市十月印刷有限公司
版　　次 / 2024 年 8 月第 1 版
印　　次 / 2024 年 8 月第 1 次印刷
开　　本 / 1092mm × 787mm　1/32
字　　数 / 268 千字
印　　张 / 14.25
书　　号 / ISBN 978-7-5426-8511-7 / TS · 65
定　　价 / 128.00 元